Biblisch-Theologische Studien

Herausgegeben von
Jörg Frey, Friedhelm Hartenstein,
Bernd Janowski und Matthias Konradt

Band 191

Jan Dietrich

Hebräisches Denken

Denkgeschichte und Denkweisen
des Alten Testaments

Vandenhoeck & Ruprecht

Bibliografische Information der Deutschen Nationalbibliothek:
Die Deutsche Nationalbibliothek verzeichnet diese Publikation in der
Deutschen Nationalbibliografie; detaillierte bibliografische Daten sind
im Internet über https://dnb.de abrufbar.

© 2022 Vandenhoeck & Ruprecht, Theaterstraße 13, D-37073 Göttingen,
ein Imprint der Brill-Gruppe
(Koninklijke Brill NV, Leiden, Niederlande; Brill USA Inc., Boston MA, USA;
Brill Asia Pte Ltd, Singapore; Brill Deutschland GmbH, Paderborn, Deutschland; Brill Österreich GmbH, Wien, Österreich)
Koninklijke Brill NV umfasst die Imprints Brill, Brill Nijhoff, Brill Hotei,
Brill Schöningh, Brill Fink, Brill mentis, Vandenhoeck & Ruprecht, Böhlau,
V&R unipress.

Das Werk ist als Open-Access-Publikation im Sinne der
Creative-Commons-Lizenz BY-NC-ND International 4.0
(»Namensnennung – Nicht kommerziell – Keine Bearbeitung«)
unter dem DOI https://doi.org/10.13109/9783666552922 abzurufen.
Um eine Kopie dieser Lizenz zu sehen, besuchen Sie
https://creativecommons.org/licenses/by-nc-nd/4.0/.

Das Werk und seine Teile sind urheberrechtlich geschützt.
Jede Verwertung in anderen als den gesetzlich zugelassenen Fällen
bedarf der vorherigen schriftlichen Einwilligung des Verlages.

Satz: SchwabScantechnik, Göttingen
Druck und Bindung: ⊕ Hubert & Co. BuchPartner, Göttingen
Printed in the EU

Vandenhoeck & Ruprecht Verlage | www.vandenhoeck-ruprecht-verlage.com

ISSN 0930-4800
ISBN 978-3-525-55292-6

Meinem Kollegen und Freund
Hans Jørgen Lundager Jensen

Inhalt

An die Leserinnen und Leser 9
Abkürzungsverzeichnis 13

Denk- und Wissenschaftsgeschichte des Alten Testaments ... 15
I. Denk- und Wissenschaftsgeschichte des Alten Testaments. Grundfragen und Konturen eines Forschungsfeldes 17

Denken und Erfahrung 53
II. Empirismus oder Rationalismus im Alten Testament? Gedanken über Füchse und Igel im Alten Israel 55
III. Welterfahrung. Zum erfahrungsgesättigten und denkerischen Erfassen der Welt im Alten Testament ... 69

Der taxonomische Denkstil 99
IV. Listenweisheit im Buch Levitikus. Überlegungen zu den Taxonomien der Priesterschrift 101
V. Materialität und Spiritualität im altisraelitischen Opferkult. Religionsgeschichtliche Abstraktionsprozesse ... 121

Reflexives und kritisches Denken 139
VI. Hebräisches Denken und die Frage nach den Ursprüngen des Denkens zweiter Ordnung im Alten Testament, Alten Ägypten und Alten Orient 141
VII. Über die Denkbarkeit des moralischen Realismus im Alten Testament. Entstehungsbedingungen und Kennzeichen einer kritischen Idee 165
VIII. Macht Denken traurig? Eine Auslegung von Kohelet 1,18 und 5,19 185

Anhang 201
Abbildungsverzeichnis 203
Literaturverzeichnis 204
Stellenregister 230
Wortregister 235
Nachweis der Erstveröffentlichungen 237

An die Leserinnen und Leser

In diesem Buch gehe ich der Frage nach, ob es ein »Hebräisches Denken« gibt, was dieses ausmacht und wie es sich von anderen Denkweisen in Antike und Gegenwart unterscheidet. Die Antworten, die hier gegeben werden, sind sicherlich nur vorläufiger Natur und bedürfen weiterer Forschungen. Die Fragen jedoch, die gestellt werden, gehören zu den grundlegenden, auch wenn sie in der gegenwärtigen alttestamentlichen Forschung etwas in Vergessenheit geraten sind. In den Nachbarfächern hingegen, der Ägyptologie, Assyriologie und Gräzistik, sind diese Fragen (wieder) virulent. So lohnt sich ein erster Versuch, die Frage nach Weisen des »Hebräischen Denkens« neu und anders zu stellen als zuvor, auch um über die althergebrachte, nicht länger überzeugende Gegenüberstellung zwischen Athen und Jerusalem, zwischen einem griechischen und hebräischen Denken hinauszukommen. Vor allem wird es wesentlich sein, Hebräisches Denken nicht auf einen einzigen Denkstil engzuführen, sondern zwischen verschiedenen Denkstilen im Alten Testament zu unterscheiden. Der erste, bislang unpublizierte Beitrag zu Beginn dieses Buches, *Denk- und Wissenschaftsgeschichte des Alten Testaments. Grundfragen und Konturen eines Forschungsfeldes*, ist programmatisch angelegt und soll wichtige Grundlinien ziehen, nach denen sich die nachfolgenden Beiträge ausrichten. Bei diesen handelt es sich um schon veröffentlichte Aufsätze, die alle im Kontext einer alttestamentlichen Denk- und Ideengeschichte geschrieben sind. Sie werden im Wesentlichen in ihrer ursprünglichen Fassung publiziert. Allein die Umschriften und Fußnoten wurden angepasst, der zweite Beitrag wurde aus dem Englischen übersetzt, und in einigen Fällen wurden kleine Fehler stillschweigend korrigiert. Die Beiträge zwei und drei, *Empirismus oder Rationalismus im Alten Testament? Gedanken über Füchse und Igel im Alten Israel* und *Welterfahrung. Zum erfahrungsgesättigten und denkerischen Erfassen der Welt im Alten Testament*, behandeln beide das Verhältnis zwischen Denken und Erfahrung. Die anschließenden Beiträge vier und fünf, *Listenweisheit im Buch Levitikus. Überlegungen zu den Taxonomien der Priesterschrift* und *Materialität und Spiritualität im altisraelitischen Opferkult. Religionsgeschichtliche Abstraktionsprozesse,* widmen sich einem spezifischen Denkstil im Alten Testament – dem taxonomischen –, wie er sich neben anderen alttestamentlichen Denkstilen etabliert. Die folgenden Beiträge suchen auf je unterschiedliche Weise nach einem reflexiven und kritischen »Denken zweiter Ordnung« im Alten Testament. Der sechste Beitrag, *Hebräisches Denken und die Frage nach den Ursprüngen des Denkens zweiter Ordnung im Alten Testament, Alten Ägypten und Alten Orient,* verfolgt diese Spur auf eine forschungsgeschichtliche und programmatische Weise; der siebte Beitrag, *Über die Denkbarkeit des moralischen Realismus im Alten Testament. Entstehungsbedingungen und Kennzeichen einer kritischen Idee,* widmet sich der Fähigkeit, Gerechtigkeit als eine von Gott unabhängige Größe denken zu können, während der achte und letzte Beitrag, *Macht Denken traurig? Eine Auslegung von Kohelet 1,18 und 5,19,* alttestamentlichen Reflexionen über die Traurigkeit des Denkens nachgeht. Mit diesen Beiträgen hoffe ich zu zeigen, dass es sich lohnt, über das Denken im Alten Testament nachzudenken, und dass es an der Zeit ist, die Frage nach den Weisen hebräischen Denkens nicht nur neu und anders zu stellen als zuvor, sondern das »Hebräische Denken« auch in eine breit gefasste Denk-, Ideen- und Wissenschaftsgeschichte einzubetten, die über das Alte Testament hinausgeht. Sollte dieses Anliegen überzeugen und zu eigenen Reflexionen über das Denken im Alten Testament inspirieren, hat sich der Zweck dieses Buches erfüllt.

Mein herzlicher Dank gilt Bernd Janowski (Tübingen) für die gemeinsam entwickelte Idee zur Publikation der hier versammelten Beiträge in der Reihe *Biblisch-Theologische Studien.* Herzlich danke ich allen, die am Zustandekommen dieses Buches mitgewirkt haben, vor allem Søren Lorenzen (Bonn) für seine unermüdliche Hilfe beim Erstellen des Manuskriptes in allen seinen Entstehungsphasen, zudem Jenny Rath und Evelyn Schomberg (beide ebenfalls Bonn) für ihr Augenmaß und ihren Fleiß beim Korrekturlesen und bei der Vereinheitlichung des Manuskripts. Herzlich danken möchte ich auch den Herausgebern Jörg Frey (Zürich), Friedhelm Hartenstein (München), Bernd Janowski (Tübingen) und Matthias

Konradt (Heidelberg) für die Aufnahme des vorliegenden Buches in die Reihe *Biblisch-Theologische Studien* sowie Izaak J. de Hulster und Renate Rehkopf vom Verlag Vandenhoeck & Ruprecht für die vorzügliche verlegerische Betreuung.

Bonn, im November 2021
Jan Dietrich

Abkürzungsverzeichnis

Die Abkürzungen der biblischen Bücher, allgemeine Abkürzungen sowie bibliographische Abkürzungen im Literaturverzeichnis richten sich nach dem Verzeichnis der RGG⁴: Abkürzungen Theologie und Religionswissenschaft nach RGG⁴, Tübingen 2007. Weitere Abkürzungen richten sich nach dem Verzeichnis des RlA: Reallexikon der Assyriologie und Vorderasiatischen Archäologie. Abkürzungsliste (online; Stand 1.11.2017), sowie nach dem Verzeichnis des LÄ: Lexikon der Ägyptologie 7. Nachträge, Korrekturen und Indices, Wiesbaden 1992. Zusätzlich gelten folgende Abkürzungen:

ANEM	Ancient Near East Monographs
BZAR	Beihefte zur Zeitschrift für altorientalische und biblische Rechtsgeschichte
BZRGG	Beihefte zur Zeitschrift für Religions- und Geistesgeschichte
CM	Cuneiform Monographs
HeBAI	Hebrew Bible and Ancient Israel
JSem	Journal for Semitics
LHBOTS	The Library of Hebrew Bible/Old Testament Studies
RvT	Religionsvidenskabeligt Tidsskrift
StBibLit	Studies in Biblical Literature (Lang)
WAWSup	Writings from the Ancient World Supplement Series
ZAR	Zeitschrift für altorientalische und biblische Rechtsgeschichte

Denk- und Wissenschaftsgeschichte
des Alten Testaments

I. Denk- und Wissenschaftsgeschichte des Alten Testaments

Grundfragen und Konturen eines Forschungsfeldes

Wo stehen wir mit dem Alten Testament und unseren außerbiblischen Quellen denk- und wissenschaftsgeschichtlich? Die Frage, wie gedacht wird und wie dieses Denken typologisch und historisch einzuordnen ist, wird in unterschiedlichsten wissenschaftlichen Disziplinen behandelt. Immer wieder gab und gibt es Versuche, unterschiedlichen Menschen, Gruppen, Kulturen und Zeiten verschiedene Denkstile zuzuschreiben. Für die Wissenschaft von den Kulturen des Alten Orients, die im Alten Testament eine Hauptquelle für die abendländische Denkgeschichte besitzt, ist die Frage unaufgebbar, ob sich Denkweisen kulturgebunden und kulturübergreifend typologisieren lassen. Ein neues Interesse an der denk- und wissenschaftsgeschichtlichen Einordnung der altorientalischen Kulturen blüht in den letzten Jahren auf,[1] und so ist auch die lange Zeit vernachlässigte Frage nach einem »Hebräischen Denken« im Kontext der Denk- und Wissenschaftsgeschichte des Alten Orients unter Einschluss

---

1 Monographisch sind für den Alten Orient vor allem Maul, Wahrsagekunst; Rochberg, Nature; Van De Mieroop, Philosophy, und Watson/Horrowitz, Science, zu nennen. Speziell zur Mathematik und Medizin in Mesopotamien vgl. Robson, Mathematics; Scurlock, Sourcebook. Zur Hermeneutik und Textwissenschaft vgl. Frahm, Text Commentaries, sowie Ägypten und Mesopotamien übergreifend Cancik-Kirschbaum/Kahl, Erste Philologien. Speziell zur altorientalischen Listenwissenschaft vgl. monographisch Veldhuis, History, sowie unten die Literaturhinweise im Abschnitt zum taxonomischen Denkstil. Für Ägypten sind neben den Arbeiten Jan Assmanns die Monographien in der Reihe *Göttinger Orientforschungen. IV. Reihe. Ägypten 38. Classification and Categorisation in Ancient Egypt* sowie neuere Sammelbände zur Listenwissenschaft zu nennen, vgl. Deicher/Maroko, Liste; Rickert/Ventker, Enzyklopädien. Speziell zur Mathematik und Medizin in Ägypten vgl. Imhausen, Mathematics; Westendorf, Handbuch. Für einen Überblick vgl. Selin, Encyclopaedia; Sommer/Müller-Wille/Reinhardt, Wissenschaftsgeschichte, bes. 2–128; Keyser/Scarborough, Handbook, bes. 9–80; Jones/Taub, History; TUAT.NF 9 (2020).

Griechenlands neu zu stellen.² Unter Denk- und Wissenschaftsgeschichte des Alten Testaments verstehe ich eine Form der Ideengeschichte, die nach den alttestamentlichen Denkweisen im Kontext der altorientalischen Wissenskulturen fragt und an die Ideen- und Wissenschaftsgeschichte in anderen Disziplinen anschlussfähig ist. Eine Denk- und Wissenschaftsgeschichte des Alten Testaments klopft die alttestamentlichen Ideen, Traditionen, Konzepte und Vorstellungen auf die hinter ihnen liegenden Denkweisen ab und ordnet diese wissenschaftsgeschichtlich ein. Die folgende Skizze wirft zunächst einen kritischen Blick auf Forschungsgeschichte und Methodik, um dann eine Begriffsklärung der verwendeten wissenschaftlichen Termini vorzunehmen, eigensprachliche Phänomene des alttestamentlichen Denkens zu benennen und schließlich eine vorläufige Übersicht über alttestamentliche Denkstile zu bieten.

1. Probleme der Forschungsgeschichte

Die Frage nach »Hebräischem Denken« ist üblicherweise auf dem Hintergrund kulturübergreifender, binärer Schematisierungen erfolgt. Die binäre Unterscheidung zwischen einem logischen Denken, das den aristotelischen Grundsätzen folgt, und einem prälogischen Denken, das dem Gesetz der Partizipation unterliegt,[3] ist kritisiert worden und wird in der Form einer strikten Gegenüberstellung kaum noch vertreten.[4] Für die alttestamentlichen Schriften gilt, dass sie weder einem allein prälogischen Denken der mythischen Partizipation folgen noch der aristotelischen Logik. Auch die Unterscheidung zwischen einem empirischen, konkreten, auf Induktion beruhenden Denken auf der einen Seite und einem rationalen, abstrakten, auf Deduktion beruhenden Denken auf der anderen Seite ist wenig geeignet, um kulturelle Denkformen zu unterscheiden, zumal sich in den alttestamentlichen Quellen beide Zugangsweisen finden.[5]

---

2 Vgl. meine Vorüberlegungen in Dietrich, Hebräisches Denken (= Beitrag VI in diesem Band). Zum Desideratum einer alttestamentlichen Wissenschaftsgeschichte vgl. Schmid, Orient. Mit Blick auf zwischentestamentarische Quellen vgl. Ben-Dov/Sanders, Sciences.
3 Lévy-Bruhl, Denken.
4 Unter anderem von Lévy-Bruhl selbst; vgl. ders, Primitive Mentality. Vgl. etwa auch Kippenberg, Magie, 88–90.
5 Vgl. Dietrich, Empirismus (= Beitrag II in diesem Band).

I. Grundfragen und Konturen

Binäre Schematisierungen zeichnen auch Thorleif Bomans Thesen über das »Hebräische Denken« aus, das Boman dem griechischen Denken entgegenstellt.[6] Es handelt sich hierbei vor allem um die Polaritäten (1) statisch versus dynamisch, (2) abstrakt versus konkret sowie (3) dualistisch versus ganzheitlich – Gegenüberstellungen, die inhaltlich wie methodisch nicht zu halten sind.[7] Tatsächlich tragen griechisches und hebräisches Denken je eigene Züge, die im Kontext der altorientalischen Kulturen zu eruieren und zu vergleichen sind, sind doch beide Denkweisen »aus einem zusammenhängenden Wurzelboden herausgewachsen, aus der östlichen Mittelmeerkultur des zweiten vorchristlichen Jahrtausends.«[8]

Auch Bomans Unterscheidung zwischen einem hörenden und einem sehenden Denken scheint wenig geeignet, um die Denkweisen Israels und Griechenlands einander gegenüberzustellen.[9] In der alttestamentlichen Forschung ist beides vertreten worden: Der Vorrang des Hörens[10] wie auch in neuerer Zeit der Vorrang des Sehens.[11] Tatsächlich sind Hören und Sehen im Alten Testament gleichermaßen wichtige Sinneswahrnehmungen,[12] und indem sie zu Erkenntnisleistungen führen können, werden sie in den verschiedenen Literaturbereichen je unterschiedlich hervorgehoben.[13] Während das »hörende Denken« vor allem in Spr 1–9 und im Deuteronomium als Hören auf die Tradition und Worte Gottes eine entscheidende Rolle für das kulturelle Gedächtnis und die überindividuelle Erkenntnisleistung spielt (z. B. Dtn 4; Spr 1), so spielt das »sehende Denken« in anderen Literaturbereichen wie der Priesterschrift und bei Kohelet

---

6   Vgl. Boman, Denken.
7   Zur Kritik vor allem Barr, Bibelexegese, 15–27 und passim. Ähnliches gilt für die Gegenüberstellung von linearem und zyklischem Zeitverständnis, wie sie alttestamentlich vor allem von Gerhard von Rad vertreten und zu Recht kritisiert wurde, vgl. Momigliano, Zeit, und jüngst Janowski, Anthropologie, 362ff und 388ff.
8   Koch, Denken, 17; vgl. auch Dietrich, Hebräisches Denken (= Beitrag VI in diesem Band).
9   Vgl. Boman, Denken, 181, aufbauend auf den Arbeiten von Snell, Ausdrücke, 20–39.59–71; ders., Entdeckung, 13–16.
10 Vgl. Kraus, Hören; Wolff, Anthropologie, 122–125.
11 Vgl. Avrahami, Senses, 223–276; Carasik, Theologies, 32–43; Savran, Seeing, 320–361.
12 Vgl. Janowski, Anthropologie, 286–291.
13 Vgl. Dietrich, Responsive Anthropologie, 147–151.

eine wichtige Rolle zur individuellen Erkenntnisleistung und Überprüfung des Vorgegebenen (z. B. Lev 13; Koh 2).[14] Beides impliziert nicht, dass Denken nur als eine Form des Wahrnehmens verstanden worden wäre, wie es Platon beispielsweise im Theaitetos kritisch diskutiert (Tht. 151d–187b)[15] und Aristoteles den »Alten« zuschreibt (De anima 427a 21f).[16] Schon semantisch zeigen Begriffe für das Denken wie das aus der Arithmetik abgeleitete $ḥāšab$,[17] anders als die aisthetischen Begriffe für das Denken wie $rāʾāh$ (»sehen«) und $šāmaʿ$ (»hören«), dass Denken und Wahrnehmen im Alten Testament nicht deckungsgleich sind. Auch Denkphänomene wie das heimliche Pläneschmieden auf dem Lager (z. B. Ps 36,5) oder das konsiliarische Selbstgespräch mit dem eigenen Herzen (z. B. Koh 1,16; 2,1) sprechen gegen eine simple Identifikation von Erkennen und Wahrnehmen.

Die Gegenüberstellung von aspektivem und perspektivem Denken verwendet Begriffe aus der ägyptischen Kunstgeschichte (Aspektive und Perspektive) und überträgt sie auf das Denken.[18] Diese Übertragung ist nicht unproblematisch, weil zum einen bei dem Begriff der Perspektive, anders als in der Kunst, nicht deutlich ist, was genau unter einem perspektiven Denken als einem kulturellen Denkstil zu verstehen ist, und weil zum anderen der Begriff des aspektiven Denkens den Anschein erweckt, als ob die Sichtbarkeit äußerer Phänomene für das Denken im Alten Testament (so wie es etwa Foucault der Klassik zuspricht) entscheidend sei[19] und als ob

---

14 Siehe dazu jeweils unten zum mnemonischen und taxonomischen Denkstil.
15 Vgl. Gloy, Weisheit, 196–207.
16 Vgl. Horn, Studien.
17 Vgl. auch $zāman$ (»ersinnen«), $dāmāh$ (»gedenken«), $hāgāh$ (»nachsinnen, murmeln«) und $yādaʿ$ (»erkennen«), die ebenfalls nicht für eine Identifizierung von Denken und Wahrnehmen sprechen. Das Rechtsurteil richtet sich in erster Linie weder am Hören noch am Sehen aus, sondern an der »Sache« der Gerechtigkeit, vgl. Jes 11,3f. Christian Frevel argumentiert für eine tendenzielle Entwicklung von einem leiblich verorteten und sinnlich gesättigten zu einem eher abstrakten hebräischen Denken, vgl. Frevel, Never Mind.
18 Vgl. Brunner-Traut, Frühformen, neuerdings positiv aufgenommen, aber hinsichtlich der Entwicklungsthese kritisch diskutiert bei Gloy, Denkformen, 77–80.193–196. Zur Kritik vgl. Stadler, Weiser, 19–22; Peuckert, Überlegungen, 134f; Quack, Gliederpuppe.
19 Vgl. Foucault, Ordnung, 177–184.

I. Grundfragen und Konturen

man zum Denken des Inneren, Verborgenen, Organischen, Ursächlichen nicht fähig gewesen wäre, was jedoch nicht zutrifft.[20]

Die kulturgeschichtliche Unterscheidung zwischen einem Denken erster Ordnung und einem Denken zweiter Ordnung ist einem evolutionistischen Paradigma verpflichtet, insbesondere dem Paradigma der Achsenzeit, das die Fähigkeit zum Denken über das Denken und damit zu einem abstrakten, kritischen, philosophischen, theoretischen und wissenschaftlichen Denken den vor-griechischen Kulturen abspricht und dem griechischen Denken zuschreibt,[21] obwohl evolutionsbiologisch die Fähigkeit zu solch einem Denken zur Konstitution des *homo sapiens* gehört und zumindest schon die alten Hochkulturen einschließlich Israel über genügend Quellen verfügen, die diese Fähigkeit auch kulturhistorisch aktualisiert belegen.[22]

Die genannten Gegenüberstellungen sind für die Forschungsgeschichte zu diesem Thema nicht erschöpfend, stellen aber wesentliche Leitkategorien dar, welche die Frage nach den Denkweisen dieser Kulturen immer wieder bestimmt haben. Sie leiden in der Regel an simplifizierenden Schematisierungen, die weder den typischen Denkstilen der gegebenen Kultur noch ihren konkreten Denkformen und Denkmustern gerecht werden, wenn sie binäre Kategorien (als sich ausschließende und erschöpfende) auf zwei Kulturen verteilen und diese Kulturen einander gegenüberstellen, vor allem »archaische« auf der einen Seite und »moderne« auf der anderen. Diese binären Modelle wurden deshalb zu Recht von Jack Goody beanstandet, der vor allem die Gegenüberstellung eines wilden im Gegensatz zu einem domestizierten Denken kritisierte, wie sie von Claude Lévi-Strauss vertreten wurde.[23] Dagegen können die genannten Unterscheidungen im Einzelfall als heuristische Kategorien dienen, insofern sie innerhalb einer gegebenen Kultur unterschiedliche historische Aktualisierungen, Akzent- und Schwerpunkt-

---

20 Vgl. etwa Dietrich, Individualität, sowie die Beiträge in Wagner/van Oorschot, Individualität.
21 Vgl. Elkana, Emergence; Bellah, Religion, 274–276.321; Schiefsky, Creation, 191–202; Renn, Evolution, 152.201–207.267f.
22 Zu Mesopotamien vgl. Machinist, Self-Consciousness; Cancik-Kirschbaum, Gegenstand; Johnson, Origins; Selz, Path. Zu Israel vgl. Dietrich, Hebräisches Denken (= Beitrag VI in diesem Band); Gericke, Thoughts; Frevel, Never Mind. Zum altisraelitischen Denken »erster Ordnung« vgl. Janowski, Hebräisches Denken.
23 Vgl. Lévi-Strauss, Denken; Goody, Domestication, 1–18 und passim.

setzungen unterscheiden helfen, um darauf aufbauend Vergleiche zwischen Kulturen zu ermöglichen und womöglich auch Entwicklungslinien aufzuzeigen. Etwas anders liegt deshalb der Fall, wenn binäres Denken einer einzelnen Kultur zugesprochen wird, so wenn die Unterscheidung zwischen wahr und falsch als Kennzeichen der alttestamentlichen Religion oder das Denken in Polaritäten als ein Kennzeichen des frühen griechischen Denkens verstanden wird.[24]

Hebräisches Denken sollte weder von vornherein auf einen einzigen Denkstil enggeführt noch in einer Antithese zu Griechenland oder den altorientalischen Kulturen begriffen werden, sondern es ist im Kontext dieser Kulturen zu eruieren, zu differenzieren und zu vergleichen. So wie es nicht nur die *eine* Anthropologie oder die *eine* Theologie des Alten Testaments gibt, sondern mehrere, so gibt es auch nicht den *einen* vorherrschenden Denkstil im Alten Testament. Eigentümlichkeiten sollten nicht durch binäre Schematisierungen herausgestellt werden, sei es zu naturnahen Völkern, zu anderen antiken Kulturen oder zur modernen Welt. Stattdessen gilt es, durch differenzierte Kontextualisierungen Gemeinsamkeiten und Unterschiede herauszuarbeiten.

2. Begriffsklärung

Denken kann bewusst, vorbewusst oder unbewusst vor sich gehen, und es ist zumeist im instinktiven, situativen und praktischen Erfassen von gewohnten oder ungewohnten Aufgaben und Situationen sowie in Befindlichkeiten, Wahrnehmungen, Emotionen, Erfahrungen, Praktiken, Routinen oder (Tag-)Träumen verstrickt. Diese bilden die je aktuellen lebensweltlichen Kontexte, in denen (nicht-theoretisierendes) Denken vonstatten geht.[25] Denken ist immer auch in Wissensbestände eingebettet, indem Wissen der Bestand ist, den sich das Denken erarbeitet hat; es beinhaltet die Ablagerungen des Denkens im kollektiven oder individuellen Gedächtnis. Dort, wo sich das Denken im Kontext von Befindlichkeiten, Wahrnehmungsweisen und Praktiken vollzieht und auch dort, wo das Denken auf Erfahrungen und Wissensbestände zurückgreift und sich auf unterschiedlichen Wissensfeldern zeigt, ist es leiblich, historisch,

---

24 Vgl. Assmann, Unterscheidung; Lloyd, Polarity.
25 Vgl. Gloy, Weisheit, 123–194.

I. Grundfragen und Konturen

sozial, kulturell und individuell bedingt. Eine Analyse dieses Denkens würde in eine weit gefasste Kultur-, Mentalitäts-, Wissens-, und Techikgeschichte münden, die wie in einem Konglomerat alle möglichen Fragen individueller und kollektiver Welterfahrung umfasst. Ein solches Vorgehen wäre zwar gut begründet, weil die zu rekonstruierenden Denkstile dort, wo sie lebensweltlich gebunden sind, Teil der im alten Israel vorherrschenden Welterfahrung sind.[26] Für eine Denkgeschichte im engeren Sinne aber soll der Fokus nicht auf den materiellen Feldern des Erinnerns und Wissens als dem abgespeichert Wahrgenommenen, Überlieferten und Gedachten liegen,[27] sondern auf den kulturprägenden Denkstilen als den Verfahrensweisen des Denkens,[28] die sich typologisch bei einem Vergleich verschiedenster Texte und Gattungen unterscheiden lassen[29] und die sich logisch in Form von typischen Denkformen und sprachlich in

---

26 Vgl. Weippert, Welterfahrung; Dietrich, Welterfahrung (= Beitrag III in diesem Band).
27 Es soll im Folgenden beispielsweise keine Architekturgeschichte, keine Technikgeschichte, keine Geschichte des ackerbäuerlichen Wissens, der Mathematik, Medizin oder der Schreibkunst entworfen werden. Ideen- und Wissenschaftsgeschichte könnten als Teil einer umfassend verstandenen Wissensgeschichte betrachtet werden, insofern theoretisches, wissenschaftliches und reflektiertes Wissen (*second order knowledge*) als Formen des Wissens neben anderen erscheinen (vgl. Gloy, Weisheit; Renn/Hyman, Globalization, 20–29; Renn/Valleriani, Wissensgeschichte, 7–10; Renn, Evolution, 13–15.65–69) und Ideen nicht in der Luft schweben, sondern in materialen Wissenskulturen ihre Grundlage haben (zu den altorientalischen Wissenskulturen vgl. Cancik-Kirschbaum/Kahl, Erste Philologien; Neumann, Wissenskultur). Denk- und Wissenschaftsgeschichte untersuchen allerdings nicht nur »Wissen als ›Wissen von etwas‹« (Johnston/Uhlmann, Zum Geleit, V), sondern auch und vor allem die jeweiligen Zugangsweisen auf die Phänomene einschließlich der hinter dem konkreten Wissen stehenden Denkweisen.
28 Denkstil oder Denkart »als Eigenart der Denkformen«, Kuhlen/Thieme, Denkart, 59. Alternativ zum Begriff Denkstil ließen sich auch die Begriffe Denkart oder Denktyp verwenden.
29 Völlige Abhängigkeit der Denkstile von Textgattungen wird nicht angenommen, durchaus aber eine Wechselwirkung zwischen konkreten Denkformen und Denkmustern einerseits (zu diesen siehe im Folgenden) und Textgattungen andererseits, indem erstere sich in Textgattungen niederschlagen und etablierte Textgattungen bestimmte Denkformen und Denkmuster mit sich führen und erwarten lassen. Die Fokussierung auf mythische Texte, wie es der berühmte Band *Before Philosophy* unternimmt (in der Erstausgabe unter Einschluss des Alten Testaments; vgl. Frankfort/Frankfort, Adventure), ist angesichts der Quellenlage zu einseitig, vgl. Van De Mieroop, Theses, 21–23.

Form von typischen Denkmustern niederschlagen.[30] Der Begriff *Denkstil* bezeichnet »im Sinn eines *kategorialen Rasters*«[31] einen je eigentümlichen denkerischen Zugriff auf die Welt mithilfe von je typischen Denkformen und Denkmustern. Denkstile bezeichnen kulturprägende Grundunterscheidungen in den habituellen Denkweisen einer gegebenen Kultur, bei denen man zwischen parataktischen, hypotaktischen, systematischen und (selbst)reflexiven Denkformen und ihren eigensprachlichen Denkmustern unterscheiden kann.[32] Parataktisches Denken setzt nebeneinander und zeichnet sich durch aggregative, analogistische, assoziativ-vernetzte und hypoleptische (anknüpfende), oftmals auch binäre (polare) Formen aus. Hypotaktisches Denken gliedert, ordnet und hierarchisiert im Einzelfall, indem es kategorial, syllogistisch oder synthetisch-stereometrisch vorgeht. Systematisches Denken abstrahiert und fasst zusammen, indem es Parataktisches oder Hypotaktisches in eine größere Systematik einbindet, die nach Prinzipien vorgeht, seien diese nun chronologisch, genealogisch, phonetisch, schriftbildlich, topologisch, typologisch oder auf andere Weise abstrahierend, summarisch oder taxonomisch bestimmt. Schließlich ist (selbst)reflektierendes Denken über das Denken Merkmal des Denkens zweiter Ordnung, das über die eigenen individuellen oder in der Kultur vorherrschenden Denkweisen (kritisch) nachdenkt.

Die einzelnen Denkformen bauen zum Teil aufeinander auf und können ineinander übergehen: Die Parataxe ermöglicht die Hypotaxe und beide gestatten die Systematik. Chronologisches kann parataktisch angegeben werden, die Hypolepse kann auch beim hypotaktischen Denken zur Anwendung kommen, und Synthetisches kann schon ein Kennzeichen des Systematischen sein. Auf welche Weise und in welcher Gewichtung die genannten Denkformen konkret zum Ausdruck kommen, kann je nach historischer Aktualisierung unterschiedlich sein und sich eher abstrakt in unanschaulichen Zeichen (z. B. moderne Mathematik, Musiknoten) oder konkret in

---

30 Vgl. Meier, Denkform. Zur Begriffsgeschichte vgl. auch Gloy, Denkformen, 17–22. Der Begriff »Denkweise« wird im Folgenden als unpräziserer, übergeordneter Terminus verwendet, der die genannten anderen umfasst.
31 Janowski, Hebräisches Denken. Hervorhebung im Original.
32 Zu den im Folgenden genannten Begriffen vgl. beispielsweise Gloy, Denkformen; Lloyd, Polarity; speziell zur Hypolepse vgl. Assmann, Gedächtnis, 280–292.

einer bildlichen Sprache äußern (z. B. Metaphern, Parallelismus membrorum). Im Folgenden kann es nur darum gehen, eine erste paradigmatische Typologie zu entwerfen.

3. Indigene Vorstellungen

a) Sprachliche Ausdrücke für das Denken

Um das Denken zu bezeichnen, stehen im biblischen Hebräisch verschiedene Begriffe zur Verfügung, die nicht vollständig mit dem deutschen Verb »denken« deckungsgleich sind. Vor allem wird im Alten Testament mit dem Herzen (*leb*) gedacht, sodass sprachliche Ausdrücke wie »zu seinem Herzen reden« (formuliert mit *'āmar* oder *dābar*; Koh 1,16; 2,1) oder »sich mit seinem Herzen beraten« (formuliert mit *mālak*; Neh 5,7) einen konsiliarischen Denkakt in Form des Selbstgesprächs bezeichnen, während »sein Herz auf etwas richten« (formuliert mit *śîm* oder *nātan*; 1Sam 25,25; Koh 1,13.17) eine denkerische Absicht zum Ausdruck bringt.

Wichtige Verben, die das Denken in verschiedenen Kontexten, Varianten und Ursprüngen bezeichnen, sind vor allem das epistemische Verbum *yāda'* (»erkennen«), die perzeptiven Verben *šāma'* (»hören«) und *rā'āh* (»sehen«), die mnemonischen Verben *zākar* (»erinnern«) und *šākaḥ* (»vergessen«), die pädagogischen Verben *lāmad* (»lehren«) und *šānan* (»einschärfen«), die planend-konsiliarischen Verben *ḥāšab* (»planen«), *zāman* (»ersinnen«) und *dāmāh* (»gedenken«), das kontemplative Verbum *hāgāh* (»nachsinnen, murmeln«) sowie die empirisch-untersuchenden *bāqar* (»untersuchen«), *biqqeš* (»suchen«), *dāraš* (»erforschen«), *pāqad* (»untersuchen«), *šā'al* (»erfragen«) und *tûr* (»auskundschaften«). Von diesen oder anderen Verben können Nomina wie *maḥᵃšæbæt* (»Vorhaben«), *mᵉzimāh* (»Plan«), *ḥæšbôn* (»Berechnung«), *zikārôn* (»Gedächtnis«) oder *māšāl* (»Denkspruch«) abgeleitet sein. Eine begriffsgeschichtliche Untersuchung, die diesen und weiteren Worten nachgeht, ist wichtig,[33] kann jedoch allein nicht zielführend sein, weil sich Denkweisen auch jenseits der eigenbegrifflichen Verwendung von Worten für »denken« zeigen. Formen der Listenwissenschaft beispielsweise, die keinen der oben genannten Begriffe verwenden, würden außer

---

33 Vgl. zu einer Auswahl Carasik, Theologies.

Acht gelassen, wollte man sich allein auf eine begriffsgeschichtliche Untersuchung konzentrieren. Deshalb müssen auch Denkphänomene jenseits der eigensprachlichen Verwendung von Worten für »denken« beschrieben und mithilfe des typologischen Vergleichs in ihrer Eigenart und Vergleichbarkeit eruiert werden.[34]

b) Denkursprünge
Das Denken vollzieht sich nach alttestamentlichem Verständnis nicht im Gehirn, sondern im menschlichen Herzen als dem Personenzentrum und Denkorgan des Menschen (z. B. Gen 6,5; 2Sam 7,3).[35] Nach dem zweiten Schöpfungsbericht ist es eine ursprünglich göttliche Fähigkeit, die sich der Mensch in Form der Unterscheidungsfähigkeit zwischen Gut und Böse gebotsübertretend angeeignet hat und die ihn gottähnlich macht (Gen 3,5.22). Nach dem Buch Kohelet hingegen wird das Denken als eine mühselige und unaufgebbare Gabe Gottes betrachtet (Koh 1,13).

Auch wenn die menschliche Denkfähigkeit urgeschichtlich begründet ist und den Menschen gottähnlich macht oder als Gabe Gottes gilt, wird dennoch ein qualitativer Unterschied zwischen dem menschlichen und dem göttlichen Denken konstatiert (z. B. 2Sam 16,7; Jes 55,7–9; Jer 17,9f; Spr 19,21). Der Mensch kann die Zusammenhänge der Schöpfungswelt letzten Endes nicht vollständig durchschauen (z. B. Koh 3,11) – und antwortet in den Psalmen mit dem Gotteslob (z. B. Ps 8). Entsprechend wird es positiv gesehen, wenn das menschliche Denken göttlich inspiriert ist wie bei den Propheten (inspiriertes Denken) oder sich von den Weisungen Gottes leiten lässt (mnemonisches Denken).[36] Entsprechend wird es in der Regel kritisch gesehen, wenn der Mensch allein aus sich selbst heraus denkt, sich allein auf sein eigenes Denken verlässt und allein aus seinem eigenen Inneren heraus plant (Jer 6,19; 7,24; 8,12; Ps 36,2; 64,7; Spr 26,24f) – eine Perspektive, die sich bei Kohelet mit der Anerkennung des eigenständig forschenden Denkens ändert.[37]

---

34 Aufbauend auf dem typologischen Vergleich können dann auch Fragen nach genetischen Abhängigkeiten gestellt werden.
35 Vgl. Janowski, Anthropologie, 148–157.
36 Zu diesen beiden Denkstilen siehe unten die jeweiligen Abschnitte.
37 Siehe dazu unten den Abschnitt über das synthetische Denken.

I. Grundfragen und Konturen

c) Denkziele

In narrativen Texten wird das Denken der dargestellten Personen in nur wenigen Fällen extrapoliert (z. B. Gen 27,41; Est 6,6) und muss aus den (Sprach-)Handlungen der Figuren als absichtsvolles und handlungsorientiertes Denken erschlossen werden (z. B. Gen 27,6–17.42–46). Als absichtsvolles und handlungsorientiertes Denken ist das Denken nutzenbezogen und zweckorientiert auf die Erlangung konkreter Ziele bezogen (z. B. Gen 50,20), zielt aber auch generell auf das Bedenken des Lebensweges (Spr 16,9) und im Rahmen der Weisheit auf ein umfassendes Orientierungswissen, das dem Führen eines gelingenden Lebens dienlich ist (Spr 3,13–18). Zu diesem Zweck gehen Weltbeobachtung (Spr 24,32–34), das Hören auf die Tradition (z. B. Spr 4) und Gottesfurcht (z. B. Spr 15,33) zusammen.

Vor allem das Verbum *ḥāšab*[38] kann neben seinen taxonomischen Funktionen[39] je nach Kontext unterschiedliche Formen des absichtsvollen Denkens bezeichnen, vor allem im Sinne von »beabsichtigen, Pläne entwerfen« (z. B. Gen 50,20; 2Sam 14,13f). Dieses absichtsvolle Denken ist ein Grundcharakteristikum des Menschen, der seinen Lebensweg plant (Spr 16,9; vgl. 19,21). Es kann positiv gemeint sein (Spr 12,5; 15,22; 20,18; 21,5), in Form des Gedenkens eine gelingende, vor allem sorgende und schützende Aufrechterhaltung von Beziehungen beschreiben (Ps 40,18; 144,3; Jes 33,8) und die denkerische Leistung bei der Innovationskunst bezeichnen (Ex 31,4; 35,32; Am 6,5; vgl. nominal Ex 26ff; 2Chr 26,15; Koh 7,29). Negativ bezeichnet es absichtsvolle, »wahre« Hintergedanken, die mit lügenhaften Äußerungen und Handlungen verschleiert werden und schädigende Folgen für andere haben (Neh 6,2; Ps 36,5; 140,3). Dieses (von den Autoren kritisierte) Denken geht im Inneren des Menschen vor sich, was nicht nur, aber vor allem an Wendungen abzulesen ist, nach denen das planerische Denken nicht im positiven Sinne außengeleitet im Hören auf die Worte Gottes und die Ansprüche des Mitmenschen, sondern tief und abgründig im Inneren des eigenen Herzens vor sich geht (Jes 10,7; Sach 7,10; 8,17; Ps 140,3; vgl. Gen 6,5; 8,21).[40]

---

38 Vgl. Seybold, חשב; Carasik, Theologies, 124–136.
39 Siehe dazu unten den Abschnitt über das taxonomische Denken.
40 Vgl. Dietrich, Individualität, 81–87.

Nicht nur in Griechenland, sondern auch im Alten Testament gibt es Formen und Ziele des Denkens, die zu den Anfängen des wissenschaftlichen Denkens gezählt werden können. Auch im Alten Testament wird Wahrheit als Größe sui generis unabhängig von subjektiven Nützlichkeitserwägungen anerkannt und Erkenntnis von wahrhaften Zusammenhängen hinter der Erscheinungswelt mittels des Denkens erstrebt.[41] Wenn die gründliche Untersuchung die Richtigkeit einer Aussage feststellen muss (z. B. Dtn 13,13–15; 17,4; 22,20) oder die heimlichen Hintergedanken der Widersacher negativ gewertet und dem äußeren Schein lügenhaften Verhaltens gegenübergestellt werden, zeigen die Autoren ein erkenntnisgeleitetes Unterscheidungsinteresse, das an »Tatsächlichem« interessiert ist (z. B. Neh 6,2; Ps 36,5; 140,3). Erkenntnisgeleitetes Interesse zeigt sich auch in Texten, in denen ḥāšab »nachdenken, durchdenken, überdenken« bezeichnet und in denen es um Erkenntnis geht: Der Psalmist denkt nach (ḥāšab), um Sachverhalte zu erkennen (yādaʿ; Ps 73,16; vgl. 77,6), wozu auch selbstkritisches Überdenken der eigenen Lebenswege (Ps 119,59), philosophische Fragen (Jes 2,22) und das Denken über das Denken gehören (»Gedanken bedenken«; z. B. 2Sam 14,14; Jer 29,11). Zwar sind auch diese Texte nicht völlig interesselos im Sinne einer reinen Lust an der Erkenntnis als solcher, denn es geht zumeist um das Gelingen oder Misslingen von Lebenswegen, Sozialverhältnissen und Gottesbeziehungen.[42] Dennoch führt nach Ansicht dieser und anderer Texte (wie beispielsweise den prophetischen) kein Weg daran vorbei, den tatsächlichen Gegebenheiten (auch selbstkritisch) auf den Grund zu gehen.

---

41 Vgl. Michel, 'Ämät, 30–57. Wahrheitstheorien lassen sich in Hinsicht auf ontische Offenbarungstheorien, objektbezogene Korrespondenztheorien und subjektbezogene Kohärenztheorien zusammenfassen, vgl. Gloy, Wahrheitstheorien, 7–9. Im Alten Testament sind alle drei Formen zu finden: Wahrheit kann sich als Gottes Wahrheit offenbaren, objektiv als Richtigkeit einer Aussage erweisen und subjektiv als verlässliche Haltung der Wahrhaftigkeit erweisen, vgl. Dietrich, Wahrheit und Trug.
42 Reine Lust an der Erkenntnis zeigt sich zum Teil in der Kunst des Taxierens, siehe dazu unten den Abschnitt über das taxonomische Denken.

4. Denkstile mit ihren Denkformen und Denkmustern

Die hier zu behandelnden Denkstile kennzeichnen sowohl das *Wie* des alttestamentlichen Denkens, seine Vorgehensweise und Methodik, als auch das *Was* des alttestamentlichen Schreibens (und somit Denkens) über das Denken, also seines Inhalts in Form der indigenen Vorstellungen über das Denken.[43] Als Vorgehensweisen sind die Denkstile an sich keineswegs kulturtypisch, sondern finden sich kulturübergreifend. Erst ihr konkretes Auftreten lässt kulturtypische Ausprägungen erkennen.[44]

Viele der im Folgenden darzustellenden Denkstile tragen analogistische Züge, ohne vollständig in einem analogistischen Denkstil aufzugehen.[45] Das analogistische Denken sieht die Dinge und Wesen der Welt wie in einem Netz von Beziehungen miteinander verknüpft. In der Priesterschrift sind nicht nur Schöpfung und Tempel analog aufeinander bezogen,[46] sondern auch Schöpfung und Ritual- sowie Sozialordnung, wie sich an der häufigen Zahlensymbolik von sieben bzw. 40 Tagen zeigt.[47] Auch im Erfahrungswissen der Weisheit und beim Tun-Ergehen-Zusammenhang zeigt sich eine analoge Ordnung in den natürlichen und sozialen Dingen, um »analoge Dinge in weltentfernten Bereichen nun doch in einem Punkt nebeneinander zu ordnen« (vgl. z. B. Spr 25,23; 26,20).[48]

Die Fähigkeit zu abstraktem Denken einschließlich des Denkens zweiter Ordnung[49] dürfte schon lange vor den alten Hochkulturen evolutionsbiologisch als menschliche Fähigkeit vorgelegen haben, sodass sich »nur« die Frage stellt, wann und in welchen historischen Ausprägungen es sich in den Quellen zeigen lässt. Im Alten Testa-

---

43 Vgl. Carasik, Theologies, 1.
44 Für einen kulturübergreifenden Überblick mit je kulturhistorischen Schwerpunktsetzungen vgl. Gloy, Denkformen. In Bezug auf das synthetische Denken im Alten Testament vgl. Müller/Wagner, Körperauffassung.
45 Zum analogistischen Denken vgl. aus anthropologischer Perspektive Descola, Natur, 301–344. Dieses Denken findet sich vor allem im Alten Orient, vgl. etwa Rochberg, Nature, 149–169; Van De Mieroop, Philosophy, bes. 219–224, ist aber auch im Alten Testament grundlegend, vgl. Dietrich, Welterfahrung (=Beitrag III in diesem Band). Zu Griechenland vgl. vor allem Lloyd, Polarity.
46 Vgl. Janowski, Tempel.
47 Vgl. etwa Whitekettle, Thought, 376–391.
48 von Rad, Natur- und Welterkenntnis, 129.
49 Siehe Anm. 21.

ment ist die Fähigkeit zu abstraktem Denken in allen im Folgenden zu besprechenden Denkstilen belegbar. Die Fähigkeit zu kritischem Denken[50] ist sogar so breit bezeugt, dass »kritisches Denken«, das ebenfalls dem Denken zweiter Ordnung zuzurechnen ist, als eigenständiger Denktypus im Alten Testament angesehen werden kann. Im Folgenden wird »kritisches Denken« nicht eigens, sondern bei jedem der aufgeführten Denkstile mit behandelt.

a) Synthetisches Denken: Poetische Texte
Vor allem für die poetischen Texte des Alten Testaments (einschließlich der poetischen Sprache in den Schriftpropheten) ist »das *synthetische* Denken« typisch.[51] Es kommt in solchen Denkformen und ihrer sprachlichen Vermittlung (Denkmustern) zum Ausdruck, die man als ganzheitlich und synthetisch bezeichnen kann: Die poetischen Texte stellen die Dinge und Wesen der Welt nicht nur mittels des analogistischen Denkens in ein Netz von Beziehungen, sondern sie verbinden diese Beziehungen zu größeren Einheiten, um das Ganze einer Sache zu erfassen – sie »synthetisieren«. Dafür ist ein konkretes, bildreiches Denken mit einem stereometrischen Sprachmuster typisch, eine »Stereometrie des Gedankenausdrucks«,[52] bei der sinnverwandte Begriffe assoziativ und parataktisch einen Sachverhalt umschreiben, indem sie ihn über die Nennung seiner Aspekte umgreifen.[53] Anstatt in Jes 1,2aα abstrakt und einmalig hervorzuheben: »Hört alle her!«, werden mit »Hör her, Himmel, und horch auf, Erde!« die beiden Weltpolaritäten Himmel und Erde »synthetisch« miteinander verbunden, um eine Ganzheit auszudrücken. Zu den Formen der Stereometrie gehören typische Stilfiguren wie eine intensive Bildsprache mit Metaphern und Vergleichen, das *pars pro toto* (z. B. Gen 19,8bβ; Dtn 6,3bβ) und der *Parallelismus membrorum*, der in seinen verschiedenen Formen ganzheitliches und mehr-

---

50 Siehe dazu im Folgenden, passim.
51 Wolff, Anthropologie, 30. Hervorhebung im Original.
52 Landsberger, Eigenbegrifflichkeit, 371. Das hier vorausgesetzte und nicht unumstrittene enge Verhältnis zwischen Sprache und Denken ist von Landsbergers Schüler Wolfram von Soden weitergeführt worden, vgl. von Soden, Leistung, 411–464.509–557; ders., Sprache. In den letzten Jahren ist Landsbergers Ansatz neu evaluiert und in Bezug auf die sumerische Sprache aktualisiert worden, vgl. Sallaberger, Eigenbegrifflichkeit; Fink, Benjamin Whorf.
53 Zu Spr 2,10f als Beispiel vgl. Wolff, Anthropologie, 29–31.

I. Grundfragen und Konturen

dimensionales Denken offenbart, indem er Phänomene durch die komplementäre Darbietung ihrer wichtigsten Aspekte beschreibt.[54]

Analogistisches und synthetisches Denken zeigt sich auch beim Tun-Ergehen-Zusammenhang, der eine regelhafte Verkettung zwischen der Tat eines Menschen und seinem Ergehen erkennt, die auf natürliche (Hos 8,7), soziale (z. B. Spr 21,13) oder religiöse Weise (z. B. Spr 20,22) zustande kommt. Anders als das sogenannte aspektive Denken vermuten ließe,[55] zeigen sich synthetische Denkformen auch in der Körperauffassung, denn der Mensch wird nicht als Gliederpuppe, als bloße Summe seiner Teile, sondern ganzheitlich erfasst: als ein lebendiges Wesen aus Materie und Gottesatem (Gen 2,7), dessen leiblich verortete Gedanken und Worte (z. B. Spr 16,23f) und dessen geistige, emotionale und physische Eigenschaften eine Einheit bilden, etwa wenn sich die »Lebenskraft« im Blut findet (z. B. Lev 17,11.14) und das Denken im Herzen vor sich geht (z. B. 1Kön 3,9.12), wo sich Leibsphäre und Sozialsphäre, Innenwelt und Außenwelt verbinden.[56]

Synthetisches Denken kann durchaus im Sinne eines Denkens zweiter Ordnung abstrahieren und reflektieren. So finden sich Texte, die in den Stilformen des synthetischen Denkens verfasst sind und gleichzeitig einen kritischen Umgang mit den Gegebenheiten aufweisen wie die Differenzierung zwischen dem Denken des Weisen und des Toren (Spr 10,14; 14,33; 15,14), zwischen verheimlicht-verstelltem Denken und vorgetäuschter Handlung (Ps 36,5; 140,3; Spr 26,24f) oder zwischen dem Denken des Menschen und demjenigen Gottes (Spr 19,21; vgl. 2Sam 16,7; Jes 55,7-9; Jer 17,9f). Angesichts der Denkweise Gottes und seiner Absichten mit dem Menschen wird das menschliche Denken durchaus kritisch reflektiert (Ps 94,11; Koh 3,11; 7,29; 11,5), und es wird von materiellen Opfer-

---

54 Vgl. dazu ausführlich Wagner, Parallelismus.
55 Die Aspektive in der Bildkunst der Ägypter ist eben nicht als Sehbild zu *betrachten*, das die Phänomene der Welt bloß zergliedert, sondern als Denkbild zu lesen und zu *verstehen*, das die Einheit und »Idee« der Phänomene in ihren herausstechenden Merkmalen veranschaulicht, vgl. Wolf, Kunst, 278-281.
56 Vgl. Janowski, Anthropologie, 142f.150-152. Auch nach der alttestamentlichen Physiognomik wird der Mensch »als psychosomatische Einheit verstanden, in der Körperlichkeit, Emotionalität, Wollen, Denken, Handeln, inneres und äußeres Sein zusammengehören«; Berlejung, Körperkonzepte, 306.

handlungen durch »Spiritualisierung« ethisch und religiös abstrahiert (z. B. Ps 50,7–15; 51,17–19; Spr 21,3).

Schon das Buch der Sprüche spiegelt nicht nur Erfahrungswissen, sondern reflektiert über dieses. Die Verwendung übergeordneter Termini macht deutlich, dass Versuche vorliegen, Begriffe, Handlungen und Dinge in übergeordneten Kategorien zusammenzufassen, wie sich beispielsweise an den Oberbegriffen Gut und Böse, Recht und Gerechtigkeit, Wahrhaftigkeit und Treue, Weisheit und Torheit zeigt.[57] Das weisheitliche Interesse am rechten Maß im ethischen wie metrologischen Sinne (vgl. Spr 11,1; 16,11; 20,23) macht deutlich, dass übergreifende Normbildungsprozesse vorliegen. Abstraktionsleistungen kommen auch in Hiob und Kohelet zum Zuge. Ihr Diskurscharakter geht über »mythopoetisches Denken«[58] hinaus und kreist um Begriffs- und Verständnisfragen.[59] Im Buch Hiob werden traditionelle Wissensbestände wie die Gültigkeit des Tun-Ergehen-Zusammenhangs kritisch diskutiert, und es wird über Frömmigkeit, Gerechtigkeit, Mensch und Gott sowie die Weltordnung reflektiert, indem unterschiedliche Positionen verschiedenen Charakteren in der poetischen Sprache des synthetischen Denkens zugesprochen werden.

Kritisches Denken richtet sich auch gegen herkömmliche Grundannahmen über die Weltordnung, so wenn in Hiob und Kohelet die Einheit von Ordnung (»Natur«) und Handeln/Ergehen aufgebrochen wird. Das Denken in voneinander unabhängigen Systemen, dem menschlichen Handeln einerseits und dem naturhaften Ordnungsgeschehen andererseits, wird möglich, indem das menschliche Handeln und Ergehen problematisiert und dem natürlichen Ordnungsgeschehen gegenübergestellt wird und indem dieses Ordnungsgeschehen selbst als unverfügbar und undurchschaubar begriffen wird (vgl. Hi 28; 38,1–42,6), sodass Kohelet eine eigenständige Form der Ethik entwirft (die Ethik des *carpe diem*). Hinter diesen Diskursen verbirgt sich die Einsicht in einen Tun-Ergehen-

---

57 Vgl. Barton, Ethics, 240–244. Eine Begriffspyramide liegt hier noch nicht vor. Diese gilt gemeinhin als Erfindung Platons, vgl. etwa Leisegang, Denkformen, 215–221.
58 Frankfort/Frankfort, Adventure, passim.
59 Vgl. Saur, Sapientia discursiva.

I. Grundfragen und Konturen

Zusammenhang, der sich zwar durch eine gewisse Regelmäßigkeit, aber nicht durch Naturgesetzlichkeit auszeichnet.[60]

Kohelet sucht die Welt selbstdenkend, durch eigene Erkundungen und Reflexionen zu durchdringen (Koh 1,13.17; 2,3; 8,9.16; 9,1)[61] und die Welt in ihrem Gesamtzusammenhang zu begreifen, weshalb der Terminus *kål* (»alles«) bzw. *hakkol* (»das Ganze«) das Buch durchzieht.[62] Der Grundbegriff *hæbæl* (»Windhauch«) bezeichnet dabei ontologisch und anthropologisch den ephemeren Charakter aller Dinge und epistemologisch den undurchschaubaren, enigmatischen Charakter der Welt, welcher die kritische Einsicht in die grundsätzliche Begrenztheit menschlicher Erkenntnisleistung korrespondiert: Der Mensch kann zwar nicht anders als die Welt denkerisch zu begreifen suchen (Koh 1,13), doch ist das Denken wie das menschliche Bemühen überhaupt (Koh 1,3) letztendlich Windhauch (Koh 2,21; vgl. 7,23f) und ein vollständiges Erfassen der von Gott eingerichteten Weltzusammenhänge dem Menschen versagt (Koh 3,11; 8,16f; 11,5).[63] Das Bedenken dieses flüchtigen, vergänglichen, traurig stimmenden Denkens trägt durchaus philosophische Züge (Koh 1,18; 7,2–4),[64] einschließlich der Reflexion über das menschliche Todesbewusstsein, das den Unterschied zum Tier bedenkt (vgl. Koh 3,18–21) und den Tod als Privation aller Fähigkeiten und Möglichkeiten, eben auch des Denkens, Erinnerns und Selbstbewusstseins begreift (Koh 9,5f.10).[65]

b) Hörendes und mnemonisches Denken: Deuteronomistische Texte
Wie das synthetische so ist auch das hörende Denken für den gesamten Alten Orient typisch. Dieses Denken läuft über das »hörende Herz« (*leb šomea'*; 1Kön 3,9.12),[66] das sich traditionsgebundenes Wissen über das Hören aneignet, die Weisungen Gottes einverleibt und

---

60 Schon im Sprüchebuch können auf den ersten Blick widersprüchliche Ratschläge zur Lebensklugheit nebeneinanderstehen (Spr 26,4f).
61 Vgl. Fox, Ecclesiastes, xi.
62 Vgl. Müller, Das Ganze.
63 Vgl. Schellenberg, Erkenntnis, 75–161.
64 Vgl. Dietrich, Macht Denken traurig? (= Beitrag VIII in diesem Band).
65 Eine ägyptische Parallele zur Reflexion über das menschliche Todesbewusstsein findet sich in der Aussage der Ehefrau über den Verstorbenen im Grab des Nefersecheru: *p3 jp ḏt.f ḥm* »Der Sich-seiner-selbst-Bewusste ist (nun, im Tod) unwissend.« Umschrift nach Osing, Grab, 55.
66 Zu ägyptischen Parallelen vgl. Brunner, Herz.

auf die Ansprüche der sozialen und natürlichen Umwelt eingeht. Bei diesem Denkstil sind Hören und Gehorchen sachlich und sprachlich verbunden: Das hörende Denken ist ein gehorchendes Denken, wie es am deutlichsten in einem Wortspiel der altägyptischen Lehre des Ptahhotep zum Ausdruck kommt: »Vorteilhaft ist das Hören (sḏm) für einen Sohn, der hört (sḏmw), denn das Hören (sḏm) dringt ein in den Hörer (sḏmw), und so wird aus dem Hörer (sḏmw) ein Gehorsamer (sḏmj).«[67]

Das hörende Denken ist auch für viele Texte des Alten Testaments typisch. Traditionsgebunden und offen für religiöse und soziale Anliegen ist das hörende Herz ein im besten Sinne außengeleitetes Herz (z. B. Spr 23,26), das die Dimensionen des Zuhörens und Gehorchens gemeinsam umfasst.[68] Vor allem in den Büchern Deuteronomium und Sprüche nimmt deshalb das Hören (anders als das Sehen in anderen Literaturbereichen)[69] die entscheidende erkenntnisleitende Funktion ein. Hierbei stellt das mnemonische Denken einen Sonderfall des hörenden Denkens im Deuteronomium und in deuteronomistischen Texten dar.

Die alttestamentlichen Rechtssammlungen enthalten analogistische und paratakstische, auch hypotaktische und taxonomische Formen. Mit der sogenannten *Theologisierung des Rechts* erhalten sie mnemonische Züge, die im Deuteronomium so stark sind, dass das mnemonische Denken einen eigenen, für das Alte Testament typischen Denkstil ausmacht. Mnemonisches Denken ist ein Unterfall des hörenden, erinnerungsbezogenen Denkens, das sich nach den Weisungen Gottes ausrichtet und der gelebten Erinnerung gegenüber dem gespeicherten schriftlichen Wissensbestand kulturprägenden Raum gibt. Das kulturelle Gedächtnis, um das es im Deuteronomium geht, hat nicht nur seine Wissensbestände in relativer Bedeutung für die Gemeinschaft an bestimmten Orten schriftlich abgespeichert, sondern es soll in absoluter Bedeutung für jeden einzelnen Zeitgenossen immer wieder neu als Teil des gegenwärtigen kommu-

---

67 Lehre des Ptahhotep 534–536. Übersetzung nach Brunner, Weisheitsbücher, 129.
68 Vgl. Dietrich, Responsive Anthropologie, 147–152. Die Bedeutung des Hörens hat natürlich auch mit bildloser Gottesverehrung zu tun, vgl. etwa Dtn 4,12. Sowie Schaper, Media, 127–147.
69 Siehe dazu unten den Abschnitt zum taxonomischen Denken.

I. Grundfragen und Konturen

nikativen Gedächtnisses mündlich aktualisiert werden.[70] Das mnemonische Denken des Alten Testaments richtet sich bewusst gegen das kulturelle Vergessen im kommunikativen Gedächtnis und fordert ein beständiges Wachhalten der kulturellen Erinnerung in der Kommunikation unter den Zeitgenossen: Das kulturelle Gedächtnis soll beständig in ein kommunikatives überführt und transformiert werden, sodass das Volk Israel als eine Lehr- und Lerngemeinschaft entworfen wird.[71] Im Deuteronomium und in deuteronomistisch geprägten Texten zeichnet sich diese Kultur des Erinnerns und Gedenkens deshalb dadurch aus, dass das hörende, mnemonische Denken in einem familiären Kontext des Fragens und Antwortens, des Lernen und Lehrens, verortet (z. B. Dtn 6,20–25) und mithilfe epistemischer Tugenden wie Achtsamkeit, Aufgeschlossenheit, Lernbereitschaft, Umsicht, Sorgfalt und Wachsamkeit beständig gelernt und eingeübt werden soll (z. B. Dtn 6,4–9; 11,18–20).[72] Eine Kernaussage wie »Nimm Dich in Acht, dass Du nicht vergisst den Herrn, der dich geführt hat aus dem Land Ägypten, dem Haus der Sklavendienste« (Dtn 6,12 und passim) ist mnemonisch stets auf die kollektive, erlösende Erfahrung der Befreiung aus Ägypten durch den allein zu verehrenden Gott Jhwh gerichtet. Deshalb gilt für das Deuteronomium nicht nur die Lehre »Ein Gott an einem Ort«, sondern unter Einschluss eines alle Mitglieder vereinenden, wachsamen Denkens und Geistes: »one god, one shrine, one mind«.[73]

In den deuteronomisch-deuteronomistischen Texten kommen verschiedene Erinnerungstechniken zum Einsatz:[74] 1. Das Bewusstmachen als ein Beherzigen, indem die Erinnerung unauslöschlich in das eigene Herz, das Denk- und Erinnerungsorgan des Menschen, gelegt oder geschrieben wird (z. B. Dtn 6,6; 11,18; vgl. Jer 31,33). 2. Die Erziehung mithilfe generationenübergreifender Kommunikation (Dtn 6,7; 11,19; vgl. Jos 1,8), poetischer mündlicher Überlieferung (Dtn 31,19–21) und von Festen als Medien der kollektiven Erinnerung (Dtn 16; 26,1–11; vgl. Neh 8,13–17). 3. Die Sichtbarmachung

---

70 Zum kommunikativen und kulturellen Gedächtnis vgl. Assmann, Gedächtnis, 48–56.
71 Vgl. Finsterbusch, Weisung.
72 Vgl. Dietrich, Responsive Anthropologie.
73 Geller, Wisdom, 105.
74 Vgl. Assmann, Gedächtnis, 218–221.

des Erinnerten mithilfe körpermarkierender Gedenkzeichen an der Stirn und liminaler Merkzeichen an den Stadttoren und Türpfosten (Dtn 6,8f; 11,18.20). 4. Die Speicherung und Veröffentlichung durch Inschriften und Manuskripte (Dtn 10,2–4; 27,2–8; 31,24–26; vgl. 2Kön 22,8–13) sowie deren öffentliche Verlesung (Dtn 31,9–13; Jos 8,34f; 2Kön 23,1f; vgl. Neh 8). 5. Die Kanonisierung des Manuskriptes als unveränderlicher Vertragstext (Dtn 4,2; 13,1; 31,9–13).

Diese Form des kulturellen Gedächtnisses, das ständig in ein kommunikatives überführt werden soll, stellt einen Sonderzug des biblischen Denkens gegenüber dem Alten Orient dar, auch deshalb, weil es zur Begründung sozialökonomischer Regeln herangezogen wird. Die Erinnerungstechniken wollen die Verehrung Jhwhs und die Erfahrung der Befreiung aus Ägypten so kulturprägend durchsetzen, dass auch ein entsprechend sozialmoralisch orientierter Lebensstil eingefordert werden kann, der dieser Erfahrung gemäß ist (z. B. Dtn 15,15) und eigennütziges, »böses Denken« (Dtn 15,9) ebenso wie fehlgeleitetes Begehren verurteilt (Dtn 5,21; 7,25). Familienmitglieder, die sich diesem Denken wiederholt nicht anschließen wollen, sollen öffentlichkeitswirksam eliminiert werden (Dtn 21,18–21), weshalb dieses Denken einen bewusst intoleranten Zug trägt.

Jan Assmann bezeichnet das Deuteronomium als »Paradigma kultureller Mnemotechnik« und weist dessen Erinnerungskunst als »*artefizielle* Steigerungsform der ›memoire collective‹« aus,[75] indem sie eine »eherne Mauer« zwischen der eigenen, abgelehnten Kultur und der neuen gelebten Religion aufzurichten bestrebt ist, die Religion emphatisch bedenkt und von der vorgängigen Kultur abgrenzt.[76] Dieses epistemisch wache, unterscheidende, urteilende, Grenzen ziehende und deshalb auch kritische Denken ist weniger gut getroffen, wenn man ihm die Unterscheidung zwischen wahr und falsch[77] oder Freund und Feind unterstellt,[78] die eher auf kritische Prophetentexte zutreffen.[79] Allerdings ist ein binäres Entweder-Oder-Entscheidungsdenken leitend, das metaphorisch gerne in Form einer Zwei-Wege-

---

75 Assmann, Gedächtnis, 212.214.
76 Vgl. Assmann, Gedächtnis, 196–228.
77 So Assmann, Unterscheidung.
78 So Assmann, Exodus, 106–119.
79 Siehe dazu unten den Abschnitt zum inspirierten Denken.

I. Grundfragen und Konturen 37

Lehre zum Ausdruck kommt (Dtn 30,15–20) und sich auch in der Weisheit zeigt (vgl. etwa Ps 1; Spr 2).

Die engste Parallele zu der ehernen Mauer, die Israel mithilfe des mnemonischen Denkens aufbaut, findet sich bezeichnenderweise nicht in Ägypten oder Mesopotamien, sondern in Griechenland – nicht in Form des parmenidischen »Denkzwangs« mit seiner Unterscheidung zwischen wahr und falsch, wie Jan Assmann vorschlägt,[80] sondern als das kulturelle Gedächtnis Athens, das nicht nur zwischen Hellenen und Barbaren unterscheidet, sondern auch die Befreiung von den Persern zu einem nationalen Identitätsmerkmal werden lässt, so wie Israel seine Befreiung aus Ägypten.[81]

c) Taxonomisches Denken: Priesterschriftliche Texte

Einen ganz anderen Denkstil nenne ich den taxonomischen. Er findet sich vor allem in der Priesterschrift und in Teilen der Weisheitsliteratur. Der taxonomische Denkstil kann durchaus ganzheitlich und synthetisch vorgehen, doch baut er vor allem auf der Listenwissenschaft auf und zeigt besondere Formen der Taxonomierung und Abstraktionsleistung. Taxonomie strukturiert die Welt, und taxonomisches Denken gehört deshalb allen Wissensfeldern von der Ökonomie bis zum religiösen Weltbild an. Für das Alte Testament wie für den Alten Orient insgesamt ist es typisch, dass die Welt denkerisch erobert werden will, indem nicht nur konkret und mythisch-partizipativ von ihr erzählt wird,[82] sondern indem sie auch taxonomisch geordnet und in Begriffen und Klassen erfasst wird.[83] Deshalb wäre es nicht sachgerecht, wollte man dem Alten Testament mit dem Hinweis auf synthetisches Denken ein Interesse an Begriffs- und Definitionsfragen absprechen, die Teil des taxonomischen Denkstiles sind.[84] Ein synthetisches Denken, das mithilfe

---

80 Werner Jaeger hat von einem Denkzwang gesprochen, den Parmenides bei der Wissensfrage eingeführt habe (Jaeger, Paideia, 236–241), und Jan Assmann sieht einen vergleichbaren Denkzwang im Alten Testament auf die Ebene der Religion übertragen, vgl. Assmann, Unterscheidung, 23–28.
81 Vgl. Dietrich, Liberty.
82 Zum mythischen und mytho-poetischen Denken vgl. Lévy-Bruhl, Denken; Frankfort/Frankfort, Adventure.
83 Für Ägypten und Mesopotamien ist hier auch eine Untersuchung der Determinative hilfreich, vgl. Goldwasser, Prophets; Edzard, Listenwissenschaft, 254–259; Rochberg, Nature, 93–102.
84 Anders in Bezug auf die Weisheitsschriften von Rad, Weisheit, 57f.

von Analogien dem Grundsatz der Partizipation folgt und im Rahmen einer konkreten Bilderwelt spricht, ist für diese Taxonomien nicht allein kennzeichnend. Vielmehr zeichnet sich das taxonomische Denken durch einen hohen Grad an Abstraktion, Genauigkeit, Klassifizierung, Überprüfung und Unterscheidungsfähigkeit aus.

Typisch für die Priesterschrift ist ein Weltordnungsdenken, das formale Sprache, exakte Begriffe und präzise Kategorien verwendet und ein besonderes Interesse für Listen und kultisch-rituelle Phänomene mitbringt.[85] Die Kategorienlehre der Priesterschrift ist deshalb weltbildgebunden. Nicht nur bestehen Verweisungszusammenhänge zwischen Tempel und Schöpfung,[86] sondern das kategoriale Unterscheiden als solches hat Schöpfungscharakter. Die Hauptaufgabe der Priester besteht nach (dem späten Vers) Lev 10,10 darin, »zu unterscheiden zwischen dem Heiligen und dem Profanen und zwischen dem Unreinen und dem Reinen«. Hier haben nicht nur die Nomina, sondern auch das Verb taxonomische Bedeutung, denn *bādal* kann mit »trennen, unterscheiden, aussondern, eine Grenze ziehen« übersetzt werden.[87]

Wichtig ist in unserem Zusammenhang, dass *bādal* in Gen 1 ein Schöpfungsverb ist. Gott erschafft die Welt nicht aus dem Nichts, auch nicht allein durch Sprechakte, sondern indem er Chaos in Kosmos überführt: indem er die ungeschaffenen, vorgegebenen Bereiche (die Urwasser, die Finsternis, das Tohuwabohu) mit Hilfe des Geschaffenen trennt (Gen 1,4.6f.14.18). Wenn die Priester zwischen heilig und profan, rein und unrein unterscheiden sollen (*bādal*), dann ist ihre »Kategorienlehre« in die Schöpfungswelt eingepasst und selbst ein schöpfungsgemäßer Akt. Praktizierte *imitatio dei* liegt auch in der Fähigkeit zur und in der Durchführung von kategorialen Unterscheidungen.

Es gehört zur zentralen Aufgabe des Priesters, durch genaue Beobachtung (z. B. Lev 13) Trennlinien zwischen dem Reinen und

---

85 Zum Folgenden siehe Dietrich, Listenweisheit (= Beitrag IV in diesem Band).
86 Siehe oben mit Anm. 46.
87 Vgl. etwa Otzen, בדל; Ges[18], 125f. Man bedenke, dass Kant seine drei Hauptschriften mit Bedacht »Kritiken« nannte und dabei das griechische Verb κρίνειν im Blick hatte, das wie das hebräische *bādal* erst einmal »trennen, unterscheiden, aussondern, eine Grenze ziehen« bedeutet und im Kantischen Sinne zur Beantwortung der Frage helfen soll, wo die Grenzen der Vernunft liegen, vgl. etwa Holzhey, Kritik, 1268–1272; Irrlitz, Kant, 147–150; Stederoth, Kritik, 1348f.

I. Grundfragen und Konturen

Unreinen sowie dem Heiligen und Profanen zu ziehen (Lev 10,10; 11,47; 20,25; vgl. Ez 44,23), wobei eine Vermischung der Arten nicht erwünscht ist (Lev 19,19; Dtn 22,9–11). Die Texte unterscheiden zwischen heilig und profan sowie zwischen rein und unrein.[88] Wichtig ist, dass die Unterscheidung nicht zwischen heilig und unrein besteht,[89] sondern dass die binären Gegenüberstellungen heilig-profan und rein-unrein eine zusammenhängende Vier-Kategorien-Lehre ergeben. Wendet man diese Grundunterscheidungen auf die priesterlichen Ritualvorgaben an, ergibt sich ein auf den jeweiligen Zuständigkeitsbereich ausgeführtes kategoriales Raster, das sich zur weiteren Gliederung und Ordnung der Listenwissenschaft bedient.

Wie der Anthropologe Jack Goody gezeigt hat, entstehen in den alten Hochkulturen mit der Erfindung der Schrift ganz neue Möglichkeiten, eine »Ordnung der Dinge« (Foucault) vorzunehmen.[90] Mit Hilfe der Liste können Dinge aus ihrem lebensweltlichen Kontext gelöst und zusammen mit anderen Dingen aufgrund von Gemeinsamkeiten und Unterschieden gelistet werden. Listenwissenschaft wurde deshalb schnell zu einem zentralen Hilfsmittel der Orientierung und des Weltverständnisses und spielte sowohl im Alten Ägypten als auch im Alten Orient in der schulischen Unterweisung, aber auch in anderen Lebensbereichen (Ökonomie, Religion, Ritual, Recht) zur Klassifizierung und Ordnung eine zentrale Rolle.[91]

Im Alten Testament hat vor allem die Priesterschrift ein Interesse an der Ordnung der Dinge und bedient sich dazu gerne der Listenwissenschaft. Das gilt schon für die priesterschriftlichen Texte in

---

88 Auch sonst sind es bei den Ritualvorgaben in Levitikus vielfach zwei Kriterien, die zur Bestimmung von Polaritäten wie den reinen und unreinen Tieren oder der reinen und aussätzigen Haut eine Rolle spielen (Lev 11,3; 13,3). Es scheint kein Zufall, wenn das Denken in Polaritäten nicht nur für den frühgriechischen Raum bis hin zu Aristoteles (vgl. Lloyd, Polarity), sondern auch für Texte aus dem Alten Ägypten und dem Alten Orient sowie übergreifend für die verschiedenen Denkstile im Alten Testament typisch ist.
89 So noch Douglas, Reinheit, 60–78, von Milgrom, Leviticus, 718–736 überzeugend korrigiert. Mary Douglas hat diese Kritik positiv aufgenommen und ihre Theorie später in Bezug auf die ebenfalls wichtige Unterscheidung zwischen *ṭāme'* und *šæqæṣ* weiterentwickelt, vgl. Douglas, Leviticus, 134–175; dies., Preface, xiv–xvi.
90 Vgl. Goody, Domestication, 74–111.
91 Zu Ägypten s. Anm. 1; zu Mesopotamien vgl. etwa Edzard, Listenwissenschaft, 246–267; Hilgert, Listenwissenschaft, 277–309; Cancik-Kirschbaum, Stabilität, sowie monographisch Veldhuis, History.

Genesis und Exodus, und hier vor allem für die Genealogien. Das gilt insbesondere auch für das Buch Levitikus und soll im Folgenden am Opferkatalog, den Speiseregeln und den Regeln über den Aussatz erläutert werden.[92]

Der Opferkatalog von Lev 1–5 listet fünf verschiedene Opferkategorien, doch im Unterschied zu reinen Opferlisten handelt es sich in Lev 1–5 um Ritualvorgaben, die auf der Listenform aufbauen. Hier erhält der Ritualtext eine listenartige Struktur durch die Wiederholung typischer Formelelemente, vor allem durch die Klassifikationsformeln, die Tiere oder Pflanzen ganz unterschiedlichen materiellen Wertes ein- und derselben Opferkategorie zuweisen und als gleichwertig klassifizieren. Im Unterschied zu Lev 4f wird in Lev 1–3 keine Begründung gegeben, warum das eine Mal ein wertvolles Rind und das andere Mal ein Schaf bzw. eine Ziege oder auch nur eine Taube als Brandopfer dargebracht werden. Jedes Mal verwendet der Text in jedem der drei Fälle die Klassifikationsformel: »ein Brandopfer, ein Feueropfer, ein wohlgefälliger Duft für Jhwh (ist es)« (Lev 1,9.13.17). Solche Klassifikationen und Äquivalenzzuschreibungen bestimmen den Opferkatalog insgesamt, wenn er Opfertypen mit Tier- und Pflanzenarten listenartig miteinander in Beziehung setzt. So können die Dinge der Welt, hier die Opfermaterien, aus ihren ursprünglichen, wert- und subsistenzökonomisch geprägten Zusammenhängen gelöst und in neue Kategorien eingebunden werden. Vom ökonomischen Wert der Opfermaterie wird abstrahiert, und die Bedingung der Möglichkeit für diese Abstraktionsleistung stellt die Listenwissenschaft dar.[93]

Auch die Auflistung der reinen und unreinen Tiere in Lev 11 baut auf der Listenwissenschaft auf. Das Weltbild von Gen 1 steht mit seiner Dreiteilung in Himmel, Erde und Meer hinter der Auflistung der reinen und unreinen Tiere, denn auch hier wird zwischen Tieren an Land, in der Luft und im Wasser unterschieden.[94] In Gen 1 erfolgt die Klassifikation der Tier- und Pflanzenwelt mithilfe des Terminus *mîn* »Art«. Dieser eher seltene Terminus findet sich bezeichnenderweise auch in Lev 11, um einige Vogelarten und Landtiere zu klassi-

---

92 Vgl. Dietrich, Listenweisheit (= Beitrag IV in diesem Band).
93 Vgl. Dietrich, Materialität (= Beitrag V in diesem Band).
94 Zur Listenwissenschaft in Gen 1 vgl. Herrmann, Naturlehre; Schmidt, Schöpfungsgeschichte, 32–48.

I. Grundfragen und Konturen 41

fizieren.⁹⁵ Wie bei der Weltentstehung in Gen 1, so spielen auch in den Ritualvorgaben von Levitikus Polaritäten eine wichtige Rolle, indem binär zwischen rein und unrein unterschieden wird. In Lev 11 wird diese Grundunterscheidung bei den Land- und Wassertieren wiederum durch jeweils zwei Kriterien (Paarhufer und Wiederkäuer bzw. Flossen und Schuppen) näher spezifiziert.⁹⁶

In Lev 11 erfolgt die Ordnung der Tierwelt vor allem aus einem kulinarischen Interesse und nicht, wie das Foucault für die Biologie des 18. Jh. gezeigt hat,⁹⁷ um eine Klassifikation der Tierwelt um ihrer selbst willen zu erstellen. Dennoch gibt es Anzeichen dafür, dass ein Interesse an der Liste um ihrer selbst willen nicht fehlt. In der Altorientalistik ist deutlich geworden, wie sehr das mesopotamische Schulwesen spielerische Elemente in die Listenwissenschaft einbringt und die Liste geprägt ist von der Freude an der Sache und von der Liebe zu seltenen, ausgefallenen Worten und Dingen, deren Existenz und Schreibweise erdacht und erlernt werden will. Hier finden sich Wortlisten über alle möglichen und »unmöglichen«, das heißt in der Realität nicht vorkommenden, imaginierten Schlangen oder Steine.⁹⁸ Spielerische Elemente finden sich auch in der ägyptischen Listenwissenschaft. Beispielsweise bauen Speiseritualtexte auf der Listenform auf und enthalten Wortspiele.⁹⁹ Es ist deshalb kein Wunder, dass auch die Liste von Lev 11 einige Vogelnamen enthält, die sonst nirgends belegt sind, bislang nur mit Fragezeichen übersetzt werden konnten und für die Speisetafel des Israeliten kaum eine praktische Rolle gespielt haben dürften. Die Anfänge des wissenschaftlichen

---

95 Vgl. auch kil'ayîm »zweierlei« in Lev 19,19; Dtn 22,9.
96 Zwei Kriterien werden auch sonst genannt, vgl. etwa Lev 21,23 (Vorhang und Altar). Sie stehen möglicherweise mit dem Denken in Polaritäten und dem stereometrischen Denken (s. oben 4.a) in Zusammenhang.
97 Vgl. Foucault, Ordnung.
98 Die mesopotamische Zeichenwissenschaft umfasste das Beobachtbare, das Mögliche und das Denkbare, einschließlich des Unmöglichen. So war es wichtiger, die Möglichkeiten, die die Sprache bei der Aufstellung der hermeneutischen Schemata zur Interpretation der Zeichen (Omina) bot, tunlichst umfassend auszufüllen, als sich auf die real vorkommenden Phänomene zu beschränken. In diesem Sinne überwog der sprachlich-hermeneutisch geprägte Idealismus gegenüber dem Empirismus, vgl. Rochberg, Nature, 106f; Van De Mieroop, Philosophy, 59–84 und passim.
99 Vgl. Pommerening, Bäume, 144. Zu Wortspielen mit ḥāṭā' und 'āšam in Lev 4f vgl. Watts, Ritual, 79–96.

Klassifizierens und Ordnens beginnen hier, insofern mit spielerischer Freude an der Sache seltene Worte aufgegriffen oder gar erst erfunden werden und Listenwissenschaft aus Freude um ihrer selbst willen zur Anwendung kommt.

In Lev 13f zeigt sich die ritualtechnische Anwendung von Listenwissenschaft, indem sie mit empirischen Untersuchungen verbunden wird. Die Untersuchungen nimmt der Priester an der Oberfläche der Haut und an Textilien vor, in Lev 14 auch an Häusern. Sie sprechen dem inspizierenden Besehen, also der Sinneswahrnehmung des Auges, große Bedeutung zu, sodass »sehendes Denken« vorliegt, das man sonst gerne den griechischen »Augenmenschen« zuspricht.[100] Allein in der listenartigen Aufführung der unterschiedlichen Hautphänomene von Lev 13 wird mithilfe des Verbs *rā'āh* knapp dreißig Mal betont, dass der Priester das betreffende Hautphänomen unter Augenschein nehme, es »besehe«. Vor allem in der Priesterschrift und in Kohelet erlangt das Sehen in Form des (be)sehenden Denkens und Inspizierens einen Vorrang vor dem Hören.

Ähnlich wie bei der Liste über reine und unreine Tiere, so findet sich in Lev 13 eine Auflistung verschiedener Hautphänomene, bei denen keineswegs immer deutlich ist, um welche Hautkrankheiten es sich handelt. Auch ist nicht deutlich, ob der Text in allen Fällen damals real vorkommende Hautphänomene listet oder ob er in manchen Fällen schultextartig Hautphänomene »erfindet«, um alle möglichen Hautphänomene aufzunehmen – auch solche, die noch nie beobachtet wurden, die aber für den möglichen Fall einer bislang unbekannten Gottesstrafe phantasievoll erdacht werden.[101] In der Altorientalistik sind zahlreiche Fälle aus der Heilkunde, Leberschau und Astronomie bekannt, bei denen neben real vorkommenden Phänomenen auch fiktive gelistet werden, um sich gegen alle möglichen Fälle abzusichern, eben auch solche, die bislang nicht vorgekommen, aber denkbar sind.[102]

Lev 13 interessiert sich nicht für medizinische Ursachen und Therapien von Hautkrankheiten, sondern für die kultrechtliche Frage, wann ein Mensch, der von Ausschlag getroffen wurde, rein ist und

---

100 Siehe Anm. 9.
101 Der »Schlag«, den der »Ausschlag« führt, wird in der Regel als Schlag Gottes gedeutet, hinsichtlich Lev 13 ausdrücklich in Qumran.
102 Siehe Anm. 98.

I. Grundfragen und Konturen

am Kultgeschehen teilnehmen darf, und wann er unrein ist und für die Dauer des Aussatzes vom Kult ausgeschlossen wird. Während sich in dem Opferkatalog von Lev 1–7 besondere Abstraktionsformen zeigen und in Lev 11 Listenwissenschaft zur Ordnung der Tierwelt verwendet wird, so ist es wissenschaftsgeschichtlich bedeutsam, dass in Lev 13 Listenwissenschaft und Inspektion in Form des »besehenden Erkundens« verbunden werden.

Taxonomisches Denken will Begriffs- und Definitionsfragen klären. Die Namensnennung wird als anthropologisches Grundphänomen anerkannt, wenn in der Urgeschichte Gott Adam die Tiere benennen lässt (Gen 2,19f). Begriffs- und Definitionsfragen sind vor allem im Rechts- und Ritualdenken unerlässlich und können typologisch als Vorform der (Begriffs-)Pyramide angesehen werden, die in der antiken Philosophie vor allem Platon zugesprochen wird.[103] Im Rechts- und Ritualdenken sieht man sich genötigt, zwischen Dorf und Stadt mithilfe von Kriterien zu unterscheiden (Lev 25,29–31), nach empirischen Untersuchungen Definitionshilfen an die Hand zu geben (z. B. Lev 13,6.30.39) oder empathisch Zugehörigkeiten hervorzuheben (z. B. Lev 18,14,bβ.15bα.16b). Im Opferkatalog von Lev 1–5 werden genau bezeichnete Tiere unterschiedlichen materiellen Werts mithilfe von Klassifikationsformeln als jeweils gleichwertige Opfer anerkannt. Es liegen hier Abstraktionsleistungen vor, die sich auf andere Weise auch in Spiritualisierungen des Opfers finden (z. B. Hos 6,6; 14,3; Spr 21,3; Ps 51,17–19).[104]

Im Recht finden sich Abstraktionsleistungen nicht nur bei der Generalisierung von problematischen Einzelfällen und deren Lösungen zu allgemeinen Rechtssätzen, sondern beispielsweise auch in der Forderung, kein Ansehen der Person und keine Bestechung zuzulassen (Ex 23,8; Dtn 1,17; 16,19; Spr 24,23). Möglicherweise stammt der Ursprung des reflektierenden, systematischen und frühen wissenschaftlichen Denkens nicht nur aus der wirtschaftlichen Organisation und der damit einhergehenden Entwicklung von Mathematik und Schrift,[105] sondern auch aus der Notwendigkeit, Streitfälle zu schlichten und Problemfälle des sozialen, wirtschaftlichen und reli-

---

103 S. Anm. 57. Zu Leisegang siehe auch die Beiträge in Gloy, Rationalitätstypen.
104 Zu Letzterem vgl. etwa Janowski, Schlachtopfer.
105 Vgl. grundlegend Nissen/Damerow/Englund, Informationsverarbeitung; zusammenfassend z. B. Renn, Evolution, 88–97.195–201.

giösen Lebens über den Einzelfall hinausgehend zu lösen. Im alten Israel war man durchaus in der Lage, die Grundideen von Recht und Gerechtigkeit mit den Prinzipien Wahrheitsfrage und Unparteilichkeit zu entwickeln (Dtn 13,15; 16,19f; 17,4; 22,20), Institutionen und Verfahrensweisen vorzugeben (z. B. Dtn 17,8–20; 19,15–20), explizite Rechtsvergleiche anzustellen (Dtn 22,26f) und zwischen Schadensfall und Schuldverhalten (z. B. Ex 21,28–36) sowie zwischen äußerem Verhalten und innerer Motivlage zu unterscheiden (z. B. Dtn 19,1–13).

In den Weisheitsschriften wird unter dem Begriff der Gottesfurcht der Versuch einer zusammenfassenden Begriffsbildung unternommen: Anstatt angemessene Frömmigkeit, Moral und Weisheit listenartig zu beschreiben (z. B. Ex 20; Ps 15; Hi 31),[106] versuchen die späten Texte in Spr 1–9; Hi 1f und Koh 12 die verschiedenen Aspekte der Frömmigkeit, Moral und Weisheit zusammenfassend auf den Begriff der Gottesfurcht zu bringen (z. B. Spr 8,13). Verständnisfragen werden aufgeworfen, wenn der Satan nach der Gottesfurcht »an sich«, jenseits utilitaristischen Strebens fragt und ein Verständnis von Gottesfurcht ins Spiel bringt, das »grundlos/umsonst« (ḥinnām) jenseits des Nützlichkeitsgedankens gelebt wird (Hi 1,9; vgl. Hi 35,2f). Hier wird nach dem Wesen einer Sache jenseits herkömmlicher Grundannahmen gefragt.

Die Klassifizierung der Welt trägt ökonomische Konnotationen. Wird etwas taxiert, dann wird dessen Wert auf eine mehr oder weniger gut messbare Weise wertökonomisch bestimmt. Sprachlich wird hier das Verb *'ārak* (»zurichten«), das sich z. B. auf die Zurichtung der Opfermaterie auf dem Altar beziehen kann (Lev 1,7f.12), für die Fähigkeit des Taxierens verwendet. Zu taxieren vermag der Israelit nicht nur bei einzelnen Gegenständen (z. B. Opfer und Gelübde, Lev 5,15.18; 27 passim), sondern auch bei komplexeren Sachverhalten wie bei der (Steuer-)Schätzung des ganzen Landes (2Kön 23,35). In Bezug auf Denken und Argumentieren bedeutet dies, dass Denken auf bedachte und wohl geordnete Weise vonstatten gehen muss. Dieses »zugerichtete« Denken zeigt sich auch in der Rhetorik, wenn auf die wohl geordnete Darlegung der Sachverhalte und die Strin-

---

[106] Vgl. Barton, Ethics, 227–244. Die Gebote werden in späten Texten gerne unter dem Fremdgötterverbot und/oder dem Sabbatgebot zusammengefasst, vgl. etwa Lev 26,1f und Hieke, Levitikus. Zur Idee des moralischen Realismus vgl. Dietrich, Realismus (= Beitrag VII in diesem Band).

I. Grundfragen und Konturen

genz der Argumente in der Lehrrede, im Rechtsstreit und im Streitgespräch Wert gelegt wird, um beim Hörer Wirkungskraft zu erzielen (Hi 13,18; 23,4; Jes 44,7; vgl. Hi 32,14).

Wohlgeordnet geht das taxonomische Denken (wie das synthetische) zwar gerne assoziativ, partizipatorisch und parataktisch vor, doch es gibt auch andere Denkformen. Das genealogische Denken, wie es für die Genealogien der Priesterschrift typisch ist,[107] ist zwar parataktisch, aber auch konsekutiv. Kasuistisches Denken kennzeichnet die alttestamentlichen Rechtssätze, die nicht nur parataktisch durch assoziative Analogiebildungen und Hypolepsen zusammengestellt werden, sondern auch hypotaktische Untergliederungen von Rechtssätzen mit Unterfällen aufweisen. Hier wird die Protasis des Unterfalls auch sprachlich durch die einleitende Konjunktion '*im* von der den Oberfall einleitenden Konjunktion *kî* unterschieden. Darüber hinaus ist hypotaktisches Denken durch die zugefügten Rechtsbegründungen im Rahmen der Theologisierung des Rechts gegeben (z. B. Ex 22,25f),[108] so wie sich schlussfolgerndes Denken auch in den alttestamentlichen Rechtserzählungen (2Sam 14; 1Kön 3; vgl. Dan 14), in den Streitreden des Hiobbuchs und in den rechtstheologischen Geschichtsbegründungen der alttestamentlichen Geschichtswerke zeigt. Systematisches Denken liegt jeder Metrologie zugrunde, beim Wiegen beispielsweise diejenige von unterschiedlichen Gewichtsklassen. Liegen in der historischen Realität verschiedene, auch konkurrierende, in jedem Fall nicht systematisch vollauf kohärierende Gewichtsgrößen vor, so versuchen die priesterlichen Texte, allgemeingültige Richtmaße durchzusetzen (vgl. Lev 27,25).[109]

Im religiösen Bereich bezieht sich die Taxonomie auf die »Berechnung« von heiligen Gegenständen, Personen und Handlungen in Form von Beschreibungen, Klassifizierungen, Maßangaben und

---

107 Zur Übersicht vgl. Hieke, Genealogien. Auch einige Körperbeschreibungen gehen parataktisch und konsekutiv vor, vgl. Hhld 4,1–7; 5,10–16 sowie Janowski, Anthropologie, 110–114.
108 Vgl. etwa Otto, Ethik, 81–111; Barton, Ethics, 137–144.
109 Zur Entstehung der Metrologie im Bereich des Wiegens aus ursprünglich unabhängigen Gewichtsformen vgl. Bartash, Value. Zum Alten Testament vgl. Kletter, Keystones, sowie den Überblick zur Metrologie bei Winkler, Maße/Gewichte. Zur Entstehung der monotheistischen Idee aus der Wertabstraktion bei der Geldentstehung sowie aus der Abstraktionsleistung bei der Entstehung der Alphabetschrift vgl. Schaper, Media. Zu einer Würdigung und Kritik dieser These vgl. die Beiträge in der ZAR 27 (2021).

Ritualvorgaben. Zum Spezifikum des alttestamentlichen Denkens gehört es, dass Gott und Welt derart einander gegenübergestellt werden, dass zwar die Welt taxonomisch erfasst und klassifiziert werden kann, nicht aber Gott, etwa in Form einer Gottesstatue.[110] Die Unterscheidung zwischen wahr und falsch[111] findet sich offenbar auch in den Religionen des Alten Orients, beispielsweise in Form von weißer vs. schwarzer Magie, in Form des Götterkampfes, des Misslingens von Ritualen, des Streits religiöser Experten usw. Ein Denken zweiter Ordnung zeigt sich in diesen Kulturen auch darin, dass sich moralische und religiöse Kritik auf konkrete Gegebenheiten und Missstände des aktuellen Soziallebens beziehen kann und kulturelle Grundüberzeugungen kritisch betrachtet werden können. Im Alten Testament führt die taxonomische Grundunterscheidung zwischen Gott und Welt eine weitere Form des Denkens zweiter Ordnung ein, indem die vorherrschenden religiösen Denkweisen als solche kritisch reflektiert und bewertet und einer monotheistischen Denkform gegenübergestellt werden können.[112]

d) Inspiriertes Denken: Prophetische Texte
Im Alten Orient und in der klassischen Antike gehört zur Divination eine wissensgeschichtlich bedeutsame und hochentwickelte Zeichenwissenschaft.[113] Die Texte des Alten Testaments verbieten diese Form des beobachtenden und interpretierenden Denkens (z. B. Jer 10,2) und fokussieren bei der Divination auf das (im Alten Orient ebenfalls belegte) göttlich inspirierte Denken.[114] Göttlich inspiriertes Denken kann auch als ekstatisches Denken bezeichnet werden. Ekstatisches Denken soll hier nicht den Zustand der Ekstase bezeichnen, in dem transnormale Bewusstseinszustände erreicht werden, sondern den Ursprung des Denkens, der von außen kommt: In den alttestamentlichen Schriften kommen die entscheidenden Einsichten, Denkanstöße und Urteile nicht vom Propheten selbst, sondern sind von Gott eingegeben, der sich in Auditionen und Visionen, manchmal auch Träumen, dem Propheten mitteilt. Die üblicherweise gel-

---

110 Zur Metrologie von Gottesstatuen im Alten Ägypten vgl. Hoffmann, Statues.
111 Vgl. Assmann, Unterscheidung.
112 Vgl. Dietrich, Hebräisches Denken (= Beitrag VI in diesem Band).
113 Vgl. etwa Maul, Wahrsagekunst; Heeßel, Divination.
114 Vgl. etwa Nissinen, Prophecy, 14–19.

I. Grundfragen und Konturen

tenden Ursprünge des Denkens wie das Herz als Denkorgan oder die Tradition als überlieferter Wissensstrom sind hier zugunsten einer ekstatischen, dem Menschen von außen zukommenden Quelle der Inspiration zurückgesetzt. Die von außen dem Propheten zukommende Offenbarung gilt dabei bezeichnenderweise nicht als eine Ausschließung oder Rücksetzung des Denkens, sondern führt zu einer höheren Form des Denkens und zu einer tieferen Einsicht. Das ist auch deswegen nicht verwunderlich, weil das Denken selbst als göttliche Eigenschaft gilt (Gen 3,5.7.22) und das Denken Gottes über dasjenige des Menschen hinausgeht (Jes 55,8f), sodass das prophetische, göttlich inspirierte Denken eine höhere Form des Denkens darstellt.

Prophetisches Denken vermittelt Wahrheiten in Form von Offenbarungen. Auf der Textebene legitimiert der Prophet seine Rede nicht damit, dass er seine Gedanken selbst erdacht, sondern dass er Offenbarungen erfahren hätte, sodass der Anstoß zum Denken und ein wesentlicher Teil seines Inhalts von außen kommt und das Denken ein vermitteltes ist. Aus diesem Grund zeichnet sich Falschprophetie gerade durch selbsttätiges Denken aus (Jer 23,16f.25f). Im Rahmen prophetischer Rede gilt der Vermittlungscharakter ekstatischen Denkens auch für die Hörer und Leser, denn auch sie kommen durch die vermittelnde Rede des Propheten bzw. durch dessen Schrift zur Einsicht.

Dennoch gehen die prophetischen Schriften auf das eigenständige Denken der Hörer bzw. Leser ein, denn die prophetische Botschaft soll nicht arbiträr, sondern einsichtig sein. Aus diesem Grund finden wir Begründungen als Teil der prophetischen Botschaft: Die prophetische Sprache folgt zwar in weiten Teilen den Denkformen und Denkmustern des poetischen Denkens mit seinen Assoziationen und Parataxen, doch findet sich auch hypotaktisches Denken in Form von Begründungen, welche die Beschlüsse Gottes einsichtig machen sollen, weshalb die Inspiration, anders als der Zustand der Ekstase, nicht nur ein Phänomen der Bewusstseinsänderung und Wahrnehmung, sondern auch des Denkens ist. »Ein wesentlicher Bestandteil der prägnanten Gegenwartsanalysen der Propheten liegt in dem, was man ein ›politisches Argument‹ nennen könnte: Die vielfältigen Gerichtsworte und Unheilsankündigungen der Propheten stehen in ganz wenigen Fällen unbegründet im Raum; in der Regel geht den Vorhersagen eine ausführliche Begründung des kommenden Unheils voraus – und genau diese Begründungen sind nichts anderes als Argumentationen, mit denen erklärt und plausibilisiert wird.«[115] Die Inspiration lässt den Propheten in Bildern und Worten die Beschlüsse und Begründungen Gottes schauen, wobei nicht immer klar ist, ob die Begründungen noch Teil der inspirierten Botschaft sind oder als »prophetische Reflexion« vom Propheten selbst gegeben werden, um die Entscheidungen Gottes zu erklären.[116] Göttlicher Beschluss mit Begründung ermöglicht es dem Propheten, das Schicksal von Personen, Gruppen und Völkern einzusehen sowie die vorherrschenden Handlungs- und Denkweisen sowohl des eigenen Volkes als auch fremder Nationen zu bewerten und zu kritisieren.

Als Unheilspropheten machen die Propheten ihre Verkündigung mithilfe von typischen Argumentationsmustern einsichtig,[117] die oftmals der Denkform des kollektiven Tun-Ergehen-Zusammenhangs folgen, bei dem das Verhalten Israels auf dieses selbst zurückfällt: Von Jhwh abgefallen und Unrecht tuend, ist das Volk dem Untergang geweiht. Zu den typischen Argumentationsmustern, die hier zur Geltung kommen, gehört das *Talionsprinzip*, bei dem Gleiches mit Gleichem (z. B. 1Kön 20,42; 21,19) oder abgewandelt Fehlverhalten mit seinem Gegenteil vergolten wird (z. B. Jes 3,16–24). Seine Steigerungsform ist das *Prinzip der überbietenden Vergeltung* (z. B. Hos 8,7a; vgl. Gen 4,23f). Mithilfe des *Ordnungsprinzips* hebt der Prophet hervor, dass Israel durch sein Fehlverhalten die gegebene Ordnung umstößt, denn Gerechtigkeit und Monolatrie gehören zum natürlichen Aufbau der Welt (Am 6,12; Jer 5,21–25; Jes 1,2f). Mithilfe des *Analogieprinzips* wird das Fehlverhalten Israels mit den Gräueltaten der Fremdvölker verglichen und ihrer beider Untergang plausibel gemacht (z. B. Am 1,3–2,16; 6,1–7; 9,7–10; vgl. auch 3,3–8). Heilvolle Zusagen werden gerne mithilfe des *Gottes- oder Charakterprinzips* belegt, das Gottes Heilstaten mit seinem barmherzigen und heiligen Wesen begründet (z. B. Hos 11,7–9; Jes 43,1–7).

Weil die Propheten nicht nur Erkenntnis in Form von Offenbarungen empfangen, sondern ihre Einsichten weitervermitteln,

---

115 Saur, Argumentationen, 21. Saur unterscheidet traditionsgestützte, zitatbasierte und schriftbasierte Argumentationen.
116 Zu Letzterem vgl. Wolff, Begründungen; von Rad, Theologie des Alten Testaments 2, 85ff.
117 Vgl. Dietrich, Prophetenrede, 294.

I. Grundfragen und Konturen

spielt in den Prophetenbüchern die Frage nach der Erkenntnis (*da'at*), einschließlich der Gotteserkenntnis, eine entscheidende Rolle. Schon in den erzählenden Partien über Propheten nimmt die fehlende oder erlangte Erkenntnis von Einzelpersonen oder des Volkes einen wichtigen Raum ein (z. B. 1Sam 3,7.20; 1Kön 17,24; 18,36–39; 2Kön 4,9; 5,15).[118] Entsprechend ist es auch das Ziel von Schriftpropheten (beispielsweise Hoseas), Einzelpersonen, Israel oder fremde Völker aufgrund fehlender Einsicht zu kritisieren (z. B. Hos 2,10; 5,4; 7,9; 11,3) und zu Erkenntnis von Zusammenhängen (z. B. Hos 9,7) sowie zu einer Form von Gotteserkenntnis (*da'at ʾelohîm*) zu führen, die nicht nur intellektuelle, sondern auch emotional-relationale sowie moralische und rituelle Dimensionen umfasst (z. B. Hos vgl. 2,22; 6,3; 8,2; 14,10).[119]

Auch im Buch Jeremia spielt das Denken eine wichtige Rolle.[120] Zur Einsichtigkeit der prophetischen Botschaft gehört die Aufforderung an die Hörer, durch eigene Untersuchungen die Richtigkeit der Rede bestätigt zu sehen (z. B. Jer 5,1; vgl. 6,16). Es werden dabei nicht nur die Untaten in Form von moralischem und religiösem Fehlverhalten, sondern auch das verkehrte Denken der Zeitgenossen kritisiert, die die prophetische Botschaft nicht übernehmen, sondern ihrem eigenen, »verstockten« Denken nachgehen (Jer 7,4.24; 8,8; 18,12; 23,17) – weshalb es zur Unheilsbotschaft gehört, wenn die Israeliten »die Frucht ihrer Gedanken« ernten (Jer 6,19) und zur Heilsbotschaft, wenn sie die Pläne Gottes in Einsicht verstehen (Jer 23,20). In der Hoffnung auf eine auch intellektuell gelingende Gottesbeziehung wird Gott seine Tora den Israeliten auf ihr Herz schreiben (Jer 31,33; vgl. 24,7; 32,39f; Ez 11,19; 36,26f),[121] sodass dem Denken des Volkes Israel ganz im Rahmen des inspiriert-ekstatischen Denkstils von außen aufgeholfen wird.

Die Unterscheidung zwischen wahr und falsch, die Jan Assmann vornehmlich dem Deuteronomium zuschreibt,[122] trifft im Bereich der alttestamentlichen Religion vor allem auf die Propheten zu, die sowohl im sozialethischen Sinne zwischen Gut und Böse als auch

---

118 Vgl. Vall, Epistemology, 25–30.
119 Vgl. Vall, Epistemology, 30–36.
120 Vgl. Hazony, Philosophy, 161–192.
121 Vgl. etwa Markter, Transformationen, 419–523.
122 Vgl. Assmann, Unterscheidung.

im epistemisch-religiösen Sinne zwischen wahr und falsch unterscheiden. Die Prophetenschriften kritisieren nicht nur unsoziale Handlungen, sondern heben auch ähnlich der Weisheit allgemeine sozialethische Standards und deren kategoriale Begrifflichkeit wie Recht und Gerechtigkeit oder Gut und Böse hervor (z. B. Jes 1,17.21.27; Am 5,14f; Mi 6,8),[123] verwenden also Beurteilungskriterien, die jenseits des ökonomischen oder kultischen Bereichs liegen.[124] Auffällig ist, wie sehr epistemische Begriffe die monotheistische Religionskritik Deuterojesajas prägen, denn Fremdgötterglaube ist nicht nur Ausdruck religiösen oder moralischen Fehltritts, sondern grundlegender epistemischer Verkehrtheit (vgl. Jes 44,9.18–20.25).[125] Hier wird »der Fehler des Götterverehrers ganz auf das *Sprechen* und damit auf das *Denken* konzentriert« und »die richtige Erkenntnis aus der Reflexion empirischer Tatsachen gewonnen«.[126]

5. Schluss

Wie die obigen Ausführungen zeigen, ist das Alte Testament nicht nur eine theologisch und anthropologisch, religions- und rechtsgeschichtlich, sondern auch ideen- und denkgeschichtlich, ja wissenschaftshistorisch bedeutsame Quelle. Weder das Alte Testament noch die Kulturen des Alten Orients lassen sich in die üblichen binären Schemata von archaisch/primitiv/prälogisch und modern/logisch/wissenschaftlich einzwängen, haben wir es doch mit hochentwickelten Schriftkulturen und ihren auch denkgeschichtlich bedeutsamen Zeugnissen zu tun. Zwischen dem antiken Griechenland und den altorientalischen Kulturen, einschließlich des alten Israel, klafft keine Kluft, sondern es bestehen relevante Gemeinsamkeiten neben signifikanten Unterschieden. Im Alten Testament finden sich mehrere Denkstile mit jeweils kritischem Denkvermögen: der synthetische, der hörend-mnemonische, der taxonomische und der prophetisch-inspirierte, wobei es neben den genannten vier noch weitere geben mag. Ebenso ist davon auszugehen, dass auch die Schriftkulturen des Alten Orients nicht auf eine einzige

---

123 Vgl. Barton, Ethics, 227–231.
124 Vgl. Ernst, Kultkritik, 199.
125 Vgl. Dietrich, Responsive Anthropologie, 158.
126 Ammann, Götter, 102f.

I. Grundfragen und Konturen 51

Denkweise festzulegen sind, sondern mehrere Denkstile aufweisen, deren Bestimmung und historische Einordnung im Vergleich mit den Nachbarkulturen einschließlich Griechenlands einer differenzierten Untersuchung bedarf. Die zukünftige Denk- und Wissenschaftsgeschichte des Alten Testaments wird zeigen müssen, ob es gelingt, eine ideengeschichtliche Einordnung der alttestamentlichen Schriften im Kontext der altorientalischen und griechischen Denk- und Wissenskulturen vorzunehmen.

Denken und Erfahrung

II. Empirismus oder Rationalismus im Alten Testament?

Gedanken über Füchse und Igel im Alten Israel[1]

1. Der Fuchs und der Igel

»Der Fuchs weiß viele Dinge, aber der Igel eine große Sache« (πόλλ' οἶδ' ἀλώπηξ, ἀλλ' ἐχῖνος ἓν μέγα).[2] Ausgehend von diesem Fragment des griechischen Dichters Archilochus unterschied der englische Philosoph Isaiah Berlin einst zwischen dem Fuchs, der mit seinen zahlreichen Erfahrungen eine Vielzahl von Dingen kennenlernt, und dem Igel, der eine entscheidende Idee prägt und die Welt danach auslegt.[3] Im Folgenden möchte ich erkunden, ob die Hebräische Bibel hauptsächlich von Füchsen oder von Igeln bevölkert wird.

Wenn man den Fuchs als Symbol für erkenntnistheoretische Systeme versteht, repräsentiert er den Empirismus: die Überzeugung, dass Einsicht und Wissen auf den Sinnen basieren. Wissen entsteht durch Sinneseindrücke. Meinungen und Urteile, die auf Erfahrungen basieren, können als Urteile *a posteriori* bezeichnet werden. Der Igel hingegen steht für den Rationalismus: die Vorstellung, dass grundlegende Einsichten und Wahrheiten auf der Basis der Vernunft gewonnen werden. Die Vernunft bietet Zugang zu Wissen und erschließt die Gründe für ein Wissen, das über sensorische Erfahrungen hinausgeht. In der Erkenntnistheorie werden Urteile, die allein auf Vernunft statt auf Erfahrung basieren, als Urteile *a priori* bezeichnet.

---

1 Dorothea Beck (Hamburg) danke ich für die (vom Autor leicht überarbeitete) Übersetzung dieses ursprünglich auf Englisch publizierten Beitrages, einschließlich der Übersetzung der Zitate der englischsprachigen Sekundärliteratur.
2 Berlin, Hedgehog, 1. Berlin zitiert Fragment 201 aus West, Archilochos, 78.
3 Vgl. Berlin, Hedgehog.

2. Achtung – Füchse durchstreifen das Land Israel!

Üblicherweise geht man davon aus, in der Hebräischen Bibel Füchse zu finden, und es wird behauptet, dass die hebräische Denkweise vor allem auf der Erfahrung beruhe, gefolgt von Tradition und Offenbarung.[4] In ihrem Streben nach einer genuinen theologischen Anthropologie mit deutlichen Einflüssen der Dogmatik und unter Vermischung deskriptiver und normativer Aspekte der Anthropologie betrachteten Wissenschaftler/innen früher das Hören als die wichtigste Beziehungsfähigkeit. Noch weit vor dem Sehen wurde Hören als entscheidend angesehen. Als Beziehungsfähigkeit ermöglicht das Hören den Menschen, Gott und andere anzuhören und entsprechend zu reagieren. Aus diesem Grund schreibt Hans Walter Wolff in seinem Standardwerk *Anthropologie des Alten Testaments*, dass »die Weisheit im Hören die Wurzel wahren Menschtums [erkennt]. (…) So ist die Prävalenz des Ohrs und der Sprache für wahrhaft menschliches Verstehen nicht zu verkennen.«[5]

In der klassischen Forschung wurde die Vorrangstellung des Hörens nicht allen Menschen gleichermaßen zugeschrieben, sondern vorrangig der altisraelitischen Kultur. In diesem Fall wurden meist griechische und hebräische Denkweisen gegenübergestellt; dabei wurde das Hören der althebräischen Kultur zugeschrieben und das Sehen der antiken griechischen Kultur. Hören und Sehen galten jeweils als ein bestimmter Sinnesmodus, um Wissen zu erwerben und die Welt zu betrachten. Insbesondere Thorleif Boman versicherte, »daß der für das Erleben der Wirklichkeit wichtigste Sinn für die Hebräer das Gehör (und die verschiedenen Arten von Empfindungen), für die Griechen das Gesicht werden mußte. (Oder vielleicht umgekehrt: Weil die Griechen überwiegend visuell, die Hebräer überwiegend auditiv veranlagt waren, gestaltete sich allmählich die Wirklichkeitsauffassung der beiden Völker so verschieden.)«[6]

In der aktuellen Forschung zu den Sinnen in der Hebräischen Bibel hat sich jedoch das Blatt gewendet, und nun gilt, dass das Sehen beim Erwerb von Wissen die wichtigste Rolle spiele. In ihrem kürzlich erschienenen Buch *The Senses of Scripture* stellt Yael Avrahami

---

4 Vgl. Schellenberg, Erkenntnis, 18–21.
5 Wolff, Anthropologie, 123f.
6 Boman, Denken, 181.

II. Empirismus oder Rationalismus?

die zentrale Bedeutung des Sehens unter den Wahrnehmungsweisen in der Hebräischen Bibel heraus, obwohl sie prinzipiell wie Bernd Janowski[7] davon ausgeht, dass es allgemein keine Hierarchie der Sinne gebe. Sehen, Hören, Kinästhesie, Reden, Schmecken, Riechen und Berühren spielen alle eine wichtige Rolle in der Hebräischen Bibel.[8] Wenn wir die Sinne allerdings unter epistemologischem Blickwinkel betrachten, sticht das Sehen nach Avrahami alle anderen Sinne aus. Wie frühere Forscher beleuchtet Avrahami Begriffe, Bilder und Metaphern aus dem Bereich des Sehens, um zu zeigen, dass für den Wissenserwerb das Sehen die anderen Sinne übertrumpft.[9] Beispielsweise weist sie darauf hin, dass sich bei Rechtsstreitigkeiten die Zeugen meist auf Gesehenes beziehen. Im Anschluss an David Daubes Theorie zu öffentlichen Bestrafungen im Buch Deuteronomium beleuchtet Avrahami die eminente Bedeutung des Sehens in Gerichtsverfahren sowie in Erzählungen, die eine juristische Sprache sprechen. Der metaphorische Bezug auf das Sehen über die konkrete Sinneserfahrung hinaus wird besonders in Lev 5,1 deutlich:

Lev 5,1
Und wenn jemand sündigt, indem er die Stimme einer Verfluchung hört, und er ist Zeuge, ob er es gesehen oder erkannt hat – wenn er es nicht anzeigt, dann wird er seine Schuld tragen.

Auch wenn hier das Hören eines Fluches erwähnt wird, wird das Sehen als Begriff für das Bezeugen verwendet. Neben juristischen Beispielen weist Avrahami auf mehrere andere Dimensionen hin. Sie plädiert nicht für das Hören als wichtigsten Sinn der biblischen Epistemologie, sondern führt an, dass nur das Sehen als eine Art Lernen aus erster Hand gegolten habe. »Die Korrelation zwischen Sehen und Denken in der biblischen Wahrnehmung ist so offensichtlich, dass wir das nicht weiter ausführen müssen. (…) Diese semantische Korrelation zwischen Sehen und Denken basiert auf einer Wahrnehmung, bei der das Sehen ein Lernen aus erster Hand ist und auf

---

7 Vgl. Janowski, Konfliktgespräche, 96.
8 Vgl. Avrahami, Senses.
9 Vgl. Avrahami, Senses, 223–276. Beispiele für frühere Untersuchungen: Carasik, Theologies, passim; Savran, Seeing.

persönlicher Erfahrung beruht.«[10] Das Hören hingegen ist dem Sehen nachgeordnet. Das Sehen verlässt sich auf persönliche Erfahrung; die Funktion des Hörens besteht hingegen darin, diese Erfahrung weiterzugeben: »Wenn wir die Unterschiede zwischen Sehen und Hören innerhalb des semantischen Feldes Wissen korrekt abbilden, bedeutet Sehen Erforschung und Klärung, wohingegen Hören für das Lernen steht.«[11] In Bezug auf eine Epistemologie der Hebräischen Bibel bedeutet dies, dass Sehen dem Hören und allen anderen Sinnen überlegen ist: »Wenn man gezwungen wäre, in dem uralten Streit um die Vormachtstellung des Sehens bzw. des Hörens in der biblischen Epistemologie Position zu beziehen, müsste man sich für das Sehen entscheiden.«[12] Eine solche Sichtweise verortet Athen und Jerusalem, Griechenland und Israel auf derselben Seite und nicht in direkter Opposition zueinander, da beide das Sehen höher bewerten.[13]

Hinsichtlich der Bedeutung des Sehens für den Erkenntnisgewinn verweist Michael Carasik in seinem Buch *Theologies of the Mind in Biblical Israel* auf die biologische Tatsache, dass die physische Anthropologie die Vormachtstellung des Sehens vor dem Hören bekräftigt: »Es ist in der Tat ein Merkmal nicht nur der menschlichen Evolution, sondern der aller Primaten im Eozän vor 54–36 Millionen Jahren, als die Primaten das räumliche Sehen entwickelten, wodurch sie sich zunehmend auf das Sehen verließen und weniger sensibel für Hören und Riechen wurden.«[14] In seiner Betrachtung der Terminologie des Sehens in der Hebräischen Bibel stellt Carasik klar, dass das, was er als den »rezeptiven Verstand« bezeichnet, sich auf das Sehen gründet und nicht nur die Wahrnehmung, sondern auch das Verstehen und Beobachtungswissen umfasst. Unter anderem gibt er dafür folgendes Beispiel: In 2Sam 7,2 sagt David zu Nathan:

2Sam 7,2
Sieh doch, ich wohne in einem Haus aus Zedern, während die Lade Gottes mitten im Zelt wohnt.

---

10 Avrahami, Senses, 248f.
11 Avrahami, Senses, 250.
12 Avrahami, Senses, 274.
13 Vgl. Avrahami, Senses, 278.
14 Carasik, Theologies, 33. Für die Bedeutung des Sehens laut der Metapherntheorie und den Kognitionswissenschaften: Lakoff/Johnson, Philosophy, 238f.

II. Empirismus oder Rationalismus?

Nach Carasik muss der Imperativ »Sieh!« hier und in anderen Fällen »als Anweisung verstanden werden, nicht nur etwas Sichtbares anzusehen, sondern eine Situation dadurch zu verstehen, dass der oder die Angesprochene ein Bild davon in seinem bzw. ihrem Geist formt. (...) Dies gibt *rāʾāh* eine Dimension, die *šāmaʿ* nicht hat.«[15] Später weist Carasik darauf hin, dass im Buch Deuteronomium das Sehen mit direkter Erfahrung gleichgesetzt werde, insbesondere in Bezug auf Gott, das Hören hingegen nicht. Überblickt man die aktuelle Forschungslage, so wird das Sehen als Hauptquelle des Wissens in der Hebräischen Bibel hervorgehoben, womit die altisraelitische Kultur implizit als im Wesentlichen empirisch charakterisiert wird: Wissen, Weisheit und Weltsicht der alten Hebräer basieren grundlegend auf sensorischer Erfahrung, vor allem auf dem Sehen. Nach Bernd Janowski kann das Sehen »das Gehörte *verifizieren* oder *korrigieren*«[16], und er zitiert Ps 48,9 und Hi 42,5f als Fallbeispiele:

Ps 48,9
Wie wir es gehört haben (*šāmaʿ*), so haben wir es gesehen (*rāʾāh*)
in der Stadt »JHWH Zebaoths«, in der Stadt unseres Gottes:
Gott gründet sie fest auf ewig – Sela.

Hi 42,5f
Durch das Ohr hatte ich von dir gehört (*šāmaʿ*),
jetzt aber hat mein Auge dich gesehen (*rāʾāh*),
darum verwerfe ich und bereue,
auf/als Staub und Asche.[17]

Wie diese Beispiele zeigen, stellt die neueste Forschung zur Anthropologie und den Sinnen das Sehen als Wissen schaffenden Sinn heraus, neben und vorrangig vor den anderen biblischen Sinnen.[18] Laut dieser Position sind in der altisraelitischen Kultur mehr Füchse als Igel unterwegs.

---

15 Carasik, Theologies, 41.
16 Janowski, Konfliktgespräche, 87f. Hervorhebungen im Original.
17 Übersetzung nach Janowski, Konfliktgespräche, 88. Hinsichtlich Hiob vgl. auch Savran, Seeing, 335–361.
18 Allerdings bin ich der Ansicht, dass das Hören in der traditionsorientierten Weisheitsliteratur die wichtigste Rolle spielt. Hinsichtlich Dtn 4 vgl. Geller, Wisdom; O'Dowd, Wisdom, 93.

Es soll im Folgenden nicht darum gehen, zahlreiche neue Beispiele zur Untermauerung dieser These anzuführen. Es ist offensichtlich, dass die Sinne für den Wissenserwerb eine wesentliche Rolle spielen, und es wäre sinnlos, gegen die empirische Basis zahlreicher in den biblischen Texten enthaltenen Vorstellungen zu argumentieren. Genauso wenig werden im Folgenden Tradition und Offenbarung als die beiden anderen Hauptzweige altisraelitischer Erkenntniswege erforscht. Da der Empirismus meist dem Rationalismus gegenübergestellt wird, soll stattdessen im zweiten Teil dieses Beitrags der Frage nachgegangen werden, ob sich in der Hebräischen Bibel auch Rationalismus finden lässt.

3. Gib Acht auf den Igel!

Die Sprache des biblischen Textes mag eine Beziehung zwischen Sprache und Denken widerspiegeln, und der Inhalt eines Textes mag allgemeine Denkweisen der betreffenden Kultur widerspiegeln. Allerdings ist die Beziehung zwischen Sprache und Denken kompliziert; die sogenannte Sapir-Whorf-Hypothese ist inzwischen höchst umstritten: Sprache bestimmt nicht das Denken, sondern beeinflusst es höchstens. Aus der großen Bandbreite sensorischer Ausdrücke in der Hebräischen Bibel zu schließen, dass der hebräische Verstand durch und durch empirisch funktionierte, oder dass die Hauptmethode des Erkenntnisgewinns das Sehen war, geht vielleicht einen Schritt zu weit in Richtung linguistischer Relativitätstheorien.[19] Versuchen wir also, im zweiten Teil dieses Beitrags rationale Denkweisen zu finden.

In Bezug auf die Altorientalistik hat Marc Van De Mieroop in seinem Buch *Philosophy before the Greeks* gezeigt, wie schwach die Behauptung ist, dass die alten Babylonier Empiriker gewesen seien. Die Haupteinträge in vielen babylonischen Listen enthalten keine Aufzeichnungen empirischer Befunde. Van De Mieroop schreibt:

---

19 Vgl. z. B. Avrahami, Study, 13: »Die semantische Analyse ist eine Technik, mithilfe derer Philologen Zugang zu den kulturell charakteristischen Denkmustern erhalten, die in der Struktur einer Sprache implizit vorhanden sind.« Eine aktuelle Anwendung der Sapir-Whorf-Hypothese auf die sumerische Sprache findet sich bei Fink, Benjamin Whorf.

II. Empirismus oder Rationalismus?

Die Belege dafür, dass empirische Beobachtungen zu den Einträgen in den Listen geführt haben, sind allerdings so dünn, dass wir leicht bezweifeln können, dass sie überhaupt eine Rolle spielten. Diejenigen modernen Forscher, die Verbindungen zwischen juristischen Paragraphen und den Hunderten von tatsächlich aufgezeichneten Fällen gesucht haben, hatten meist kein Glück. Die historischen Omina – gerne angeführt als zentrales Argument dafür, dass authentische Beobachtungen die Grundlage für Omenlisten bildeten – sind so wenige und häufig so bedeutungslos, dass sie der Theorie wenig Grundlage bieten. Selbst im Fall lexikalischer Texte sehen wir vom Beginn dieses Genres an, dass die Kreativität dieser Listen weit über das hinausgeht, was in anderen Schriften erscheint und was die Verfasser in der Realität beobachteten. Statt in allen diesen Listen nach einem schwer zu findenden Kern realer Einträge zu suchen, die auf empirische Methoden zurückgehen, wäre es nicht logischer, sie als Produkt schriftlicher Kreativität anzusehen, die von Gelehrten mit dem Ziel erdacht wurden, Sprache, Wahrsagung und Recht zu erforschen? Diese Arbeit war rein rational und basierte auf Konzepten, von denen die alten Gelehrten intuitiv wussten, dass sie wahr waren, und die sie durch logische Deduktion weiter entfalteten.[20]

Auch bei den Gesetzessammlungen in der Hebräischen Bibel weist die aktuelle Forschung auf die Tatsache hin, dass sich viele Gesetze nicht auf empirische Beobachtung stützen, sondern eher rationale Ableitungen mittels assoziativer Denkweise sind. Die Forschung verweist auf den kreativen rationalen Prozess, der einer Konzeptualisierung der Rechtssammlungen als Ganzes zugrundeliegt.[21] Viele Forscher sehen heutzutage eine enge Verbindung zwischen Weisheit und Recht und gehen davon aus, dass die meisten Gesetze und Rechtssammlungen in der Realität niemals durchgesetzt wurden, sondern als eine Art weisheitliche Richtschnur gedacht waren.[22]

So ist es nicht weiter verwunderlich, dass auch für das Buch der Sprüche eine durchaus ähnliche Position vertreten wird. Im Gegen-

---

20 Van De Mieroop, Philosophy, 190.
21 Vgl. beispielsweise Otto, Deuteronomium.
22 Vgl. z. B. Otto, Kodifizierung.

satz zu den meisten Forschern vertritt Michael Fox in seinem Beitrag *The Epistemology of the Book of Proverbs* die These, dass der Empirismus, die Weisheit der Erfahrung, keineswegs die entscheidende Epistemologie dieses biblischen Buches sei. Stattdessen scheint der Empirismus »für den größten Teil der Sprüche irrelevant« zu sein.[23] Unter anderem nennt Fox Spr 20,20 als typisches Beispiel:

Spr 20,20
Wer seinem Vater oder seiner Mutter flucht, dessen Leuchte wird erlöschen in tiefer Finsternis.

Nach Fox wäre es etwas Außergewöhnliches, das in diesem Spruch Genannte tatsächlich zu erfahren. Vielleicht ist es nicht ganz so einfach, denn die Verfasser könnten an die übliche Beobachtung gedacht haben, dass sich eine gute Beziehung zu den Eltern normalerweise lohnt; bei diesem Spruch handelte es sich dann um die Warnung vor Missachtung einer allgemeinen Lebenserfahrung. Dennoch scheint Fox mit der Annahme recht zu haben, dass sich hinter den Sprüchen ein rationales Anliegen verbirgt, das sich nicht allein auf empirische Beobachtungen zurückführen lässt.

Im Gegensatz zur landläufigen Meinung basieren die meisten Sprüche, wie auch die meisten Gesetze, nicht auf empirischen Daten, sondern wurden durch Analogie und die Anwendung einer »Kohärenztheorie von Wahrheit« gewonnen.[24] Die allgemeine Annahme, dass es einen engen Zusammenhang zwischen Tun und Ergehen gebe, sagt eventuell gar nichts darüber aus, was ist, sondern was sein sollte. Gleichermaßen scheinen viele Sprüche nicht einer empirischen Beobachtung, sondern einem »Ideal der Harmonie« und der Idee der Gerechtigkeit zu folgen.[25] Nehmen wir Spr 19,17 als Beispiel:

Spr 19,17
Es leiht dem Herrn, wer sich des Geringen erbarmt, und seine Wohltat wird er ihm vergelten.

---

23 Fox, Proverbs, 671.
24 Vgl. Fox, Proverbs, 671.675.
25 Vgl. Fox, Proverbs, 677.

II. Empirismus oder Rationalismus?

Dieser Spruch stammt nicht aus eindeutiger empirischer Erfahrung, sondern interpretiert die Welt anhand eines Grundprinzips, das als hermeneutischer Ansatz für eine religiöse Weltsicht dient.

Logische Ableitungen werden häufig als Beispiele für Rationalismus und die Fähigkeit zu analytischem Denken angesehen.[26] Matitiahu Tsevat beleuchtet Ez 14,12–23 als Fallbeispiel und zeigt, dass hier eine Art Syllogismus vorliegt. Dieser Bibeltext enthält zwei Prämissen: Erstens wird jedes Land zerstört, das sich Gott gegenüber versündigt. Zweitens hat Juda Gott gegenüber gesündigt. Mittels »reiner Vernunft« erklärt der »logische Schluss« die empirische Tatsache, dass die Babylonier Juda unterworfen haben, und er gilt als guter Grund, warum dieses Ergebnis unausweichlich war.[27]

Auch wenn ein »weicher Evidentialismus« und empirische Verifikationen in der Hebräischen Bibel nicht selten sind, so sind doch auch logische Schlussfolgerungen belegt, wie Jaco Gericke in Bezug auf 1Kön 18,27 zeigt:

1. Bei fehlenden empirischen Belegen ist der Glaube an x als nicht *ʾᵉlohîm* rational.
2. Bei vorliegenden empirischen Belegen ist der Glaube an x als *ʾᵉlohîm* rational.
3. Es gibt keinerlei empirische Belege für Baal als *ʾᵉlohîm*.
4. Es gibt empirische Belege für Jhwh als *ʾᵉlohîm*.
5. Somit wird der Glaube, dass Baal *ʾᵉlohîm* ist, widerlegt.
6. Somit wird der Glaube, dass Jhwh *ʾᵉlohîm* ist, bestätigt.[28]

Darüber hinaus scheint in Jer 31,20a eine Art umgekehrte Logik gegen die normale Erfahrung angewandt zu werden.[29] Die Bibelstelle lautet:

---

26 Vgl. beispielsweise auch Gesetze, die Emotionen oder sozioökonomischen Tatsachen ein rationales Rechtsprinzip entgegenstellen wie Dtn 16,19 oder 21,15–17.
27 Vgl. Tsevat, Biblical Thought. Jaco Gericke nimmt zu Recht an, dass in einem solchen Diskurs »eine kontrafaktische Ansicht von Kausalität« vorausgesetzt wird, vgl. Gericke, Hebrew Bible, 385.
28 Gericke, Hebrew Bible, 375.
29 Vgl. Greenstein, Developments, 452f.

Jer 31,20a
Ist mir Ephraim ein teurer Sohn oder ein Kind der Freude? Ja, sooft ich gegen ihn rede, muss ich seiner weiterhin gedenken.

Nach Edward Greenstein besteht der hier vorliegende, invertierte Syllogismus aus folgender Argumentationsweise:

> Eltern gedenken ihres lieben Kindes.
> Ephraim ist weit davon entfernt, ein liebes Kind zu sein.
> Gott als Elternteil gedenkt Ephraims/ist geneigt, Ephraim anzuerkennen![30]

In diesen Fällen ist das hebräische Denken nicht als »prä-logisch« im Sinne von Lucien Lévy-Bruhl zu bezeichnen, sondern durchaus als logisch.

Auch das Zählen hat natürlich eine empirische Grundlage, aber in der Mathematik kann es völlig unabhängig von empirischen Daten verwendet werden. Das sumerische Schriftsystem wurde offensichtlich aus wirtschaftlichen Gründen erfunden, um Waren zu zählen; allerdings konnte man in der späteren mesopotamischen Mathematik mit purer Vernunft zählen, ohne auf bestimmte empirische Daten rekurrieren zu müssen. Wir wissen nicht viel über die Mathematik in Syro-Palästina, aber der Name des Gottes Meni, der in Jes 65,11 erwähnt wird, leitet sich offensichtlich vom hebräischen Verb *mānāh* (»zählen«) ab.[31] Carasik verweist auch noch auf andere Wurzeln wie *pālal, sāfar, 'ārak, ḥāšab* und *tākan,* um zu zeigen, dass »die Idee der Manipulation von Zahlen als Metapher für die Aktivität des Verstandes allgemeiner Art ist.«[32] Die Verwendung dieser Wurzeln zur Bezeichnung von Berechnen und Denken scheint in einigen Fällen über die rein empirische Beobachtung hinauszugehen, wie z. B. in Spr 16,1:

Spr 16,1
Beim Menschen sind die Pläne des Herzens, aber vom Herrn kommt die Antwort der Zunge.

---

30 Greenstein, Developments, 453.
31 Vgl. Sperling, Meni, 567; Carasik, Theologies, 132.
32 Carasik, Theologies, 133.

II. Empirismus oder Rationalismus?

Hier beziehen sich *ma'ᵃrāk* und *leb* auf das Planen und Ränke schmieden. Wie zahlreiche Beispiele aus dem Bereich der Metaphorik zeigen, ist »die Darstellung des Verstandes als etwas, das Arithmetik betreibt, in der Tat altertümlich.«[33]

Selbst Kohelet, der gemeinhin als durch und durch empirischer Denker gilt, verlässt sich nicht ausschließlich auf sensorische Erfahrungen.[34] Obwohl Kohelet »sowohl Wissen aus Erfahrung ableiten als auch Ideen durch Erfahrung überprüfen will«[35], geht er weit über die Erfahrung hinaus, wenn er auf völlig neue Weise über die Grenzen der Erfahrung und Weisheit nachdenkt. Diese Art des Denkens entwickelt sich nicht selbst aus der sensorischen Erfahrung, sondern entstammt einer höchst reflektierten Denkweise, nämlich dem Nachdenken über die Grenzen menschlichen Denkens selbst (Denken zweiter Ordnung).[36] In gewisser Hinsicht verwendet Kohelet die sensorische Erfahrung als Topos, um die Grenzen des Empirismus und des Denkens im Allgemeinen aufzuzeigen. »Wenn er also schlussendlich davon abrät, den Wind und die Wolken zu beobachten anstatt zu arbeiten (Koh 11,3–6), sagt er damit etwas Entscheidendes über die Unzulänglichkeit der Beobachtung, die Unmöglichkeit echter Erkenntnis und die Notwendigkeit, das Leben dennoch weiterzuleben. Wenn es im Buch Kohelet Empirismus gibt, gibt es dort gleichermaßen auch eine starke Kritik am Empirismus.«[37]

Wie dieses Beispiel zeigt, müssen wir zwischen der wörtlichen Textebene und der Ebene der Verfasserabsicht unterscheiden; zwischen der Art von Ausdrücken und Metaphern, die im Text verwendet werden, und dem, was die Verfasser beabsichtigen. Anders gesagt: Es gilt, zwischen dem Empirismus auf der Textebene einerseits und der Art, wie die biblischen Autoren die Texte einsetzen, um ihre eigenen Gedanken einzuführen, andererseits zu unterscheiden. Es reicht nicht aus, den Wortsinn der Texte zu beschreiben; vielmehr

---

33 Carasik, Theologies, 133.
34 Für die empirische Erkenntnistheorie Kohelets vgl. insbesondere Fox, Qohelet's Epistemology; Schellenberg, Erkenntnis, 161–200.
35 Fox, Qohelet's Epistemology, 137.
36 Zu diesen Grenzen vgl. Schellenberg, Erkenntnis. Zu Kohelet im Kontext des Denkens zweiter Ordnung vgl. Dietrich, Hebräisches Denken (= Beitrag VI in diesem Band).
37 Weeks, Introduction, 114.

muss auf der Metaebene das absichtliche und zielgerichtete Interesse der Verfasser herausgearbeitet werden, ein Argument vorzubringen und den Geist des Lesers zu beeinflussen, zu kontrollieren und zu konstruieren. Wenn die Autoren der althebräischen Texte ein Interesse daran zeigen, den Geist des Lesers absichtlich auf gut durchdachte Weise zu lenken, können wir ein hochentwickeltes Denkniveau voraussetzen, das sich unter der Oberfläche des Textes verbirgt. Insbesondere im Deuteronomium »gibt es kaum einen Abschnitt, der nicht voll von Diskussionen über Gedanken und Gefühle ist«,[38] welche sich auf den Geist des Lesers auswirken und ein »vollständiges System«[39] offenbaren, das ein hohes Reflexionsniveau der Verfasser mittels einer »theoretischen Haltung« und Überlegungen zweiter Ordnung widerspiegelt.[40]

In Bezug auf die Exodus-Erzählung weist Dru Johnson in seinem Buch *Biblical Knowing* darauf hin, dass der Glaube der Israeliten mehr ist als reines Sehen.[41] Im Verlauf der Geschichte sieht der Pharao, versteht aber nicht. Die reinen Fakten sensorischer Erfahrung machen noch keinen Gläubigen. Stattdessen bedarf es auf der Textebene der Gestalt des Mose, um die Fakten zu interpretieren, und gleiches ist im Buch Deuteronomium nötig. Wenn Avrahami darauf beharrt, dass Sehen Wissen aus erster Hand sei, bezieht sie sich auf den wörtlichen Sinn eines biblischen Textes. Hinsichtlich des Deuteronomiums vergleicht Avrahami Dtn 11,2a.7 mit 4,9f. Dtn 11,2a.7 lautet wie folgt:

Dtn 11,2a.7
Und erkennt heute – was eure Söhne nicht erkannt und nicht gesehen haben – die Zucht des Herrn, eures Gottes (…). Denn eure Augen haben das ganze Werk des Herrn gesehen, das große, das er getan hat.

---

38 Carasik, Theologies, 206.
39 Carasik, Theologies, 207.
40 Zum Begriff der »theoretische Haltung« vgl. Donald, Origins, passim. Zum Denken zweiter Ordnung im Deuteronomium vgl. Dietrich, Hebräisches Denken (= Beitrag VI in diesem Band).
41 Vgl. Johnson, Biblical Knowing, 65–81.

II. Empirismus oder Rationalismus?

Hier unterscheidet der Verfasser zwischen der Generation, die Bescheid weiß, weil sie gesehen hat, und den nachfolgenden Generationen, die nicht gesehen haben und damit über kein sensorisches Wissen aus erster Hand verfügen. Anhand der Parallelstelle Dtn 4,9f zeigt Avrahami dann, wie spätere Generationen durch das Hören Wissen aus zweiter Hand erlangen:

Dtn 4,9f
Nur hüte dich und bewahre deine Seele gut, auf dass du die Dinge nicht vergisst, die deine Augen gesehen haben, und damit sie nicht abdriften aus deinem Herzen alle Tage deines Lebens. Und tue sie deinen Söhnen und den Söhnen deiner Söhne kund: den Tag, an dem du standest vor dem Herrn, deinem Gott, am Horeb, als der Herr zu mir sprach: Versammle mir das Volk, denn ich will sie hören lassen meine Worte, die sie lernen, um mich zu fürchten alle Tage, die sie auf Erden leben, und ihre Söhne sollen sie (darüber) belehren.

Das Problem mit diesem Ansatz liegt darin, dass hier nicht zwischen dem wörtlichen Sinn des Textes und der Absicht der Verfasser unterschieden wird. Oberflächlich betrachtet scheint es so, dass Sehen hier als sensorisches Wissen aus erster Hand gilt und dass dieses sensorische Wissen wie ein Wahrheitszeugnis aus erster Hand das Wichtigste ist, um zum Glauben an Gott zu finden. Allerdings gibt es noch weitere Bedeutungsebenen, derer man sich bewusst sein sollte. Es stellen sich hier mehrere Fragen: Spricht Mose zur alten Generation, die am Sinai war und Gott gesehen hat, oder wendet er sich an die neue Generation, die nicht dabei war und deswegen das Heilige Land betreten darf? Um sich noch weiter von der wörtlichen Bedeutung des Textes zu entfernen: Vielleicht wendet sich Mose gar nicht an eine bestimmte Generation, sondern an alle Generationen und Gläubigen, die, wenn man so will, allesamt auf dem Berg Sinai standen und Gott mit ihren eigenen Augen gesehen haben – auch wenn das im wörtlichen Sinne nicht der Fall war – und die ihren Kindern ihren Glauben als ein Zeugnis der Wahrheit vermitteln sollen? In allen diesen Fällen scheinen die Verfasser des Textes sensorische Ausdrücke als *Topoi* in ihren rhetorischen Ausdrucksmitteln zu nutzen, und »die Tatsache, dass Moses dieses Ereignis *neu* interpretiert, es im Buch Deuteronomium erneut aufbringt und erneut seine Bedeutung erklärt, spricht gegen das Konzept reinen Sehens.«[42]

Die eigentümlichen Denkweisen der Verfasser scheinen höchst kreativ zu sein; sie konstruieren Texte mit dem Ziel, ein Grundprinzip herauszustellen. Die Verfasser gehen rational vor, um Wahrheit und Glauben hervorzuheben, und sie verwenden sensorische Ausdrücke, um ihr Grundprinzip zu verdeutlichen. Wenn man nicht an der oberflächlichen Bedeutung des Textes klebt, sondern der Vorgehensweise der Verfasser folgt, dann sind die alttestamentlichen Autoren keine eingefleischten Empiriker, sondern rationale Denker, die zwar von Füchsen erzählen, selbst aber Igel sind.

---

42 Johnson, Biblical Knowing, 197. Hervorhebung im Original.

III. Welterfahrung

Zum erfahrungsgesättigten und denkerischen Erfassen
der Welt im Alten Testament

1. Definition

Welterfahrung bezeichnet den dauernden Umgang und die daraus resultierende Vertrautheit mit dem Ganzen der eigenen Lebenswelt als dem »fraglos hingenommenen Sinn- und Geltungsfundament menschlicher Praxis«.[1] Dadurch enthält der Begriff eine anthropologische Komponente, ist Ausdruck einer erfahrungsgesättigten »Weltinnenperspektive«[2] und unterscheidet sich sowohl von dem Begriff Weltbild, insofern dieser die anschaulich geordnete und »zum bildhaften Modell gerundete Synopse des alltäglichen oder auch wissenschaftlichen deskriptiven Weltwissens und dessen Ordnungsprinzipien« bezeichnet,[3] als auch von dem Begriff der Weltanschauung, wenn Weltanschauung nicht eine aus Elementarerfahrungen erwachsende »natürliche Weltanschauung«[4] bezeichnet, die »immer schon subjektiv konstituierte Regionen natürlicher Erfahrung«[5] absteckt, sondern eine »geistige Haltung«,[6] »die Disziplinierung [...] im Rahmen einer eigenständigen philosophischen (Grund-)Lehre«[7] und das »Produkt eines transzendentalen Vermögens der welterzeugenden Subjektivität«.[8]

Indem Welterfahrung auf die Erfahrung eines Ganzen, der »Welt«, abhebt, wird im Anschluss an Husserl bei der Erfahrung eines einzelnen Gegebenen stets sein Mitgegebenes und Mitgemeintes, der umfassende Horizont der verknüpften Wahrnehmungen in räum-

---

1 Eden, Lebenswelt, 328.
2 Steck, Welt, 100 und passim.
3 Thomé, Weltbild, 462.
4 Scheler, Schriften.
5 Bermes, Welt, 130.
6 Bauer, Weltanschauung, 352.
7 Bermes, Welt, 130.
8 Thomé, Weltanschauung, 453.

licher wie zeitlicher Hinsicht einbezogen.[9] Erfahren wird zunächst die unmittelbare Lebenswelt als »Welt der schlichten intersubjektiven Erfahrungen« und »Universum vorgegebener Selbstverständlichkeiten«,[10] sodass Welterfahrung im Anschluss an Heidegger nicht nur die räumliche Erfahrung des »In-der-Welt-seins« bezeichnet, sondern die alltägliche und bedeutsame Vertrautheit mit der Welt.[11]

Welterfahrung scheint vor allem dem Menschen zuzukommen, weshalb Heidegger die »Welthabe« von der Weltlosigkeit des Steins und der Weltarmut des Tieres unterscheidet.[12] Max Scheler spricht von der Weltoffenheit des instinktarmen Menschen.[13] Gemeint ist mit diesen Aussagen, dass Dinge zwar in der Welt vorfindlich sind und Tiere sich sogar in ihr orientieren, aber dass allein der Mensch die mannigfaltigen Erfahrungen und Beziehungen, in denen er steht, vereinen und so seine Stellung gegenüber der Gesamtheit der Wirklichkeit bedenken kann. Wenn es in der Terminologie Heideggers die Welt selbst ist, die »weltet«, so kann dies auch als anthropologische Disposition gewertet werden:[14] Der Mensch kann sich auf das Ganze der Erfahrungswirklichkeit beziehen, und zwar auf eine Weise, dass die verschiedenen Erfahrungen und Beziehungen gemeinsam verknüpft, raumzeitlich als Einheit und somit als »Welten« der Welt erfahren werden können. Dabei kann Welterfahrung auch eine Form genuin religiöser Erfahrung sein, wenn Religion als Art und Weise des Welt-Verhältnisses verstanden wird.

»*Erfahrung ist erinnerte Praxis*«;[15] sie bezeichnet »in einem weiten, lebensweltlich geprägten Sinn […] seit Aristoteles (Metaphysik 980b28–982a3) eine Art der Wirklichkeitserkenntnis, die auf praktischem Umgang beruht und an paradigmatische Einzelfälle gebunden ist«.[16] Diese lebensweltlich gebundene Erfahrung ruht auf einem »Vorverständnis, dem es auf *erworbene Fähigkeiten* des Menschen, auf ein *Geübtsein* in …, ein *Vertrautsein* mit … ankommt«.[17] Als

---

9 Vgl. Vetter, Welt, 611.
10 Husserl, Krisis, 136.183.
11 Vgl. Vetter, Welt, 612.
12 Vgl. Heidegger, Metaphysik, 261–264.
13 Vgl. Scheler, Stellung, 28f.
14 Vgl. Pina-Cabral, World, 150.
15 Herms, Erfahrung, 89. Hervorhebung im Original.
16 Willaschek, Erfahrung, 1399f.
17 Kambartel, Erfahrung, 609. Hervorhebungen im Original.

III. Welterfahrung

Ermöglichung der Orientierung in der Welt (*mental map*) bezeichnet Welterfahrung »eine Art ›inneres Modell‹, das den einzelnen und die Gemeinschaft instand setzt, seine Umwelt wahrzunehmen, zu deuten und zu bewerten«.[18] Sie umfasst deshalb auch das umgängliche und auf Handlungsmöglichkeiten ausgerichtete »Sich-Zurechtfinden«, das auf den gelingenden Plausibilitäten des konkreten Lebensvollzugs aufbaut und sich an das hält, was weiterhilft.[19] Indem Welterfahrung oftmals nicht explizit reflektiert wird und »sich auf die alltägliche, vortheoretische Erfahrung natürlicher wie geschichtlicher Phänomene« bezieht,[20] kann sie gegenüber dem Begriff Weltbild auch als »implizite Kosmologie« bezeichnet werden.[21]

2. Terminologie

Die Hebräische Bibel kennt keinen abstrakten Terminus für die Welt und entsprechend auch keinen Terminus für Welterfahrung. Das Ganze der Wirklichkeit wird zumeist entweder mit einem Merismus wie »Himmel und Erde« (z. B. Gen 1,1), durch eine Dreiteilung der gesamten Wirklichkeit (z. B. in Himmel, Erde und Wasser, Ex 20,4), seltener auch durch viergliedrige Formeln zum Ausdruck gebracht, die auf die Gegensätze Himmel-Unterwelt und Erde-Meer rekurrieren (z. B. Hi 11,8f).[22] Merismen und dreiteilige Ausdrücke für das Weltganze zeigen, dass sie »Welterfahrungsbegriffe« sind, indem die Welt nicht allein objektsprachlich bezeichnet wird, sondern dem Menschen, der auf der Erde ist, seinen Platz zuweist, während der Himmel (sowie das Wasser oder die Unterwelt) anderen Wesen Raum gibt.[23] Neben diesen Begriffen finden auch die gesamte Erfahrungswirklichkeit umschließende Ausdrücke Verwendung, die mithilfe von *kål* »ganz/alle« (z. B. »die ganze Erde«, Gen 11,1) oder mittels Substantivierung durch *hakkol* »das Ganze« (z. B. Koh 1,2) formulieren. In späten Texten der Hebräischen Bibel sowie in der frühjüdischen Literatur kann auch der Begriff ʿôlām das Weltganze

---

18 Janowski, Weltbild, 20; vgl. Pongratz-Leisten, Mental Map, 261f.
19 Vgl. Stegmaier, Weltorientierung, 498.
20 Stock, Welt, 536; vgl. Luck, Welterfahrung, 15.
21 Zum Begriff Hartenstein, Unzugänglichkeit, 18–23.
22 Vgl. Krüger, Himmel.
23 Vgl. Brague, Weisheit, 20.25.

bezeichnen.[24] In der griechischen Übersetzung der Hebräischen Bibel wird dann der Begriff »Kosmos« verwendet, um das Ganze der Wirklichkeit auszudrücken (z. B. Gen 2,1 [LXX]).

Auch für den Begriff der Erfahrung gibt es in der Hebräischen Bibel kein terminologisches Äquivalent, doch Verbalausdrücke mit *bîn* »wahrnehmen«, *yādaʿ* »erkennen« oder *rāʾāh* »sehen« umschließen auch den Akt der menschlichen Erfahrung.

Der Aspekt der Welterfahrung als eine Form der Weltorientierung kann im Alten Testament mit dem Begriff Tora erfasst werden.[25] Der Aspekt der Welterfahrung als erfahrungsgesättigte Weltweisheit wird im Alten Testament unter dem hebräischen Begriff *ḥåkmāh* »Weisheit« gefasst und positiv gesehen, von Paulus dann als »Weisheit dieser Welt« gekennzeichnet und als »Torheit bei Gott« kritisiert (1Kor 1,20; 1Kor 3,19).[26]

3. Leiblich-sinnliche und raum-zeitliche Welterfahrung

Während der Mensch unter anderem Leib ist, die Welt leiblich erfährt, in ihr verankert und mit ihr »verflochten« ist,[27] ist der menschliche Körper Teil der Welt und fungiert als Medium zwischen Selbst und Welt: »Über den Körper schreibt sich die Welt in das Subjekt (verstanden als die Einheit von Leib und reflexivem Selbst) ein, über ihn bringt sich das Subjekt in der Welt aber auch zum Ausdruck. […] Am Körper (am Blick, am Gang, am Lachen, an der Kopf- und Schulterhaltung usw.) wird gleichsam ablesbar, wie ein Subjekt in die Welt gestellt ist.«[28]

Die Welt wird zunächst über die Sinne erfahren. Im alten Israel spielen sieben Sinne eine entscheidende Rolle für die Welterfahrung: Sehen, Hören, Gleichgewichts- und Geschmackssinn, Sprechen, Riechen und Tasten, die allesamt nicht nur der Verarbeitung von Informationen dienen, sondern bei denen sich somatische, kognitive und soziale Fähigkeiten überschneiden.[29] In der Welt der alttesta-

---

24 Vgl. Preuß, עולם, 1156f.
25 Vgl. Stegmaier, Weltorientierung, 498.
26 Vgl. Schröder, Weltweisheit, 532.
27 Vgl. Fuchs, Leib, 19.162.315 und passim.
28 Rosa, Resonanz, 146.
29 Vgl. Avrahami, Senses.

mentlichen Texte sind Sehen und Hören die beiden entscheidenden Sinne, die auch die Sinnen- und Verstandeswelt insgesamt repräsentieren können. Während das Sehen zumeist für eine eigene, direkte Erfahrung aus erster Hand steht (vgl. etwa 1Kön 10,6f; Hi 42,5), ist das Hören für das Aufnehmen der generationengebundenen traditionellen Erfahrung entscheidend (vgl. etwa Dtn 6,20–25; Spr 1,1–19).

Die Welt wird als kleinräumige Menschenwelt erfahren. Die meisten Israeliten erfahren sich als subsistenzwirtschaftlich tätige, Regenfeldbau und Viehzucht betreibende Landwirte in die Welt gestellt. Entsprechend empfinden sie sich Raum und Zeit als den Rhythmus der Jahreszeiten prägenden Größen unterworfen (Gen 8,22; Koh 1,4f) und opfern mit Erträgen aus Ackerbau und Viehzucht (Gen 4; Lev 1f). Wie der Bauernkalender aus Geser (zweite Hälfte des 10. Jh. v. Chr.) sowie die bäuerlich geprägten Festkalender in der Hebräischen Bibel zeigen (etwa Ex 23,14–17), ist das Jahr nach der Feldarbeit eingeteilt, die sich nach dem Gedeihen der verschiedenen Pflanzen zu den unterschiedlichen Jahreszeiten zu richten hat und in den jeweiligen Erntedankfesten ihren kulturellen Abschluss findet. Indem der Bauer zu jeder Jahreszeit einen anderen Grund und Boden aufsuchen muss, verbinden sich Raum und Zeit zu einer wechselvollen Einheit.[30] Die körperliche Arbeit des landwirtschaftlich tätigen Israeliten ist schwer, geschieht »im Schweiße deines Angesichts« (Gen 3,19). Wie auch beim Handwerk dienen Werkzeuge zur Verlängerung und Verstärkung des Körpers, um den Widerstand des Bodens, des Ertrages oder von Material mit Körperkraft allein zu brechen.[31]

Die Menschen leben mit ihren Nutztieren im selben Haus. Mensch und Vieh werden als Schicksalsgemeinschaft erfahren (Jon 4,11; Koh 3,19) und den Nutztieren (in Lev 25,7 auch den Wildtieren) eigene Rechte zugesprochen (vgl. etwa Ex 23,12).[32] Nicht nur in diesem Zusammenhang ist die Architektur des Raumes Ausdruck von Welterfahrung. Der Mensch lebt im »Vierraumhaus« zusammen mit den Nutztieren. Das typisch israelitische Vierraumhaus ist Ausdruck einer bäuerlichen Welterfahrung, funktional

---

30 Weippert, Welterfahrung, 15.
31 Vgl. Weippert, Welterfahrung, 16f.
32 Dazu Riede, Tier.

nach den Erfordernissen dieses Lebens eingerichtet[33] und mit seinem direkten Zugang vom Hof zu allen Räumen vielleicht auch Ausdruck eines egalitären Ethos.[34] Das Land, in und auf dem der Israelit wohnt, gilt als ein »qualifizierter Besitz, der überleuchtet ist von göttlicher Verheißung«[35] und nur in Notfällen veräußert werden darf. Das Land ist als gottgeschenkte Heimat für das Individuum wie für die kollektive Identität des Volkes Israel ein »Raum prägender Erfahrungen, empfangener Erfüllungen, der bewahrenswerte Raum«.[36]

Essen und Trinken der landwirtschaftlichen Erzeugnisse sind Ausdruck der Weltaneignung[37] und im Falle Israels Ausdruck dankerfüllter und lebensfreudiger Welterfahrung (z. B. 1Kön 4,20; Koh 9,7). Das Mahl wird gern gemeinsam eingenommen und ist Zeichen wohlgesinnter Gemeinschaft.[38] Besondere Essensformen wie das des Passalammes sind Ausdruck eines rituell gefeierten In-die-Welt-Gestelltseins (vgl. Ex 12,11). Ähnliches gilt vom Beten, das üblicherweise raumgreifend mit erhobenen Armen und geöffneten Händen vollzogen wird (1Kön 8,22) oder durch Minderungsgesten wie Knien (Ex 34,8) oder Proskynese erfolgt (1Sam 25,23).[39]

Der Tagesrhythmus ist vor allem durch den Wechsel von Tag und Nacht geprägt. Der Lauf der Sonne über den Himmel wird geozentrisch und mit Staunen wahrgenommen (vgl. Ps 19). Die dörfliche Menschenwelt wird im Rhythmus von Tag und Nacht größer und kleiner (Ps 104).[40] Die Nacht mit ihrer Dunkelheit gilt als menschenfeindliche Zeit, die den menschlichen Lebensraum auf Haus-, Dorf- und Stadtgrenzen einschränkt; Straßenbeleuchtung gab es nicht. Im Hintergrund steht die Erfahrung einer Welt, die zwischen Zentrum und Peripherie unterscheidet. Reisende suchen Schutz in Haus, Dorf oder Stadt (Ri 19,11–14), die Stadttore werden bei Dunkelheit geschlossen (Jos 2,5; Neh 13,19) und Nachtwachen aufgestellt (Ri 7,19; 1Sam 11,11). Die Nacht weitet die Naturwelt außerhalb der mensch-

---

33 Vgl. Stager, Archaeology.
34 Vgl. Bunimovitz/Faust, Identity, 409–411.
35 Zimmerli, Weltlichkeit, 72.
36 Steck, Welt, 90.
37 Vgl. Rosa, Resonanz, 98.
38 Vgl. Weißflog, Mahl/Mahlzeit.
39 Vgl. Leuenberger, Gebet.
40 Zum Folgenden Weippert, Welterfahrung, 12ff.

lichen Schutzzonen und regt den wilden Raum des »Draußen« mit seinen Waldtieren zu erhöhter Aktivität an (Ps 104,20f). Die Wildtiere werden als Feinde des Menschen und der Kulturwelt erfahren (vgl. etwa Hos 13,8; Am 5,19), und entsprechend wird eine harmonische Einheit zwischen Menschen und Nutztieren einerseits und den Wildtieren andererseits für die gottgeschenkte Zukunft erhofft (Jes 11,6–8).

Abb. 1 Auf diesem frühsumerischen Rollsiegel (ca. 3300–2900 v. Chr.) verteidigt ein nackter Mann eine kalbende Kuh gegen einen Löwen. »Die Konstellation versinnbildlicht die Entwicklung grundlegender Vorstellungen von ›Kultur‹ und ›Natur‹.«[41]

Der Tag mit seinen Sonnenstrahlen hingegen begrenzt die Welt der Wildtiere, erweitert die Kulturwelt und lässt den Menschen aus seinem Haus zur Arbeit heraustreten. »Die Naturzeiten werden vom menschlichen Empfinden her gewertet«.[42] Das Motiv von der Hilfe Gottes am Morgen[43] zeigt, dass das Aufstrahlen der Sonne und die Vertreibung der Nacht als lebensförderlicher Zeitraum gelten: Der altisraelitische Bauer beginnt seine Arbeit am Morgen, ruht gerne zur Mittagshitze und beendet sie bis zum Abend (Ps 104,23), und ebenso führt der Hirte seine Kleinviehherden am Morgen und am Abend zur Tränke, wo auch die Frauen Wasser

---

41 Keel/Schroer, Schöpfung, 39.
42 Oeming, Welt, 571.
43 Vgl. Janowski, Rettungsgewißheit.

holen (Gen 24,11; Gen 29,2; Ex 2,16f). Texte wie Psalm 104 zeigen damit ebenso wie ikonographische Belege (*Abb. 1*), dass die Unterscheidung zwischen Natur und Kultur als Gegensatz zwischen der wilden Welt des »Draußen« mit ihren Wildtieren und der bergenden Menschenwelt mit ihren domestizierten Tieren und Pflanzen gegeben ist, auch wenn Abstraktbegriffe für Kultur und Natur fehlen.[44]

Abb. 2   Auf diesem Skarabäus, wahrscheinlich aus Geser (ca. 1650–1540 v. Chr.), erscheint eine nackte Frau oder Göttin. Sie hält als Zeichen der Fruchtbarkeit je einen Zweig in der Hand, und Zweige sprießen aus ihrer Scham.

Die Bedeutung der Fruchtbarkeit von Pflanzen und Nutztieren für die kleinräumige Welt des altisraelitischen Bauern kommt nicht nur in zahlreichen biblischen Texten, sondern auch auf palästinischen Bildern zum Ausdruck (*Abb. 2–3*).

Welt und Natur werden zum Teil noch als numinose Größen erfahren,[45] was auch ikonographisch an Siegeln mit Pflanzenverehrern und solchen mit einem »Herren der Tiere« zum Ausdruck kommt (*Abb. 4–5*).

---

44   Vgl. Keel/Schroer, Schöpfung, 39; Rogerson, View.
45   Vgl. Keel/Schroer, Schöpfung, 37–91.

III. Welterfahrung

Abb. 3 Die säugende Kuh ist, wie bei dieser Malerei auf einem Tonkrug von Kuntillet ʿAǧrūd (8. Jh. v. Chr.), ein typisches Motiv für Fruchtbarkeit im alten Israel.

Darüber hinaus wird die Welt anthropozentrisch wahrgenommen und mit anthropomorphen Begriffen bezeichnet, wie zum Beispiel die Oberfläche der Erde als »Gesicht« oder die Flussufer als »Lippen«.[46] Licht und Pflanzen können sich mit einem Kleid bekleiden (etwa Ps 65,13f),[47] sodass die Pflanzenwelt als »Kleid der Erde« erfahren wird.[48] Neben diesen zum Teil vorreflexiven Verwendungen finden sich auch absichtsvolle Symbolisierungen: Der Himmel wird als Zeltdach Gottes gepriesen (Ps 104,2), Menschentypen werden gerne als Tiere dargestellt[49] und das Volk Israel oder die Stadt Jerusalem mit dem Gottesberg gerne als Frauen hingestellt.[50]

---

46 Zum Folgenden Weippert, Welterfahrung, 21–25.
47 Vgl. Bojowald, Parallelen.
48 Vgl. Neumann-Gorsolke/Riede, Kleid.
49 Vgl. Nielsen, Gud, 53–82.
50 Zu Letzterem etwa Maier, Daughter.

Abb. 4 Auf diesem judäischen Siegel (ca. 700 v. Chr.) sind zwei Verehrer an einem stilisierten Baum zu sehen.

Abb. 5 Der Herr der Tiere bändigt auf diesem Skaraboid vom Tell eṣ-Ṣāfī (6. Jh. v. Chr.) zwei Capriden.

Damit zusammenhängend werden auch Raum und Zeit anthropozentrisch bestimmt: Orientierung in Raum und Zeit geben der Lauf der Sonne und die Länge des Schattens. Himmelsrichtungen werden nach dem Lauf der Sonne und vom Standpunkt des Menschen aus bestimmt, der nach »vorn« (Osten) blickt, sodass »hinten« Westen, »links« Norden und »rechts« Süden sind.[51] Das Gesichtsfeld des Menschen bestimmt auch die Begriffe für Vergangenheit und Zukunft: Weil die Vergangenheit bekannt ist, liegt sie sichtbar als das »Vordere« vor einem, während die Zukunft wie bei einem Ruderer nicht einsehbar als das »Rückwärtige« hinter dem Menschen liegt.[52] Bei dem Begriff »Osten« verschwimmt die nach Menschenaugen bestimmte Raum-Zeit insofern, als dieser sowohl den Morgen (mit Blickrichtung auf die Sonne) als auch das Vergangene (mit Blickrichtung nach vorn) bezeichnen kann.[53]

Neben der Etablierung standardisierter Maßeinheiten werden am Menschen ausgerichtete Maßeinheiten verwendet. »Der Mensch ver-

---

51 Vgl. Geiger, Raum; Kaiser, Erfahrung, 13f.
52 Vgl. Wolff, Anthropologie, 138.
53 Vgl. Janowski, Füße, 11.

III. Welterfahrung

längert sich in seine Umwelt hinein, indem er seine Körperteile zum Maßstab macht«[54]: räumlich die Elle sowie die Hand- und Fingerbreite (Gen 6,15; Ex 25,25; Jer 52,21), Zeitangaben auch durch Wegstrecken in Tagen (Gen 31,23).[55] Letzteres zeigt, dass es zwar zumeist der Raum ist, der anthropomorph beschrieben wird, dass aber auch die Zeit anthropomorph als »Handlungszeit« bestimmt wird, die sich intersubjektiv an menschlicher Lebenspraxis und periodischen Naturerscheinungen orientiert. »Diese Zeitbestimmungen setzen nicht nur Veränderung, sondern Wiederkehr des Gleichen im Menschen- und Naturgeschehen voraus, den Tag- und Nachtrhythmus, den Wechsel des Mondes, den Jahreszeitenzyklus, den Wachstums-, Reife- und Verfallsprozeß in der Natur und im menschlichen Leben.«[56]

Abb. 6 Der Zusammenhang zwischen Mond und Fruchtbarkeit war den Menschen im alten Israel deutlich und zeigt sich auch in der Verehrung des Mondgottes, wie auf diesem Siegel vom Tell Kēsān (ca. 700 v. Chr.).

Der altisraelitische Mensch verfügt über nur geringe »Zeitsouveränität«[57] und erlebt sich bei aller notwendigen Aufmerksamkeit auf den richtigen Zeitpunkt ganz in den zyklischen Zeitablauf der Natur eingebunden: »Es gibt eine Zeit, da man das Vieh eintreibt (Gen 29,7), eine der Getreideernte (Jer 50,16) und eine solche des Dreschens (Jer 51,33).«[58] Möglicherweise hatte die Zeit deshalb

---

54 Oeming, Welt, 570.
55 Vgl. Weippert, Welterfahrung, 25f.
56 Gloy, Zeit, 509; vgl. Abb. 6–7.
57 Mathys, Zeit, 521.
58 Mathys, Zeit, 521.

»einen langen Atem« und verlief eintönig;[59] zumindest die Phänomene der Zeitdehnung durch Langeweile und der Zeitraffer durch Zerstreuung scheinen unbekannt gewesen zu sein.

Abb. 7 Die Beziehung zwischen Sonne, Fruchtbarkeit und Schöpfungssymbolik zeigt sich beispielsweise in der Verehrung des Sonnengottes im Lotusnimbus, wie auf dieser gravierten Muschel aus Bethlehem (ca. 7. Jh. v. Chr.).

Eine neuere Darstellung des alttestamentlichen Weltbildes, die auch dem Aspekt der Welterfahrung Raum gibt, stammt von Othmar Keel (*Abb. 8a*). Die Welt ist von Wassern umgeben, die zum einen als lebensspendender Regen Fruchtbarkeit geben, zum anderen als bedrohliche Chaoswasser erlebt werden, hier personifiziert durch die Chaosschlange. Die Welt wird deshalb nicht nur von Gott zu Anbeginn erschaffen, sondern bedarf auch der beständigen Inganghaltung durch Gottes Weisheit, was durch die ausgebreiteten Arme, die die Säulen der Erde halten, und die Torarolle mit Spr 3,19 zum Ausdruck gebracht wird.

---

59 Vgl. Weippert, Welterfahrung, 17.

III. Welterfahrung

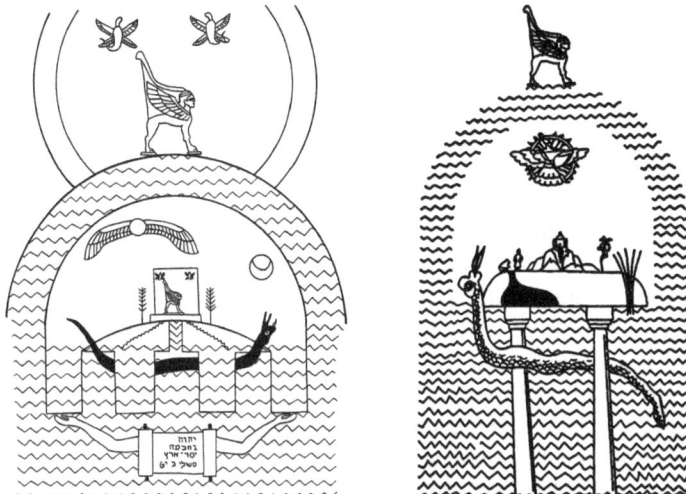

Abb. 8 Die Rekonstruktionen des alttestamentlichen Weltbildes von Othmar Keel (Abb. 8a) und Izak Cornelius (Abb. 8b), die auch der Welterfahrung des altisraelitischen Menschen Raum geben.

Die Bedeutung Gottes und des Tempels wird durch den Kerubenthron und die Serafen in der Mitte der Welt sowie »jenseitig« durch den überhöhten Kerubenthron mit Serafen über den Himmelswassern dargestellt. Die Bedeutung der Fruchtbarkeit und der Tages- und Nachtlichter für die Erfahrung der Welt wird schließlich durch die Baumzweige zu beiden Seiten des Tempels, die geflügelte Sonnenscheibe und den Mond zum Ausdruck gebracht. Auf der Darstellung von Izak Cornelius (*Abb. 8b*) wird zudem der gemeinsamen Lebenswelt des Menschen mit den Landtieren und Vögeln Raum gegeben.[60]

4. Sozial gebundene Welterfahrung

Wie die Welt erfahren wird, ist Ausdruck der Weltbeziehung oder Welthaltung und wirkt prägend auf diese zurück. Die Einstellungen, die der Mensch zum Ganzen der Welt einnimmt, können auch als

---

60 Vgl. de Hulster, Cosmic Geography.

Lebenshaltung verstanden werden. Weil Weltbeziehung und Welthaltung »niemals einfach individuell bestimmt werden, sondern immer sozioökonomisch und soziokulturell vermittelt sind«,[61] muss eine Beschreibung der aneignenden Welterfahrung im alten Israel soziokulturelle und individuelle Aspekte umgreifen. »Sowohl in der leiblichen als auch in der symbolischen Dimension ist die menschliche Weltbeziehung geprägt durch den Umstand, dass Subjekte dazu gezwungen sind, einen *Standpunkt* zu beziehen, von dem her sich ihnen die Welt erschließt oder um den herum sie gleichsam konzentrisch angeordnet ist, und mit diesem Standpunkt beziehen sie zugleich *Stellung*, verorten sie sich in der Welt.«[62]

Die altisraelitische Welterfahrung gründet nicht auf einem von der Natur unabhängigen, autonomen Menschenbild. Der Mensch erfährt sich als *homo mundanus*,[63] als ein welthaftes Lebewesen, das die Welt nicht als zu erzeugende ständig konstruiert, sondern als eine vorgegebene erfährt und stets in sie eingebunden und hineingenommen ist. Die Schriften der Hebräischen Bibel zeigen eine erhöhte Aufmerksamkeit und Sensibilität für die relationale Verfasstheit des Menschen und allen Seins. Dies gilt zuvorderst für die Beziehungen des Menschen zu den Mitmenschen,[64] zu den Tieren[65] und zu Gott.[66] Der Einzelne erfährt sich normalerweise, von Ausnahmefällen wie angefeindeten Menschen abgesehen, zutiefst in eine vor allem verwandtschaftsbasierte Gemeinschaft eingebunden,[67] angefangen bei der Kernfamilie über die Sippe, die Rechtsgemeinschaft im Tor, die dörflich gebundene Festgemeinschaft oder die religiöse Gemeinschaft als Volksidee. Die Bedeutung der Familienbindung zeigt sich in der Einbindung der gesamten Familie in die subsistenzwirtschaftliche Tätigkeit,[68] in dem Prinzip der Leviratsehe und der Auslösung, sei es von Familienmitgliedern aus Schuldhaftung (Lev 25,47–49) oder von verschuldetem Land (Lev 25,25),

---

61 Rosa, Resonanz, 20.
62 Rosa, Resonanz, 123. Hervorhebungen im Original.
63 Zum Begriff Welsch, Homo.
64 Vgl. Dietrich, Sozialanthropologie.
65 Vgl. Janowski/Neumann-Gorsolke/Glessmer, Gefährten.
66 Vgl. Janowski, Konfliktgespräche.
67 Vgl. Kessler, Sozialgeschichte.
68 Vgl. Borowski, Life, 22.

III. Welterfahrung

sowie in dem Prinzip der (außerrechtlichen) Kollektivhaftung bei Vergehen (vgl. Jos 7; 2Sam 21).[69]

Einsamkeit war kein zu erstrebendes Ideal, Beziehungsreichtum höchstes Gut. Gelingende Beziehungen geben Kraft und erleuchten die Augen (Ps 13,4). Der Ausschluss aus gelingenden Sozialbeziehungen, die Verweigerung sozialer Anerkennung und Beziehungsabbruch rauben Kraft und werden als »sozialer Tod« erfahren.[70] Der Tod gilt als Privation, als »Beraubung« von elementaren Kräften, Fähigkeiten und Möglichkeiten und reicht erfahrungsgemäß in das Leben hinein, sei es im Falle des sozialen Todes oder bei Krankheit. Der Tod beschränkt sich »nicht auf einen besonderen, ihm zugewiesenen Raum. Zu seinem Wesen gehört ein ständiges ›Über-die-Ufer-Treten‹, ein Erobern von Räumen, die eigentlich der Lebenswelt angehören«, sodass auch die Bilder für die »Präsenz des ›Todes mitten im Leben‹« allesamt »*Räumen der Lebenswelt*, also aus der dem Beter vertrauten Natur-, Kultur-, Tier- und Pflanzenwelt« entstammen.[71] Auch wenn der Tod als ein »Land ohne Wiederkehr« gilt und einen Beziehungsabbruch zu den Lebenden und zu Gott mit sich bringt (vgl. Ps 88),[72] ist er dennoch in zweifacher Form gemeinschaftsbindend: Der Tote wird »zu den Vätern versammelt«, womit auch im Tod »der Gedanke vom Eintreten in eine Gemeinschaft, der Gemeinschaft mit den Vorfahren zugrunde liegt.«[73] Darüber hinaus bleiben die Toten auch in der kollektiven Erinnerung der Zurückgebliebenen am Leben. Das Totengedenken hat zur Aufgabe, »Gemeinschaft zu konstituieren und Abwesende und Tote an eine soziale Gruppe der Lebenden wie z. B. der Familie zu binden«.[74]

Die Welt wird als sozialmoralisch eingerichtete Weltordnung erfahren und erwartet. Die Welt durchwaltet zwar kein göttliches Prinzip wie in Ägypten die Ma'at,[75] aber (göttlich eingerichtete) Prinzipien wie der Tun-Ergehen-Zusammenhang mit seinen Kategorien von Kausalität und Reziprozität sind in Geltung.[76] Der

---

69 Vgl. Dietrich, Kollektive Schuld.
70 Vgl. Hasenfratz, Lebenden.
71 Janowski, Füße, 20.22 (Hervorhebung im Original); vgl. Barth, Errettung.
72 Dazu Janowski, Toten.
73 Krüger, Weg, 139.
74 Kühn, Totengedenken, 481.
75 Dazu Assmann, Ma'at.
76 Vgl. Freuling, Grube.

König und in späteren Vorstellungen der Mensch haben die Aufgabe, Gerechtigkeit im Land herzustellen. Der König hält auf diese Weise auch die kosmische Ordnung in Gang und gewährleistet die Fruchtbarkeit des Landes (Ps 72), so wie auch das moralische und religiöse Verhalten des Menschen Auswirkungen auf die Natur hat (Hos 4,1–3). Wie auch immer die Durchsetzung des Tun-Ergehen-Zusammenhangs im Einzelfall konkret zu verstehen ist, ob durch naturhafte, soziale oder göttliche Wirkmechanismen, seine Geltung sowie die Gesamtheit der sozialen Erwartungen, kulturellen Standards und religiösen Vorgaben im alten Israel bedeuten: »Die Maßstäbe des richtigen oder gelingenden Lebens sind *in der Welt* angelegt und vorgegeben«.[77] Sie weisen auf eine Wirklichkeitsvorstellung, die Gegebenheiten und Ereignisse im natürlichen und sozialen Raum als einen Wirkzusammenhang erfasst, der »das Andringen der Umwelt auf den Menschen als einen Anruf, aber auch als eine Antwort auf sein Verhalten zu verstehen vermochte«.[78] Aufgabe des Menschen ist es, diese Zusammenhänge in aller »Diesseitigkeit« zu verstehen und sich nach ihnen einzurichten. Deshalb ist es ein Ausdruck von sowohl Welterfahrung als auch Welterwartung, wenn die Weisheit als ein Lebensbaum bezeichnet wird (Spr 3,18) und dem Menschen Lebensglück bei Befolgung verspricht (Spr 3,13).

Formen des sozialen Umgangs richten sich vielfach nach den Vorstellungen von Ehre und Schande.[79] Der Einzelne verfügt zwar über einen gewissen Spielraum an Individualität[80] und autonomer Entscheidungsfindung,[81] doch ist er zumeist heteronom in eine Welt voller Vorgaben hineingestellt, die in den Texten der Hebräischen Bibel oft durch die Gottesidee begründet werden.[82] Sie fordern unter den Begriffen »Wahrhaftigkeit« ($^{\text{ae}}mûnāh/^{\text{ae}}mæt$), »Gemeinschaftstreue« ($ḥæsæd$) und »Gerechtigkeit« ($ṣ^{e}dāqāh/ṣædæq$) vor allem eine Haltung der gegenseitigen Solidarität, wie dies im außerfamiliären Bereich im Prinzip der »Bruderliebe«, der Freundschaft, der Fremden- und Feindesliebe oder der Gastfreundschaft zum

---

77 Rosa, Resonanz, 243. Hervorhebung im Original.
78 von Rad, Weisheit, 83.
79 Vgl. Dietrich, Ehre.
80 Vgl. Dietrich, Individualität.
81 Vgl. Dietrich, Liberty.
82 Vgl. Barton, Ethics, 137–144.

III. Welterfahrung

Ausdruck kommt. Diese Prinzipien zeigen eine im Kern aktive und weltbejahende Haltung. Sie wird in der Unheilsprophetie sowie in der kritischen Weisheit problematisiert, indem Welterfahrung zur »Differenzerfahrung zwischen Lebenserwartung und Lebenserfolg« wird,[83] ohne jedoch in eine verneinende Welthaltung umzuschlagen. Letzteres geschieht erst in der Apokalyptik mit ihrer Auffassung von einer Verfallsgeschichte in aufeinanderfolgenden Weltzeitaltern. Die von Gott erschaffene und bewahrte Welt wird als eine im Prinzip stützende, tragende und positiv wirksame erfahren: Gott schafft eine Welt, die kein lebloses oder grundsätzlich feindliches Gegenüber bildet, sondern zu der der Israelit in lebendiger und antwortender Beziehung steht. Ausdruck dafür ist ein »durch und durch den Gaben der Welt zugewendetes Gebet«[84] sowie der Segen, der Fruchtbarkeit und Lebensfülle verleiht und von Gott geschenkt wird.[85] Beide veranschaulichen die anzustrebenden Werthaltungen und Lebensziele: Eine gelingende Gottesbeziehung (»Gottesfurcht«) und ein Leben, das den Tag in seiner Fülle ergreift (vgl. das *carpe diem*-Motiv in Koh 9,1–7) und den Einzelnen im Kreis seiner Familie und zahlreicher Nachkommen alt und lebenssatt sterben lässt (vgl. Gen 25,8; 35,29; Hi 42,17).

Max Weber diagnostiziert unter dem Begriff *Entzauberung der Welt*[86] für die Moderne eine neue Form der Welterfahrung, die in allen Bereichen der Wirklichkeit durch Intellektualisierung und Rationalisierung eine »Weltreichweitenvergrößerung«[87] durchzusetzen bestrebt ist, welche »die Welt berechenbar und beherrschbar, verstehbar, kalkulierbar und damit *verfügbar* zu machen versucht«.[88] Diese Entzauberung ist in Ansätzen schon in der Hebräischen Bibel angelegt und Teil der altisraelitischen Welterfahrung. Einerseits zeigt sich eine gewisse »Entzauberung der Welt« darin, dass der Welt in der Hebräischen Bibel vielfach – allerdings nicht allerorten (vgl. etwa Gen 4,11; Num 16,30–33) – kein mythischer Charakter mehr zugesprochen wird (vgl. etwa die Entmythisierung der Urflut und der

---

83 Luck, Welterfahrung, 35.
84 Zimmerli, Weltlichkeit, 16.
85 Vgl. Leuenberger, Segen.
86 Weber, Wissenschaft, 87.100.109.
87 Rosa, Resonanz, 550.
88 Rosa, Resonanz, 549. Hervorhebung im Original.

Gestirne in Gen 1,2.16) und der aufkommende Monotheismus eine Trennlinie zwischen Gott und Welt mit sich bringt.[89] Anders jedoch als der »Geist«, den Max Weber dem modernen Protestantismus diagnostiziert, erscheint dem »alttestamentliche[n] Rationalismus«[90] weder die Welt als solche, die dem Menschen nichts Dauerhaftes über den Tod hinaus mitgeben kann (Hi 1,21), noch der Mensch selbst als asketisch, leib- und genussfeindlich oder als solipsistisch in der Form, dass es ihm an sozialen Tiefendimensionen mangeln würde. Ganz im Gegenteil, die Beziehungshaftigkeit und die Angst vor Beziehungsverlust und sozialem Tod treten in zahlreichen Texten in Erscheinung.

5. Analogistische Welterfahrung

Im alten Israel wie in den Schriften der Hebräischen Bibel wird die Welt nicht primär durch systematisierendes, rational-reflektierendes Denken erfahren, sondern durch lebenspraktische Teilhabe an der Welt. Für deren denkerische, allumfassende und relationale Form ist zu einem gewissen Grad eine analogistische Schematisierung der Erfahrung typisch. Unter einem kollektiven Schema sind die von einer Gruppe oder Gesellschaft geteilten kulturellen Dispositionen zu verstehen, »die dank der in einem gegebenen sozialen Milieu erworbenen Erfahrung verinnerlicht sind und die Ausübung von mindestens drei Arten von Kompetenz ermöglichen: zunächst auf selektive Weise den Fluß der Wahrnehmung zu strukturieren, wobei bestimmten, in der Umwelt beobachtbaren Merkmalen und Prozessen ein signifikanter Vorrang eingeräumt wird; sodann sowohl die praktische Tätigkeit als auch den Ausdruck des Denkens und der Gefühle gemäß relativ standardisierten Szenarien zu organisieren; schließlich typische Interpretationen von Verhaltensweisen oder Ereignissen zu liefern, Interpretationen, die innerhalb der Gemeinschaft, in der die von ihnen wiedergegebenen Lebensgewohnheiten als normal angesehen werden, zulässig und mittelbar sind.«[91] Analogistisch wird die Integration der Erfahrung in ein Schema dann, wenn die Dinge und Wesen der Welt zwar verschieden, aber in einem

---

89 Vgl. Schmid, Genealogien, 84.94f.
90 Weber, Ethik, 336.
91 Descola, Natur, 163.

III. Welterfahrung

Netz von Bedeutungen miteinander verknüpft sind, das die Form einer »Kette des Seins«[92] oder eines Rhizoms annehmen kann.[93]

Anders als animistische, totemistische oder naturalistische Kollektive verfügen analogistische Kollektive über die Welt als den einen gemeinsamen und umfassenden Erfahrungshintergrund, der die Integration der Erfahrung in Form der Verknüpfung aller Dinge ermöglicht. Welterfahrung besteht nach diesem Schema in der Schwierigkeit, die mannigfaltigen Erfahrungen mit den zahlreichen Entitäten zu vereinen. Symbolisch kann dies auf verschiedene, idealtypisch zu unterscheidende, aber miteinander verbundene Weise zum Ausdruck kommen, wobei die Klassifikationen nicht nur ontologisch, sondern auch funktional sein können: in unterscheidenden Klassifikationsmustern von Entitäten und ihren Relationen, seien diese Klassifikationsmuster nun im Wesentlichen gleichrangig strukturiert (z. B. die Unterscheidung zwischen Himmels-, Land- und Wassertieren oder zwischen rein und unrein), oder hierarchisch im räumlichen (z. B. die dreifache Untergliederung des Jerusalemer Tempels in Vorhof, Heiliges und Allerheiligstes), zeitlichen (z. B. die Genealogien der Genesis oder die Abfolge der Weltreiche in der Apokalyptik) oder sozialen Sinne aufgebaut (z. B. die Herrschaft des Menschen über die Tiere).

Neben diesen Klassifikationsprinzipien, die zur Aufgabe haben, die mannigfaltigen Erfahrungen mit den unterschiedlichen Entitäten zu strukturieren, müssen die singulären Erfahrungen unter einem einheitlichen Prinzip als »Welterfahrung« zusammengebunden werden. »Welt« ist dabei eine »regulative Idee« (Kant), die nicht nur wie die Klassifikationsmuster Erfahrungen strukturiert, zusammenbindet und hierarchisiert, sondern sie unter einem umfassenden Prinzip vereinheitlicht. Im Alten Orient kommt dieses Prinzip zum einen in der Vorstellung von einem göttlichen Pantheon zum Ausdruck,[94] welches das Netz der Beziehungen in der Welt spiegelt und so auf höherer Ebene zusammenbindet, zum anderen in Form des Kosmozentrismus und Kosmotheismus,[95] der die mannigfaltigen Erfahrungen mit den Entitäten der Welt auf das Prinzip des Einen hin vereinheitlichen kann. Im alten Israel ist eine Entwicklung vom

---

92 Descola, Natur, 301–344.
93 So für Mesopotamien Van De Mieroop, Philosophy, bes. 219–224.
94 Vgl. Descola, Natur, 404.
95 Zum Begriff Assmann, Monotheismus und Kosmotheismus.

Polytheismus zu Monolatrie und Monotheismus festzustellen, die beide das Netz der Beziehungen auf das Prinzip des einen Gottes hin fokussieren und die Mannigfaltigkeit der Erscheinungen im gegenüber zu dem einen Schöpfergott als Schöpfung vereinheitlichen.

Religiöse Rituale haben dabei unter anderem auch die Funktion, »die Integration der Erfahrung in dauerhafte Schemata«[96] zu gewährleisten und auf das vereinheitlichende Prinzip zu beziehen. Das ägyptische Ritual von der Darbringung der Ma'at hat zur Aufgabe, die Welt mit in Gang zu halten. Reinigungs- und Löserituale (sogenannte *namburbis*) werden im antiken Mesopotamien in eine gerechte Weltordnung insgesamt eingestellt, indem sie vor dem Sonnengott als Rechtsritual ausgeführt werden. Imitative Magie hat nicht nur im gesamten Alten Orient, sondern auch im antiken Israel die Funktion, erwünschte Resultate in einem bestimmten Bereich durch ähnliche Handlungen in einem anderen, aber zugeordneten Bereich sicherzustellen.[97] Opfer und Rituale sichern Beziehungen zu Göttern und Menschen sowie Grenzen vor und nach Grenzübertretungen. Sie strukturieren Raum und Zeit und sind Ausdruck dafür, dass sich das ansonsten mannigfaltige Leben auf die Götterwelt bezieht. Der Tun-Ergehen-Zusammenhang und das Erfahrungswissen der Weltweisheit sehen eine analoge Ordnung in den natürlichen und sozialen Dingen am Werk, um »analoge Dinge in weltentfernten Bereichen nun doch in einem Punkt nebeneinander zu ordnen.«[98]

6. Ästhetische Welterfahrung

Ästhetische Erfahrung ist eine Form der Welterfahrung, insofern sie »Welt entdecken, Weltsichten öffnen, Welt erschließen kann.«[99] Kunst »bezeichnet eine Beziehungsform« und Form der Welterfahrung, indem sie »die Möglichkeit einer Art des In-der-Welt-Seins, in der Subjekt und Welt einander antworten«, erstellt.[100] Ein Wesenszug der ästhetischen Erfahrung besteht darin, »dass sie einem die Augen für ungewohnte Aspekte der Welt aufzuschlagen

---

96 Descola, Natur, 170.
97 Vgl. Rogerson, World-View, 64f.
98 von Rad, Natur- und Welterkenntnis, 129.
99 Welsch, Welterfahrung, 11.
100 Rosa, Resonanz, 482.

III. Welterfahrung 89

vermag«,[101] dass sie ungewohnte oder unbekannte Welterfahrung eröffnet, neue Welterfahrung prägt oder gegebene umbildet und zu einer tieferen Welterfahrung beizutragen vermag.[102] Ausdruck einer tieferen und in sich stimmigen Welterfahrung bieten beispielsweise nicht nur die altorientalischen Palast- und Tempelgärten, sondern auch die Vorstellungen vom Jerusalemer Tempel sowie die beiden Schöpfungspsalmen Ps 8 und Ps 104, während der poetische Dialogteil des Buches Hiob Ausdruck einer tiefen, aber gestörten Welterfahrung ist. Medien der Welterfahrung können dabei auch somatische Aspekte sein wie das murmelhafte Rezitieren von Bekenntnissen als Form der weltzugewandten, aber auch innerlich aufmerksamen Weltversenkung (vgl. etwa Dtn 6,7) oder Musik, Lob und Klage, die jeweils eine Grundstimmung des Weltverhältnisses zum Ausdruck bringen (vgl. etwa 2Sam 6,5.14f).

Tanz und Musik haben die Aufgabe, den Menschen bei alltäglichen Arbeiten, Krankheiten und Trauerfeiern mental zu unterstützen und bei Festgelegenheiten sowie zu prophetisch-ekstatischen Anlässen in die jeweils passende Stimmung zu versetzen.[103] Bilder sind nicht perspektivisch wie in Griechenland, sondern eher additiv und aspektivisch wie in Ägypten gemalt[104] und bringen eine Erfahrung zum Ausdruck, die die Welt, obwohl durch das Prinzip der konstellativen Einheit verbunden,[105] als Kompositum, als differenzierte, gegliederte und aus Einzelteilen bestehende Ganzheit betrachtet, bei der »die Würdigung der Teile, also der einzelnen ›Aspekte‹, den Vorrang hat vor dem die Perspektive kennzeichnenden Überblick des Ganzen.«[106]

7. Religiöse Welterfahrung

Die Welt liegt dem Menschen des alten Israel nicht objektiv gegenüber, sondern tritt ihm entgegen und bildet seinen Erfahrungsraum auf eine Weise, bei der die Welt über sich selbst hinausweist und für

---

101 Welsch, Welterfahrung, 14.
102 Vgl. Welsch, Welterfahrung, 18.
103 Vgl. Borowski, Life, 90–92.
104 Vgl. Brunner-Traut, Frühformen; Schroer/Staubli, Körpersymbolik, 24–26.
105 Vgl. Assmann, Konstellative Anthropologie; Janowski, Anerkennung.
106 Brunner-Traut, Frühformen, 11.

religiöse Dimensionen offen ist. Das alttestamentliche Weltbild speist sich aus einer Welterfahrung, die dem Weltbild vorausliegt (»Primat der menschlichen Wahrnehmung«).[107] Der Welt wohnen symbolische Bedeutungen inne, sodass für die altisraelitische Welterfahrung eine ständige »Osmose« zwischen Realem und Symbolischem typisch ist: »Es findet eine ständige Osmose zwischen Tatsächlichem und Symbolischem, und umgekehrt auch zwischen Symbolischem und Tatsächlichem statt. Diese Offenheit der alltäglichen, irdischen Welt auf die Sphären göttlich-intensiven Lebens und bodenloser, vernichtender Verlorenheit hin ist wohl der Hauptunterschied zu unserer Vorstellung der Welt als eines praktisch geschlossenen mechanischen Systems.«[108] Zu dieser Osmose gehört auch die Korrelation von Konkretem und Abstraktem: Bei Fragen des Weltbildes und der Welterfahrung werden zumeist Begriffe und Vorstellungen verwendet, »die an sich konkret sind, aber oft etwas weit über ihre konkrete Bedeutung Hinausreichendes meinen.«[109]

In Israel bedeuten Monolatrie und später Monotheismus, dass die Welt vom Prinzip des Einen her, das heißt von der Idee des einen Gottes her, gedacht und als Ganzes erfahren werden kann. Auch wenn ein Begriff für »Welt« fehlt, ermöglichen es die Begriffe für Gott, vor allem der Majestätsplural Elohim (»Gott«) und der Eigenname »Jhwh«, zusammen mit ihren dahinterstehenden monolatrischen bzw. monotheistischen Konzeptionen, die eine Welt auf den einen Gott zu beziehen. Die Entmythisierung und »Entgötterung der Welt«[110] zeigen, »wie die ganze Welt nach Gott hin offen ist«,[111] und ebenso sind es die gesamte Welt, Natur und Lebewesen, die Gott lobpreisen (Ps 148; Jes 42,10-12). Die Gesamtheit allen Daseins antwortet ihrem Schöpfer im Lobpreis: Indem Mensch und Welt auf Gott hin und zum Lobpreis Gottes geschaffen sind, drückt sich darin die Erfahrung aus, dass auch die Welt nicht als stumme, sondern als eine lebendige und antwortende Welt erfahren wird.[112] Die Welt singt, und sie kann dies in ihrer Gesamtheit deshalb, weil sie einem

---

107 Janowski, Kreis, 2.
108 Keel, Welt, 47.
109 Keel, Welt, 8.
110 von Rad, Theologie des Alten Testaments 2, 351.
111 von Rad, Theologie des Alten Testaments 1, 358.
112 Vgl. Rosa, Resonanz, 435-453.

III. Welterfahrung

Gegenüber singt, das die Mannigfaltigkeit des Daseins auf sich hin bezogen sein lässt: »die Welt hat eine Aussage über Gott, sie rühmt ihn. [...] Wo erscheint die Welt im Alten Testament noch einmal so als Einheit verstanden wie im Lobpreis, der von ihr ausgeht?«[113] Entsprechend rufen die Serafen im Allerheiligsten des Tempels: »Die Fülle der ganzen Erde ist seine Herrlichkeit« (Jes 6,3b).[114]

Das Bilderverbot bedeutet in letzter Konsequenz gegenüber den Umweltkulturen Israels und deren Form des Kosmotheismus »den Ausdruck eines zutiefst unterschiedenen Weltverständnisses«,[115] indem Gott keine Erscheinungsform der Welt ist, sondern der Welt die Welt durchwaltend gegenübertritt, sei es im Lobpreis der ganzen Erde, in der Idee von der Schöpfung oder in der Geschichte. Die monotheistische Gottesidee ermöglicht es, die kulturelle Leitdifferenz zwischen Kosmos und Chaos durch diejenige von Gott und Welt abzulösen.[116] Mit der Idee von der Welt als Schöpfungswelt Gottes war Israel zwar nicht in der Lage, »eine Größe zu konzipieren, der sich der Mensch gegenübergestellt sieht«[117] – und zwar deshalb, weil sich der Mensch als *homo mundanus* ganz in die Welt hineingestellt sieht –, aber doch in der Lage, das Ganze der Welt mithilfe des Gottesgedankens zu erfassen. Der Gottesgedanke dient als »Katalysator des Denkens«, um die Welt in ihrer Gesamtheit erfassen zu können.

Welterfahrung ist in der Hebräischen Bibel und im Alten Orient oftmals auf ein Zentrum bezogen und Welt nicht als zentrumslose Gesamtheit erfahr- und begreifbar: Zentrifugale Welterfahrung bedeutet, dass die Erfahrbarkeit und Sichtbarkeit der Nähe eines Tempels als Nabel der Welt eine Form der Orientierung bietet, die den Horizont auf die gesamte Schöpfungswelt einschließlich ihrer religiösen Hintergrundwirklichkeit öffnet. Selbst in solchen Schöpfungstexten, in denen kein kulturelles oder natürliches Zentrum erscheint, übernimmt das Gottesbild die zentrifugale Achse zur Erfahrung des Weltganzen, beispielsweise indem zentrifugale Erfahrungsnähe des Weltganzen nun nicht mehr architektonisch (wie beim Tempel) oder geographisch (wie beim Urhügel oder Gottesberg), sondern allein

---

113 von Rad, Aspekte, 61f.
114 Vgl. von Rad, Aspekte, 72.
115 von Rad, Theologie des Alten Testaments 1, 216.
116 Vgl. Stolz, Weltbilder, 139–161.
117 von Rad, Theologie des Alten Testaments 1, 156.

relational durch die Leben und Nähe spendende Kraft von Gottes Antlitz und Lebensodem ausgedrückt wird (Ps 104). »So wird Jahwe für den Israeliten geradezu zu dem, was man heute gern als schöpferische Naturkraft bezeichnet.«[118] Das der Atmung und Bewegung fähige Leben der Menschen und Tiere, nicht jedoch das vegetative der Pflanzen, gilt als »eine besondere Gabe und Kraft Gottes«.[119]

8. Schöpfungsgemäße Welterfahrung

Ein Ausdruck dafür, dass sich der altisraelitische Mensch auf das Ganze der Welt beziehen kann, findet sich klassischerweise in den beiden Weltschöpfungsmythen am Anfang der Genesis. Diese spiegeln »die *Tiefendimension* der *gegenwärtigen* Erfahrungswelt, wie sie *seit jeher* ist«,[120] und verstehen die Welt vor allem aus einer handwerklichen (Gen 1) und gärtnerisch-ackerbäuerlichen Perspektive (Gen 2f). Sie zeigen, dass die alttestamentliche Welterfahrung von Gotteserfahrung geprägt ist. Die Welt wird als Werk Gottes erfahren, das der Mensch in königlicher Stellung zu verwalten hat (Gen 1), oder als Ackergarten, den der Mensch in schwerer bäuerlicher Arbeit zu bestellen hat (Gen 2f).

Abb. 9 Auf diesem neuassyrischen Rollsiegel (9.–7. Jh. v.Chr) präsentiert ein Mensch/ein königlicher Held seine Herrschaft über die Erde durch den aufgestemmten Fuß auf dem Capriden und die gleichzeitige Abwehr des Löwen.

---

118 Schunck, Auffassung, 405.
119 Schunck, Auffassung, 406.
120 Steck, Welt, 107. Hervorhebungen im Original.

Nach dem priesterschriftlichen Schöpfungsbericht (Gen 1,1–2,4a) werden Zeit und Raum als dem Menschen vorgegebene Größen erschaffen (Gen 1,3–10.14–18). Pflanzen und Landtiere emergieren zwar aus der Erde, während der Mensch von Gott als dessen (königliches) Abbild geschaffen wird und den Herrschaftsauftrag erhält, doch erhält der Mensch ebenso wie die Vögel und die Wassertiere den Vermehrungsauftrag sowie den Segen und wird zusammen mit den Landtieren am sechsten Tag erschaffen (Gen 1,11–13.20–31). Die erschaffenen Dinge und die Lebewesen bestehen nicht einfach für sich, sondern sind funktional, in Relationen erschaffen und nur relational in ihren Bedeutungen und Funktionen sinnvoll erfahrbar, sodass die Welt als »Wirkgefüge« erscheint[121] und die Einzeldinge in Wirkzusammenhängen auftreten: Sonne und Mond sind nicht einfach da, sondern dienen der Scheidung der Zeit, die Vegetation dient zur Nahrung, Mensch und Tier sollen sich vermehren und der Sabbat erhält als Ruhetag Segen und Bedeutung. Zusätzlich wird der Mensch mit einem stellvertretenden Herrschaftsauftrag ausgestattet, der die soziale und ökonomische Welterfahrung der altisraelitischen Menschen demokratisiert: Als lebendige Statue Gottes erschaffen[122] erhält der Mensch die ursprünglich königliche Aufgabe, über die Welt in Recht und Gerechtigkeit zu herrschen und über die Tiere wie ein Hirte verantwortlich zu verfügen (*Abb. 9*).

Damit zeigt der erste Schöpfungsbericht eine »intentionalistische Weltbeziehung«,[123] die eine wirksame Verwaltung und Herrschaft der Welt als Weltaufgabe und Weltaneignung des Menschen begreift. Die primordiale Welt wird als »sehr gut« (*ṭôb meʾod*), das heißt als wohlgeordnet und lebensförderlich begriffen (Gen 1,31), was auf ein »*statisch-qualitative[s] Elementarverständnis von Welt*« verweist.[124] Erst der realen Welt mangelt es an dieser Qualifizierung – sie erscheint zwar nicht als in sich »böse«, wird aber aufgrund vorherrschender Gewalttat (*ḥāmās*) als »verderbt« (*šāḥat*) erfahren (Gen 6,11–13). Das Gute der ursprünglichen Schöpfung besteht aller-

---

121 Zum Begriff vgl. Welsch, Homo, 886f.
122 Vgl. Janowski, Statue.
123 Zum Begriff vgl. Rosa, Resonanz, 211f.
124 Steck, Welt, 85. Hervorhebung im Original.

dings mit der Einrichtung des Kultes auch in der gegenwärtigen Welt unter der Kategorie des Heiligen fort.[125]

Im nicht-priesterschriftlichen Schöpfungsbericht (Gen 2,4b–3,22) wird der Mensch ('ādām) zwar als erstes der Schöpfung mit dem Odem Gottes belebt, doch als Gärtner des Gottesgartens aus dem Staub des Erdbodens (ᵃdāmāh) gebildet, in den er mit dem Tod zurückkehrt. Im Unterschied zum Tier verfügt der Mensch zwar über gottgleiche Erkenntnisfähigkeit, doch ist ihm diese nicht im Sinne eines Rationalismus von außen (»überirdisch«) gegeben, sondern sie emergiert innerweltlich (»evolutionär«) aus dem Leben des Menschen im Gottesgarten. Die Tiere sind zwar erst nach dem Menschen erschaffen, verfügen auch nicht über den göttlichen Odem und sind ihm auch nicht partnerschaftlich gleich, aber eine relativ enge Beziehung und »ein erster Akt der Ordnung von Welt in der Sprache des Menschen«[126] kommt dennoch in der Namensgebung der Tiere zum Ausdruck (Gen 2,19f).

Die gegenwärtige Welt wird nicht wie im priesterschriftlichen Weltverständnis als verderbt qualifiziert, aber dafür wird die Verderbtheit anthropologisiert und dem bösen Herzen des Menschen als dessen Denkorgan und Handlungszentrum zugesprochen (Gen 6,5; Gen 8,21).[127] Schwere körperliche Arbeit als Ackerbauer, Bedeutung von und Schwierigkeiten bei Nachkommenschaft und Geburt, Angewiesenheit und Ungleichheit der Geschlechter, Feindschaft zu den Wildtieren, die leibliche Angewiesenheit auf schützende Kleidung und die Notwendigkeit des Sterbens bei gleichzeitiger Erkenntnisfähigkeit sind die grundlegenden, aus Sicht des Textes alle Menschen prägenden Ambivalenzen der Welterfahrung (Gen 3,15–24). Was der Autor hier »wahrnimmt und in urgeschichtlicher Darstellung erfaßt, ist die ganze Gebrochenheit, Minderung, Einbuße, die Leben und Welterfahrung der Menschen prägen«.[128]

Auch in den beiden Schöpfungspsalmen Ps 8 und Ps 104 kommt der allumfassende, diesseitige Weltbezug des Menschen in dessen Welthaftigkeit zum Ausdruck: In Ps 8 bedenkt der Mensch seine eigene Größe und Kleinheit angesichts einer Welt, auf die Gott seinen

---

125 Vgl. Schmid, Genealogien, 91.
126 Zimmerli, Weltlichkeit, 48.
127 Vgl. Schmid, Genealogien, 96f.
128 Steck, Welt, 58.

III. Welterfahrung 95

Namen und seine Pracht gelegt hat. In Ps 104 wird der Welterfahrung Ausdruck gegeben, dass die Welt von Mensch und Tier in ihren je unterschiedlichen ökologischen Nischen bevölkert wird und allesamt auf göttliche Nähe und gottgegebene Speise sowie gottgegebenen Lebensodem angewiesen sind. So wird die von Gott geschaffene und getragene Welt in einer typisch alttestamentlichen Form der Diesseitsorientierung bejaht und »sind Mensch und Natur in der *Einheit* dieses vorgegebenen Geschehens zusammengeschlossen, das *als solches* schon *Sinn- und Wertqualität* für alles Lebendige hat!«[129]

9. Geschichtliche Welterfahrung

Im alten Israel, ebenso wie im alten Orient überhaupt, gibt es noch nicht »die« Geschichte, die dem Menschen als Größe sui generis gegenübertreten kann. Stattdessen gibt es »Geschichten« im Plural, die den Menschen und seine Welterfahrung prägen.[130] Eine Form der Welterfahrung ist deshalb das Erfahren von Geschichten und Geschehnissen, seien diese nun zyklisch wie Zeiten und Jahresfeste oder linear nach historischen Ereignissen strukturiert. Allerdings ist eine Vorform des Begreifens von Geschichte als Größe sui generis im alten Israel in der Idee des in der Geschichte sich erweisenden einen Gottes sowie im Prozess der Kanonisierung gegeben, denn hier wird Welterfahrung auf Geschichtsereignisse fokussiert, die einen identitätsstiftenden Raum einnehmen und in einem großen Zusammenhang als die »eine« Geschichte Israels sichtbar werden. Das Leben des Einzelnen und der Welthorizont, in den sich der Einzelne gestellt sieht, sind damit eingebettet in die großen, kanonisierten Erzählungen über die Entstehung und Geschicke des Volkes Israel und die Geschichte seiner Gottesbeziehung. Geschichte im Singular zu denken wird erleichtert, vielleicht gar ermöglicht, durch »die sich durchhaltende Eindeutigkeit der Beziehung Jahwes zur Geschichte Israels [...] durch alle ihre Phasen hindurch«.[131] Diese Entwicklung erreicht mit der Apokalyptik und der Einteilung der Geschichte in Weltzeitalter, sowie mit der Geschichtsschreibung, wie sie sich im ersten Buch der Makkabäer findet, ihren Höhepunkt.

---

129 Steck, Welt, 68. Hervorhebungen im Original.
130 Zum Unterschied der Begriffe Kosellek, Sinn, 9–51.
131 Zimmerli, Weltlichkeit, 14.

10. Welterfahrung und Katastrophenerfahrung

Die Welt ist »eine bedrohte Welt«,[132] und die Geschichte Israels durch katastrophale Ereignisse bestimmt, die sich entsprechend in der altisraelitischen Welterfahrung niederschlagen. Die Welt wird nur zum Teil als harmonischer Kosmos erfahren (z. B. Ps 19; 104). Zwar verweist das Motiv vom Chaoskampf scheinbar auf die Vergangenheit (z. B. Hi 26,12f; Ps 74,13f; 89,10f; 104,7), doch bedarf es immer noch der andauernden Grenzziehung gegen chaotische Mächte und kontingente Ereignisse, denn mythische und geschichtliche Formen des Chaos müssen von Gott in ihrer Macht immer wieder aufs Neue begrenzt werden (z. B. Hi 26; 40,15–32; Ps 2; 46; 65,8). Im Rahmen von Monolatrie und Monotheismus kann dann auch Gott selbst als Chaosmacht erfahren werden, der die Erde bedroht (z. B. Am 9,5f; Jes 45,7; Hi 9,5–7; Ps 104,32) und Israels Geschick in der Geschichte beschließt (z. B. Klagelieder). Obwohl Israel über frühe Formen des Abmessens, Wiegens und Zählens verfügt, weisen individuelle wie kollektive Katastrophenerfahrungen darauf hin, dass der Mensch die Welt zwar als göttlich wohlgeordnet, aber auch als menschlich unkontrollierbar und undurchschaubar erfährt, weil das Ganze der Welt gerade nicht abgemessen, gewogen und gezählt werden kann (Hi 38f).

Regenfeldbau und Herdenzucht erfordern eine sich anpassende Haltung zur Natur und eine dementsprechende enttäuschungsfeste Weltsicht mit relativ hoher Frustrationstoleranz. Dies umso mehr, als es gilt, sich auf herausfordernde Ereignisse wie das Ausbleiben des Regens mit Dürre und Hungerkatastrophen, auf Erdbeben, Überflutungen, Heuschreckenschwärme und andere Naturkatastrophen einzustellen. Die Menschen im alten Israel waren »diesem labilen Charakter seiner Lebenswelt unbeschönigt ausgesetzt« und verfügten über »elementares Wissen um Angewiesensein und Abhängigkeit im Blick auf die natürlichen Lebensbedingungen, Wahrnehmung und Bewältigung des Lebensrisikos in der natürlichen Umwelt, Sensibilität für das Unvorhersehbare, nicht Verfügbare«.[133] Eine hohe Kindersterblichkeit und eine gegenüber heutiger Zeit deutlich geringere Lebenserwartung gehörten zu den Unwägbarkeiten des

---

132 von Rad, Theologie des Alten Testaments 1, 156.
133 Steck, Welt, 52f.

III. Welterfahrung

Lebens. Krankheiten wurden als Schlaffheit und Schwäche erfahren. »Gesundheit wäre also Straffheit, Kraft. Man sieht, ein Begriff rein aus den Erfordernissen des praktischen, täglichen Lebens gezogen«.[134]

Die Schriften des Alten Testaments spiegeln eine Welterfahrung, die Katastrophen auf sinnvolle Weise verarbeiten und in das vorgegebene Weltbild integrieren kann. Kontingenz wird in Sinn verwandelt mit Hilfe beziehungsgesättigter, personalisierter Welterfahrungen und auf personale Ursachen wie die Sünden von Menschen und entsprechende Folgen wie den Zorn Gottes zurückgeführt. Indem komplexe katastrophale Ereignisse auf personal vorgestellte Ursachen und Folgen reduziert werden, werden sie als verständliche erfahrbar und leichter in ein kohärentes Weltbild integriert.[135] Das gilt auch für kollektive Katastrophen: Mit der Weiterentwicklung der altisraelitischen Monolatrie zum Monotheismus antworten Gruppen im antiken Israel auf die kollektive Katastrophe des babylonischen Exils und können auf diese Weise ihre eigene Identität auch angesichts von Katastrophenerfahrungen wahren.

Monolatrie und Monotheismus entwickeln sich im Laufe der Zeit und mit der Kanonisierung zu einer Buchreligion, die die geschichtlichen Welterfahrungen Israels bindet. Diese Buchreligion gestaltet die Welterfahrung im alten Israel in Zeiten grundlegender Widerfahrnisse insofern neu, als »die Bucherfahrung in Rivalität zur Welterfahrung« tritt.[136] Auf diese Weise kann die Bibel als »das Buch der Bewältigung menschlicher Welterfahrung« gelten,[137] das »im Angesicht der Wirklichkeit Lebenserwartung und Welterfahrung zusammenbindet«,[138] indem es die Welt mit ihren Kontingenzen und Differenzerfahrungen in Hinsicht auf bezeugtes Gott- und Weltvertrauen einsichtig und »lesbar« macht. Nach dem Landverlust und mit der Entstehung von Diasporagemeinden bleiben Hoffnung und Fokussierung auf die Heimat Israel bestehen und werden mit Hilfe der Tora als »portatives Vaterland« (Heinrich Heine) am Leben erhalten.

---

134 Köhler, Mensch, 34.
135 Vgl. Dietrich, Katastrophen.
136 Blumenberg, Lesbarkeit, 11.
137 Luck, Welterfahrung, 6.
138 Luck, Welterfahrung, 29.

Der taxonomische Denkstil

IV. Listenweisheit im Buch Levitikus

Überlegungen zu den Taxonomien der Priesterschrift[1]

1. Denken, Weisheit und Listenwissenschaft

Nach landläufiger Ansicht konnten die Griechen abstrahieren und die Hebräer ganzheitlich denken. Die Griechen seien Augenmenschen[2] – ihr Denken ist ein sehendes Denken, denn sie konnten mit ihren eigenen Augen sehen und den Dingen mit Hilfe ihres analytischen, logischen und empirischen Denkens auf den Grund gehen. Damit legten sie die Grundlage für das philosophische und wissenschaftliche Denken, zu dem die Hebräer, wie auch die Ägypter und die Mesopotamier, noch nicht fähig waren. Die Hebräer dagegen seien Ohrenmenschen – ihr Denken ist ein hörendes Denken,[3] denn die Hebräer hörten auf die Traditionen und die Worte Gottes und haben die Dinge der Welt mit Hilfe ihres als »synthetisch«, »stereometrisch« oder »ganzheitlich« zu bezeichnenden Denkens zu einer umfassenden Einheit verbunden. Das sind klassische ideen- und wissenschaftsgeschichtliche Standortbestimmungen, die sich leider nicht nur durch die alttestamentliche Forschung ziehen. In der neuesten alttestamentlichen Forschung wird stattdessen gerne der umgekehrte Weg beschritten und hervorgehoben, dass das Sehen sehr wohl eine entscheidende epistemologische Rolle in den alttestamentlichen Texten spielt.[4] Doch hinsichtlich des hörenden

---

1 Hermann Spieckermann, dem Erforscher der Psalmen und der Weisheit, dem ich die Aufgabe verdanke, einen Kommentar zum Buch Levitikus in der Reihe *Altes Testament Deutsch* zu verfassen, möchte ich mit den folgenden Überlegungen zur Listenwissenschaft im Buch Levitikus zu seinem 70. Geburtstag herzlich gratulieren.
2 Die These, dass die alten Griechen Augenmenschen gewesen seien, hat vor allem der Hamburger Gräzist Bruno Snell vertreten, vgl. Snell, Ausdrücke; 20–39, 59–71; ders., Entdeckung, 13–16.
3 Vgl. vor allem Kraus, Hören; Wolff, Anthropologie, 122–125.
4 Vgl. vor allem Avrahami, Senses, 223–276; Carasik, Theologies, 32–43; Savran, Seeing. Eine ausgewogenere Sicht findet sich bei Janowski, Anthropologie, 286–291, der von einer »Anthropologie der Sinne« (290) spricht, die im Alten Testament Hören und Sehen gemeinsam umfasst.

und sehenden Denkens ist wohl nicht nur zwischen verschiedenen Literaturbereichen des Alten Testaments zu unterscheiden,[5] sondern auch die Identifikation von Denken und Wahrnehmen überhaupt kritisch unter die Lupe zu nehmen,[6] sowie innerhalb der Hebräischen Bibel und in den Kulturen des Alten Ägypten und Alten Orients zwischen verschiedenen Denktypen zu unterscheiden.[7] In den folgenden Ausführungen soll es darum gehen, am Beispiel der sogenannten Listenwissenschaft die auf Erkenntnis ausgerichteten Taxonomien im Buch Levitikus zu eruieren. Denn hier zeigt sich eine taxonomische Form des Denkens, die weisheitliche Erkenntnisformen aufnimmt und weder als hörendes Denken bezeichnet noch allein auf ein ganzheitlich-synthetisches Denken enggeführt werden kann.

Listenwissenschaft gilt gemeinhin als ein weisheitliches Phänomen sowohl in intellektueller wie sozialer Hinsicht: Sie findet nicht nur, aber üblicherweise ihren Sitz im Leben in der Schreiberausbildung und unternimmt es, die Welt gedanklich zu ordnen und diese Ordnung der Dinge schriftlich in der Stilform der Liste festzuhalten. Gegenüber der mündlichen Rede gehört es zum Nutzen und Nachteil der Schriftlichkeit der Liste, eindeutige Zuordnungen vornehmen zu müssen und Äquivalenzsetzungen, Generalisierungen,

---

5 Wie beispielsweise, wenn auch etwas schematisch, zwischen den paränetischen Abschnitten im Deuteronomium und Spr 1–9 auf der einen Seite (»hörendes Denken«) und Levitikus und Kohelet auf der anderen Seite (»sehendes Denken«). Zum »sehenden Denken« im Buch Levitikus siehe im Folgenden.
6 Wie dies schon Platon (z. B. Tht. 151d–187b, vgl. Gloy, Weisheit, 196–207) und Aristoteles (De anima 427a 21f, vgl. Horn, Studien, 47–54) in kritischer Auseinandersetzung mit Zeitgenossen und Vorgängern unternommen haben. Wenn man diese Frage hinsichtlich der alttestamentlichen Quellen – beispielsweise – lexematisch angeht: Gehen Aussagen mit Hilfe der planend-konsiliarischen Verben ḥāšab (»planen«), zāman (»ersinnen«) und dāmāh (»gedenken«) ebenso wie mit Hilfe des kontemplativen Verbums hāgāh (»nachsinnen, murmeln«) und dem Verbum yādaʿ (»erkennen«) nicht über die einfache Identifizierung von Denken und Wahrnehmen hinaus, ebenso wie das Selbstgespräch mit dem eigenen Herzen (formuliert mit ʾāmar bzw. dābar plus leb)? Die alttestamentliche »Anthropologie der Sinne« (Janowski, Anthropologie, 290) findet nicht nur bei der Gottesschau (ebd. 288), sondern auch dort ihre Grenze, wo das Denken über das bloße Wahrnehmen hinausgeht. Vgl. auch Dietrich, Empirismus (= Beitrag II in diesem Band), über das Verhältnis von Empirismus und Rationalismus im Alten Testament.
7 Für eine denk- und wissensgeschichtliche Differenzierung verschiedener Denktypen im Alten Testament siehe oben Beitrag I in diesem Band.

IV. Listenweisheit

Hierarchisierungen und Quantifizierungen herzustellen.[8] In der alttestamentlichen Forschung sind es vor allem Texte aus dem Buch der Psalmen und den Weisheitsbüchern, die mit Listenwissenschaft in Verbindung gebracht werden – traditionellerweise werden neben 1Kön 5,13[9] vor allem Hi 38[10] und Ps 148[11] sowie Dan 3,57–90LXX und Sir 42,15–43,33 genannt,[12] aber auch zahlreiche andere Texte mit einer listenartigen Struktur kommen in Betracht.[13] Auch wenn für die meisten dieser Texte konkrete Listen für sich allein genommen als Quellen nicht in Betracht kommen, weil Zusatzinformationen geliefert werden, die sich normalerweise nicht in strengen Listen finden,[14] so sprechen die Aufzählungen in den genannten Texten mit ihrer listenartigen Struktur dafür, dass die Listenwissenschaft einen Traditionsstrom neben anderen hinter den genannten Texten ausmacht. Wenn dem so ist, wie steht es dann mit den listen- und katalogartigen Texten, die sich in der Priesterschrift finden?

---

8 Vgl. klassisch Goody, Domestication, vor allem 74–111. Wenn Werner Jaeger von einem Denkzwang spricht, den Parmenides bei der Wissensfrage eingeführt habe (vgl. Jaeger, Paideia, 236–241), und Jan Assmann diesen Denkzwang im Alten Testament auf die Ebene der Religion übertragen sieht (vgl. Assmann, Unterscheidung, vor allem 23–28), dann stellt sich im Anschluss an Jack Goody die Frage, ob der Denkzwang nicht weit grundlegender auf der literarischen Ebene durch die Schriftgebundenheit der Liste in die Welt kam.
9 Vgl. klassisch Alt, Weisheit.
10 Vgl. klassisch von Rad, Hiob.
11 Vgl. neben von Rad, Hiob, zum Beispiel noch Spieckermann, Heilsgegenwart, 51 Anm. 3; Zenger, Psalm 148, 842f. Zu Ps 104 vgl. etwa Krüger, Kosmotheologie, 93.
12 Vgl. klassisch von Rad, Hiob.
13 Vgl. etwa Barton, Ethics, 227–244.
14 So die Argumentation von Fischer-Elfert, Streitschrift, 274, wenn er sich gegen Onomastika und Listen als Quellen für Aufzählungen im Papyrus Anastasi ausspricht. Insbesondere die rhetorischen Fragen im Syrienabschnitt des Papyrus Anastasi sind gerne mit den rhetorischen Fragen der Gottesreden im Hiobbuch in Verbindung gebracht worden, vgl. von Rad, Hiob. Weil es nicht nur um Quellenfragen, sondern auch um Traditionsfragen in den verhandelten Texten geht, würde es sich lohnen, die Verbindungen zwischen dem Papyrus Anastasi und den Gottesreden im Hiobbuch ebenso wie diejenigen zwischen den negativen Bekenntnissen in den ägyptischen Totenbüchern und Hi 29–31 aus dem Blickwinkel der Listenwissenschaft erneut und genauer zu untersuchen.

2. Der Verweisungszusammenhang aller Dinge

Zum analogistischen und ganzheitlichen Denken, das dem Alten Testament und Alten Orient gerne zugesprochen wird, gehört, dass ein enger Verweisungszusammenhang zwischen den Dingen besteht. Im Alten Orient besteht beispielsweise ein Verweisungszusammenhang zwischen Tempel und Schöpfung.[15] Der Tempel ist der Ort, von dem die Erschaffung der Welt ihren Ausgang nahm, und er ist der Ort, der die Schöpfung im Kleinen repräsentiert (*Abb. 10*).

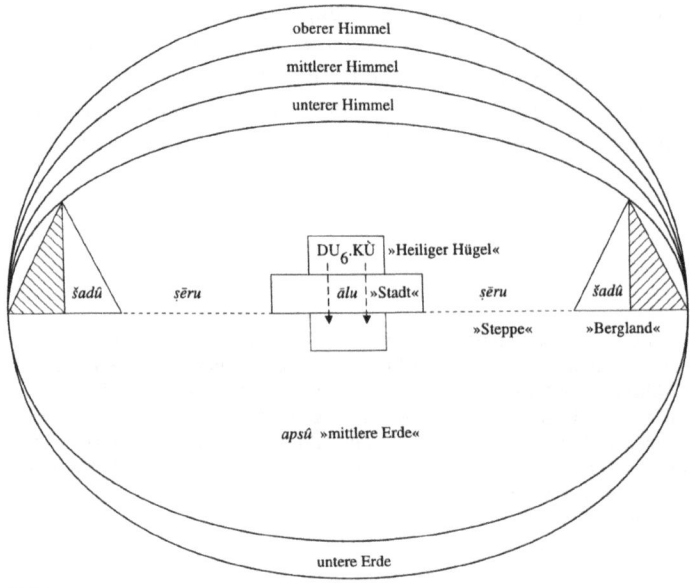

Abb. 10

---

15 Vgl. zum Folgenden etwa Janowski, Himmel.

IV. Listenweisheit 105

The Tower of Babel stele. Babylon, 604-562 BC.
Reconstruction by Martin Schøyen after an original drawing by Andrew George

Abb. 11

Im alten Mesopotamien entsteht die Welt über dem heiligen Hügel (DU$_6$.KÙ), und der Tempel ist das Verbindungsglied zwischen Himmel und Erde. Bezeichnenderweise heißt der Tempelturm von Babylon (*Abb. 11*), auf den die Turmbaugeschichte von Babel in Gen 11 anspielt, E.TEMEN.AN.KI, »Haus der Verbindung von Himmel und Erde«. Auch in Ägypten entsteht die Welt über dem Urhügel, und die Innenarchitektur des Tempels spiegelt die Schöpfungswelt im Kleinen. Der Fußboden repräsentiert die Erde, die Pflanzen, Menschen und Tiere an den Säulen die bewohnte Welt und der blaue Deckenhimmel mit den Flügelsonnen und Sternen repräsentiert den Himmel. In der Bibel gibt es einen ganz ähnlichen, nun literarischen Verweisungszusammenhang zwischen Tempel und Schöpfung, den die Priesterschrift entworfen hat.[16] So wie Gott die Welt in sechs Tagen

---

16 Vgl. etwa Janowski, Tempel.

erschaffen hat und am siebten Tag ruht, so bedeckt die Gotteswolke sechs Tage lang den Berg Sinai und ruft Mose am siebten Tag zu sich. Und so wie Gott alles sah, was er gemacht hatte – »und siehe: sehr gut!« (Gen 1,31) –, so sieht Mose die ganze Arbeit zum Bau der Stiftshütte – »und siehe, sie (die Israeliten) hatten sie ausgeführt« (Ex 39,43). Und so wie Gott seine Schöpfungsarbeit vollendet und den siebten Tag segnet und heiligt (Gen 2,2a.3a), so vollendet Mose die Arbeit an der Stiftshütte, segnet die Israeliten und heiligt das Begegnungszelt und seine Geräte (Ex 39,32a.43b; 40,9b.33).

Diese in der Forschung wohlbekannten Verhältnisbestimmungen sind typisch für die Priesterschrift und typisch für ein Denken, das man analogistisch und synthetisch nennen kann.[17] Hier sind die Dinge und Wesen der Welt wie in einem Netz von Beziehungen miteinander verwoben, einem Netz, das mittels der Idee von der *imitatio dei* auch Gott mit in das Analogiedenken einschließt. Im Buch Levitikus sind nicht nur Schöpfung und Tempel analog aufeinander bezogen, sondern auch Schöpfung und Ritual- sowie Sozialordnung des Landes, wie sich beispielsweise an der häufig anzutreffenden Zahlensymbolik von sieben bzw. 40 Tagen/Jahren in den Rechts- und Ritualtexten zeigt.[18]

Neben diesen analogistischen Denkweisen findet sich in der Priesterschrift aber auch eine Denkweise, die ich die taxonomische nennen möchte und die das Phänomen der Listenwissenschaft aufgreift. Schon in den Genealogien der Priesterschrift ebenso wie in dem soeben behandelten Schöpfungstext Gen 1,1–2,4a offenbaren sich Kennzeichen der Listenwissenschaft.[19] Darüber hinaus ist

---

17 Analogistisches Denken wird vor allem in der neuesten altorientalischen Forschung hervorgehoben, vgl. etwa Rochberg, Nature, 149–169, sowie in der anthropologischen Forschung, vgl. Descola, Natur, 301–344. Synthetisches Denken wird dagegen gerne in der alttestamentlichen Forschung als Kennzeichen des »hebräischen Denkens« gewertet, vgl. etwa Wolff, Anthropologie, 30. Auch wenn das analogistische Denken im alten Orient noch deutlicher als im Alten Testament zutage tritt, spielt es auch im Alten Testament eine bedeutsame Rolle, vgl. neben den oben genannten priesterschriftlichen Belegen beispielsweise Spr 25,23; 26,20 sowie von Rad, Natur- und Welterkenntnis, 129; Dietrich, Welterfahrung (=Beitrag III in diesem Band).
18 Vgl. etwa Whitekettle, Thought.
19 Zur Listenwissenschaft in Gen 1,1–2,4a vgl. vor allem Herrmann, Naturlehre, sowie Schmidt, Schöpfungsgeschichte, 32–48, der unter anderem betont: »Wird zwischen den Aufzählungen der Schöpfungswerke und Gen 1 ein Traditions-

IV. Listenweisheit

insbesondere das Buch Levitikus ein Paradebeispiel dafür, dass die Bibel neben ihren analogistisch-synthetischen Denkweisen auch andere, unter anderem eben auch taxonomische enthält. Im Folgenden möchte ich deshalb die Taxonomien der Priesterschrift untersuchen und beispielhaft drei klassische Textblöcke aus dem Buch Levitikus herausgreifen (Lev 1–5; 11; 13). Dabei gehe ich mit Christophe Nihan und anderen davon aus, dass die Priesterschrift ihren ersten, ursprünglichen Abschluss in Lev 16 gefunden hat, dem Kapitel über den Großen Versöhnungstag, der die Priesterschrift plausibel abschließt und das sogenannte Heiligkeitsgesetz anschließen lässt.[20]

3. Eine Vier-Kategorienlehre im Buch Levitikus

Typisch für die Priesterschrift ist ein Weltordnungsdenken, das formale Sprache, exakte Begriffe und präzise Kategorien verwendet und ein besonderes Interesse für Listen und kultisch-rituelle Phänomene mitbringt. Die Taxonomien der Priesterschrift sind deshalb weltbildgebunden. Nicht nur bestehen Verweisungszusammenhänge zwischen Tempel und Schöpfung, sondern das kategoriale Unterscheiden als solches hat Schöpfungscharakter. Die Hauptaufgabe der Priester besteht nach dem späten Text Lev 10,10 darin, »zu unterscheiden zwischen dem Heiligen und dem Profanen und zwischen dem Unreinen und dem Reinen«.[21] Hier haben nicht nur die Nomina, sondern hier hat auch schon das Verb taxonomische Bedeutung, denn hebräisch *bādal* Hifil kann mit »trennen, unterscheiden, aussondern, eine Grenze ziehen« übersetzt werden.[22]

---

zusammenhang erkennbar, dann liegt der Schluß nahe, daß Gen 1 außer durch die kosmogonischen Mythen von Israels Umwelt auch durch die im wesentlichen nicht mythische Listenweisheit geprägt ist« (45).
20 Vgl. Nihan, Torah, 95–110.340–394; Hieke, Levitikus, 65–74. Zu bedenkenswerten Alternativen vgl. etwa Kratz, Komposition, 102–117.226–248 sowie den Überblick bei Zenger/Frevel, Werk, 187–197.
21 Lev 10 gehört zu den spätesten Kapiteln des Levitikusbuches, vgl. Nihan, Torah, 576–607. Lev 10,10 bringt ebenso wie der späte Zusatz in Lev 11,47 (vgl. noch 20,25) in Form einer kommentierenden Zusammenfassung auf den Begriff, was die älteren Texte ausführlich beschreiben.
22 Vgl. etwa Otzen, בדל; Ges[18], 125f. Man bedenke, dass Kant seine drei Hauptschriften mit Bedacht »Kritiken« nannte und dabei das griechische Verb κρίνειν im Blick hatte, das wie das hebräische *bādal* erst einmal »trennen, unter-

Wichtig ist in unserem Zusammenhang, dass *bādal* in Gen 1 ein Schöpfungsverb ist. Gott erschafft die Welt nicht aus dem Nichts und auch nicht allein durch Sprechakte, sondern indem er Chaos in Kosmos überführt: indem er die ungeschaffenen, vorgegebenen Bereiche (die Urwasser, die Finsternis, das Tohuwabohu) mit Hilfe des Geschaffenen trennt (*bādal*): das Licht von der Finsternis mit Hilfe des Lichts, die oberen von den unteren Wassern mit Hilfe der Himmelswölbung, und den Tag von der Nacht mit Hilfe der Himmelslichter (Gen 1,4.6f.14.18). Wenn die Priester zwischen heilig und profan, rein und unrein unterscheiden sollen (*bādal*; Lev 10,10; 11,47; vgl. 20,25), dann sind ihre Taxonomien in die Schöpfungswelt eingepasst und selbst ein schöpfungsgemäßer Akt. Praktizierte *imitatio dei* liegt nicht allein in der Herrschaft über die Erde, die der Mensch als Gottes Ebenbild übertragen bekommt (vgl. vor allem Gen 1,28), auch nicht allein in einem heiligen Verhalten des Volkes Israel, das der Heiligkeit Gottes entsprechen soll (vgl. vor allem Lev 19,2), sondern auch in der Fähigkeit zur und in der Durchführung von kategorialen Unterscheidungen.[23]

Lev 10,10 unterscheidet zwischen heilig und profan sowie zwischen rein und unrein. Wichtig ist hierbei, dass die Unterscheidung nicht zwischen heilig und unrein besteht, wie es die Anthropologin Mary Douglas angenommen hat und dann von Jacob Milgrom korrigiert wurde.[24] Dennoch gehören nach der Priesterschrift alle vier Kategorien zusammen, sodass die binären Gegenüberstellungen heilig-profan und rein-unrein eine zusammenhängende Vier-Kategorienlehre ergeben (*Abb. 12*).[25]

---

scheiden, aussondern, eine Grenze ziehen« bedeutet und im Kantischen Sinne zur Beantwortung der Frage helfen soll, wo die Grenzen der Vernunft liegen, vgl. etwa Irrlitz, Kant, 147–150; Stederoth, Kritik, 1348f.
23 Dabei bezieht sich die göttliche Aufforderung zum taxonomischen Unterscheiden in Lev 10,10; 11,47 auf die Priester, in 20,25 auf ganz Israel.
24 Douglas, Reinheit, 60–78; Milgrom, Leviticus, 718–736. Mary Douglas hat die Kritik Milgroms in ihren späteren Publikationen zum Thema positiv aufgenommen und ihre Theorie weiterentwickelt, vgl. Douglas, Leviticus, 134–175; dies, Preface, xiv–xvi.
25 Vgl. Milgrom, Leviticus, 729–733; Jensen, Urenhed; Hieke, Levitikus, 119–131. Weitere Differenzierungen wären nötig, vor allem die Unterscheidung zwischen *ṭāme'* und *šæqæṣ*, auf die hier nicht weiter eingegangen werden kann, vgl. neben der soeben genannten Literatur vor allem noch Milgrom, Terms; Douglas, Leviticus, 152–175; Hawley, Agenda.

IV. Listenweisheit

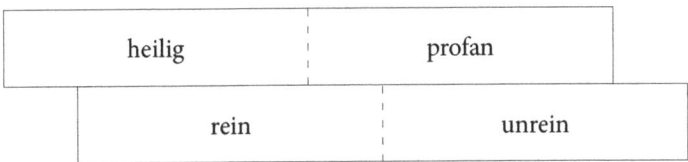

Abb. 12

»Profanität« (hebräisch *ḥol*) bezeichnet nichts Negatives, sondern den alltäglichen Lebensraum vor und außerhalb der Tempelsphäre, »Heiligkeit« (hebräisch *kodæš*) hingegen all das, was dem Tempel und seiner göttlichen Sphäre zugehört. »Rein« (hebräisch *ṭāhôr*) bezeichnet all das, was mit der heiligen Sphäre in Kontakt kommen darf, »unrein« (hebräisch *ṭāmeʾ*) all das, was die heilige Sphäre nicht berühren darf und was den profanen Lebensbereich bei Kontakt mit dem Unreinen selbst unrein werden lässt. Unreinheit stellt damit eine Gefahr für den alltäglichen, profanen Lebensbereich dar, der normalerweise in seinem reinen Zustand mit dem Heiligen in Kontakt kommen darf.

Wendet man diese Grundunterscheidungen auf die priesterlichen Ritualvorgaben an, ergibt sich eine auf den jeweiligen Zuständigkeitsbereich ausgerichtete Kategorienlehre. Dabei kommt eine spezielle, wissenschaftsgeschichtlich bedeutsame Technik zur Anwendung, die in der Altorientalistik Listenwissenschaft genannt wird und die dazu dient, vorgegebenes Material zu gliedern und zu ordnen. Auf ihre Bedeutung zum Verständnis der priesterschriftlichen Taxonomien ist im Folgenden einzugehen.

4. Listenwissenschaft in der Priesterschrift

Wie der Anthropologe Jack Goody gezeigt hat, entstehen in den alten Hochkulturen mit der Erfindung der Schrift ganz neue Möglichkeiten, eine »Ordnung der Dinge« (Foucault) vorzunehmen.[26] Mit Hilfe der Liste können Dinge aus ihrem lebensweltlichen Kontext gelöst und zusammen mit anderen Dingen aufgrund von Gemeinsamkeiten und Unterschieden gelistet werden. Im ökonomischen

---

26 Vgl. Goody, Domestication, 74–111 und passim.

110   *Der taxonomische Denkstil*

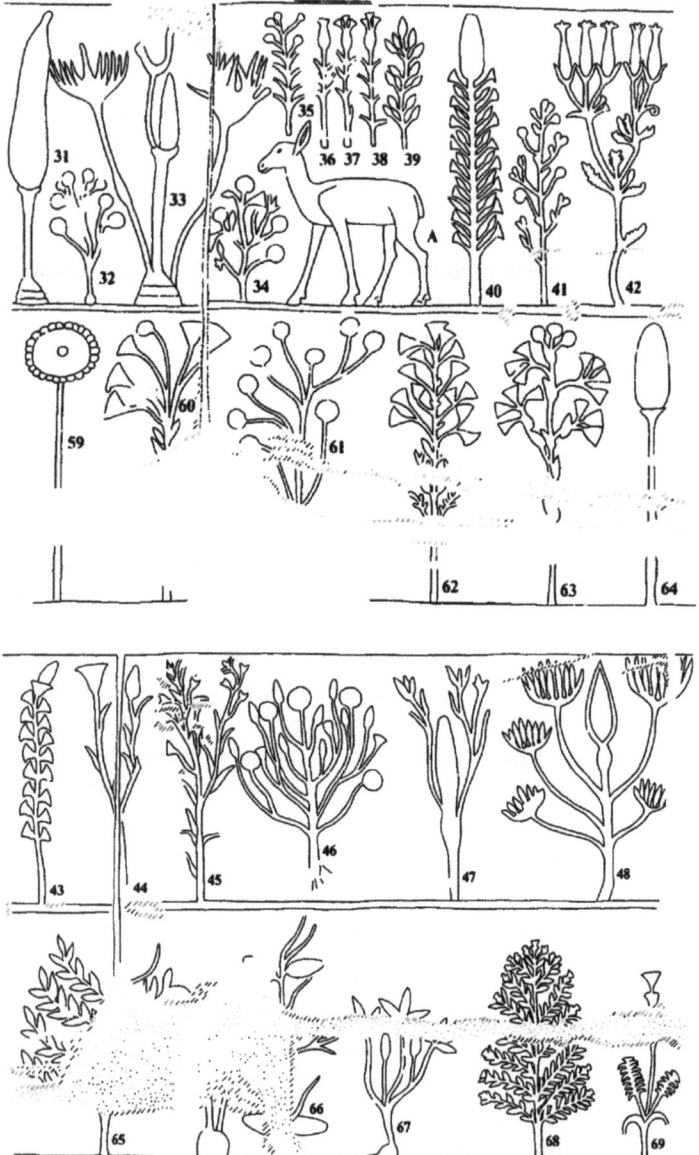

Abb. 13–14

IV. Listenweisheit

Bereich haben die ersten Schreibversuche und Listen vor allem dazu gedient, Ausgaben und Waren der Tempel- und Palastökonomie zu ordnen und administrativ zu verwalten, doch dienen sie auch dazu, die Ordnung der Welt insgesamt so darzustellen, wie die alten Kulturen sie gesehen haben – ein im Kern weisheitliches Phänomen.[27] *Listenwissenschaft* wurde deshalb schnell zu einem zentralen Hilfsmittel nicht nur der Schreiberausbildung, sondern auch des Weltverständnisses, und es ist kein Wunder, dass der altägyptische Begriff für »Unterweisung« (*sbȝyt*) auch enzyklopädische Auflistungen bezeichnen kann.[28] Ein ikonographisches Beispiel ist der Festsaal von Thutmose III. in Karnak (18. Dynastie, 15. Jh. v. Chr.), der die Welt nach ihren Pflanzen und Tieren bildlich auflistet (*Abb. 13–14*).[29]

Die Listenwissenschaft des Alten Ägypten ist ein wissenschaftsgeschichtlich bedeutsames Phänomen,[30] und das Gleiche gilt für das alte Mesopotamien, das über eine reiche Tradition an lexikalischen Listen verfügte.[31] Bekannt sind beispielsweise Listen, die sumerische Wörter und deren akkadische Entsprechungen listen oder archaische und »moderne« Keilschriftzeichen einander gegenüberstellen (*Abb. 15*).

Die Priesterschrift hat ebenfalls ein Interesse an der Ordnung der Dinge und bedient sich dazu gerne der Listenwissenschaft. Das gilt schon für die priesterschriftlichen Texte in Genesis und Exodus, vor allem für den Schöpfungsbericht und die Genealogien.[32] Das gilt aber auch für das Buch Levitikus, und das möchte ich im Folgen-

---

27 Schon die frühesten administrativen Dokumente haben listenartige, stereotype Einträge, die in einigen Fällen Parallelen zu in etwa zeitgleichen schulmäßigen Listen aufweisen, vgl. Wagensonner, Early Lexical Lists.
28 Vgl. Schneider, Knowledge, 45; Dietrich, Wisdom, 9.
29 Vgl. Beaux, Cabinet.
30 Vgl. Deicher/Maroko, Liste; Rickert/Ventker, Enzyklopädien. Fragen zu den altägyptischen und mesopotamischen Taxonomien lassen sich auch über eine Analyse der Determinative angehen, vgl. etwa Goldwasser, Prophets; Edzard, Listenwissenschaft, 254–259; Rochberg, Nature, 93–102.
31 Zur Listenwissenschaft im alten Mesopotamien sind in den letzten Jahren und Jahrzehnten zahlreiche Beiträge erschienen, vgl. beispielsweise Edzard, Listenwissenschaft; ders., Listen; Hilgert, Listenwissenschaft; Cancik-Kirschbaum, Stabilität; und monographisch neuerdings Veldhuis, History.
32 Siehe dazu oben Abschnitt 2 mit Anm. 19. Zu den Genealogien der Genesis vgl. Hieke, Genealogien.

112   *Der taxonomische Denkstil*

Abb. 15

IV. Listenweisheit 113

den an drei Beispielen verdeutlichen: dem Opferkatalog, den Speiseregeln und den Regeln über den Aussatz.

Der Opferkatalog von Lev 1–5 listet fünf verschiedene Opferkategorien. Die ersten drei Opfertypen, das Brandopfer, das Speiseopfer und das Gemeinschafts-Mahlopfer, stammen aus einer älteren Quelle, während das Sünd- und Schuldopfer genuin priesterschriftlich sind. Im Unterschied zu Ritualisten, wie wir sie aus Ugarit kennen, in denen der Listencharakter gegenüber den narrativen Ritualvorgaben stark ausgeprägt ist,[33] liegen in Lev 1–5 keine reinen Listen vor, sondern es handelt sich um narrative Ritualvorgaben mit Listencharakter. Dass Ritualvorgaben auf der Listenform aufbauen können, macht eindrücklich ein Beispieltext über das Speiseopferritual für den verstorbenen Pharao in den Pyramidentexten deutlich, auf das wir weiter unten noch einmal zurückkommen werden. In dem hier abgebildeten Text (PT Spruch 152) aus der Pyramide der Neith, einer Satellitenpyramide im Pyramidenbezirk von Pepi II., erhalten die Speiseopfervorgaben von ihrer visuellen Darstellung in Spalten und von den sich wiederholenden Elementen eine listenartige Struktur (*Abb. 16*).[34]

Abb. 16

---

33 Vgl. etwa den Überblick in Pardee, Ritual, 25–116.
34 Vgl. Pommerening, Bäume, 143f.

Im Buch Levitikus erhält der Ritualtext über die Opfer eine listenartige Struktur durch die Wiederholung typischer Formelelemente, vor allem durch die Klassifikationsformeln, die Tiere oder Pflanzen ganz unterschiedlichen materiellen Wertes ein- und derselben Opferkategorie zuweisen und als gleichwertig klassifizieren.[35] Nehmen wir das Brandopfer als Beispiel: Hier können entweder ein Rind oder ein Schaf bzw. eine Ziege oder eine Taube geopfert werden. Im Unterschied zum späteren Sündopfer wird keine Begründung gegeben, warum das eine Mal ein wertvolles Rind und das andere Mal ein Schaf bzw. eine Ziege oder auch nur eine Taube als Brandopfer dargebracht werden. In allen Fällen muss das Opfer fehlerlos sein, aber sein materieller Wert variiert erheblich. Jedes Mal wendet der Text in jedem der drei Fälle die Klassifikationsformel an: »Ein Brandopfer, ein Feueropfer, ein wohlgefälliger Duft für Jhwh (ist es).« (Lev 1,9.13.17). Solche Klassifikationen und Äquivalenzzuschreibungen bestimmen den Opferkatalog insgesamt, wenn er Opfertypen mit Tier- und Pflanzenarten listenartig miteinander in Beziehung setzt. So können die Dinge der Welt, hier die Opfermaterien, aus ihren ursprünglichen, wert- und subsistenzökonomisch geprägten Zusammenhängen gelöst und in neue Kategorien eingebunden werden. Vom ökonomischen Wert der Opfermaterie wird abstrahiert, und die Bedingung der Möglichkeit für diese Abstraktionsleistung stellt die Listenwissenschaft dar.

Noch deutlicher wird die Verwendung von Listenwissenschaft bei der Auflistung der reinen und unreinen Tiere in Lev 11, einem Text, der in weiten Teilen ebenfalls der priesterlichen Grundschrift zugehört.[36] Das Weltbild von Gen 1 steht mit seiner Dreiteilung in Himmel, Erde und Meer auch hinter der Auflistung der reinen und

---

35 Zum Folgenden vgl. Dietrich, Materialität (= Beitrag V in diesem Band).
36 Vgl. Nihan, Torah, 283–299, hier auch über das Verhältnis zu Dtn 14. Nihan nimmt an, dass sich Lev 11 und Dtn 14 auf eine beiden Texten vorliegende Quelle beziehen (vgl. auch ders., Laws). Die Alternative besteht darin, Lev 11 als Vorlage für Dtn 14 anzusehen und nicht umgekehrt (vgl. klassisch Milgrom, Leviticus, 698–704; ausgewogener und nuancierter Achenbach, Systematik), weil sonst unerklärlich bliebe, warum Lev die Aufzählung der essbaren Tiere in Dtn 14,4f und die überschriftartigen Sätze in Dtn 14,3.11 fortgelassen haben soll. Demgegenüber wären die Auslassungen, die Dtn 14 gegenüber Lev 11 enthält, im Zuge von Systematisierungen (die an Dtn 14,3.11 fassbar sind) und im Rahmen des Zentralisationsgedankens (der an dem Phänomen kultischer Unreinheit weniger Interesse hat) erklärbar.

IV. Listenweisheit

unreinen Tiere, denn auch hier wird zwischen Tieren an Land, in der Luft und im Wasser unterschieden. In Gen 1 erfolgt die Klassifikation der Tier- und Pflanzenwelt mit Hilfe des Terminus *mîn* (»Art«). Dieser eher seltene Terminus findet sich bezeichnenderweise auch in Lev 11, um einige Vogelarten und Landtiere zu klassifizieren. Hinzu kommt die Klassifikation nach reinen und unreinen Tieren, die in Gen 1 fehlt. Während bei der Weltentstehung in Gen 1 ähnlich wie in Ägypten, Mesopotamien und Griechenland Polaritäten eine wesentliche Rolle spielen, so sind es bei den Ritualvorgaben in Lev 11 und 13 neben der priesterschriftlichen Kategorienlehre, die von Polaritäten bestimmt ist,[37] zusätzlich zwei Kriterien, die zur Bestimmung von Polaritäten wie den reinen und unreinen Tieren oder der reinen und aussätzigen Haut eine Rolle spielen (vgl. etwa Lev 11,3; 13,3).[38] Es scheint kein Zufall, wenn das Denken in Polaritäten nicht nur für den frühgriechischen Raum bis hin zu Aristoteles,[39] sondern auch für Texte aus dem Alten Ägypten, dem Alten Orient und dem Alten Testament typisch ist.

Die Grundunterscheidung zwischen reinen und unreinen Tieren wird bei den Land- und Wassertieren demnach durch jeweils zwei unterschiedliche Kriterien spezifiziert: Um als rein zu gelten, muss das Landtier Paarhufer und Wiederkäuer sein, und das Wassertier muss über Flossen und Schuppen verfügen (Lev 11,3.9–12). Es ist kein Zufall, dass so die Haus- und Nutztiere der Subsistenzwirtschaft Israels, also Kühe, Schafe und Ziegen, als rein gelten. Das entspricht dem Opferkatalog von Lev 1–5, in dem ebenfalls nur Haus- und Nutztiere gelistet werden, unter Einschluss der später hinzugefügten, domestizierten Taube, die man wohl erst ab der hellenistischen Zeit systematisch züchtete.[40] Ein Verweis auf die Schöpfung wird am (sekundären) Ende von Lev 11, ähnlich wie zuvor in Lev 10,10 (vgl. noch Lev 20,25f) explizit hergestellt:

---

37 Siehe dazu oben Abschnitt 3 in diesem Beitrag.
38 Dabei scheint die Liste reiner und unreiner Tiere ein Proprium des Alten Testaments zu sein. Aus dem Alten Orient sind zwar Tierlisten belegt (vgl. etwa Wagensonner, Food; Veldhuis, Pigs), doch spielen hier die Kategorien rein und unrein nicht das entscheidende Differenzkriterium und Einteilungsprinzip.
39 Vgl. klassisch Lloyd, Polarity.
40 Vgl. Riede, Taube.

Lev 11,46f
Dies ist die Tora (über) das Vieh und den Vogel und jedes lebendige Wesen, das sich im Wasser regt und jedes Wesen, das auf der Erde wimmelt, um zu unterscheiden zwischen dem Unreinen und dem Reinen und zwischen dem Lebendigen, das gegessen wird und dem Lebendigen, das nicht gegessen wird.

In Lev 11 erfolgt die Ordnung der Tierwelt vor allem aus einem anwendungsorientierten, »kulinarischen« Interesse: Welche Tiere dürfen gegessen werden und welche nicht? Die Ordnung der Tierwelt erfolgt scheinbar nicht, wie das Foucault am Beispiel von Carl von Linné und anderen Forschern für die Biologie des 18. Jh. gezeigt hat, um eine Klassifikation der Tierwelt um ihrer selbst willen zu erstellen. Dennoch gibt es Anzeichen dafür, dass auch so etwas nicht ganz fehlt, und zu dieser Einsicht verhilft uns ebenfalls die Kenntnis der Listenwissenschaft.

In der Altorientalistik ist deutlich geworden, wie sehr das mesopotamische Schulwesen spielerische Elemente in die Listenwissenschaft einträgt und die Liste geprägt ist von der Freude an der Sache und von der Liebe zu seltenen, ausgefallenen Worten und Dingen, deren Existenz und Schreibweise erdacht und erlernt werden will. So gab es beispielsweise Wortlisten über alle möglichen und »unmöglichen«, das heißt imaginierten, in der Realität nicht vorkommenden Dinge wie Schlangen oder Steine.[41] Der spielerische Charakter der Listenwissenschaft findet sich auch im Alten Ägypten, wenn sich in dem schon gezeigten Speiseritualtext (*Abb. 16*) Wortspiele finden wie beispielsweise die Paranomasie zwischen *d(3)b* (»Feige«) und *d3p* (»darreichen«) (Spalte 237).[42] Es ist deshalb kein Wunder, dass auch die Liste von Lev 11 Vogelnamen enthält, die als *Hapax legomena*

---

41 Die mesopotamische Zeichenwissenschaft umfasste das Beobachtbare, das Mögliche und das Denkbare, einschließlich des Unmöglichen. So war es wichtiger, die Möglichkeiten, die die Sprache bei der Aufstellung der hermeneutischen Schemata zur Interpretation der Zeichen (Omina) bot, tunlichst umfassend auszufüllen, als sich auf die real vorkommenden Phänomene zu beschränken. In diesem Sinne überwogen der sprachlich-assoziativ geprägte Idealismus und die entsprechende Imagination gegenüber dem Empirismus, vgl. Rochberg, Nature, 106f.
42 Vgl. Pommerening, Bäume, 144. Zu Wortspielen mit *ḥāṭā'* und *'āšam* in Lev 4f vgl. Watts, Ritual, 79–96.

IV. Listenweisheit

sonst nirgends belegt sind und bislang nur mit Fragezeichen übersetzt werden konnten, wie beispielsweise der *šālāk*, bei dem nicht klar ist, ob es sich um den Kormoran oder die Fischeule oder einen ganz anderen Vogel handelt, oder der *yanšûp*, bei dem die antiken und modernen Übersetzungen zwischen Storch, Ibis und anderen Möglichkeiten schwanken.[43] Praxisrelevant müssen die Texte dabei ebenfalls nicht sein: Wann hatte der antike Mensch des alten Israel schon einmal eine Fischeule auf dem Teller? Die biblischen Schreiber machen es uns und dem damaligen Leser mit Absicht nicht leicht, weil sie mit spielerischer Freude an der Sache seltene Worte aufgreifen oder gar erst erfinden. Auch dieser Aspekt gehört zu den Taxonomien der Priesterschrift, die traditionell als administrativ, formelhaft, ernsthaft und langweilig gilt. Die Anfänge des wissenschaftlichen Klassifizierens und Ordnens beginnen hier, bei dem Interesse, Listenwissenschaft aus Freude um ihrer selbst willen anzuwenden.

Als letztes Beispiel sind die Aussatzregeln von Lev 13 zu erwähnen, denn auch hier zeigt sich die ritualtechnische Anwendung von Listenwissenschaft. In diesem Text wird Listenwissenschaft mit empirischen Untersuchungen verbunden. Die Untersuchungen nimmt der Priester an der Oberfläche der Haut und an Textilien vor, in Lev 14 auch an Häusern. Sie sprechen dem inspizierenden Besehen, also der Sinneswahrnehmung des Auges, erhebliche Bedeutung zu. Das gilt es deshalb hervorzuheben, weil, wie oben dargelegt, in der alttestamentlichen Forschung gerne ein Gegensatz zwischen den griechischen »Augenmenschen«, die selbständig sehen und untersuchen (»sehendes Denken«), und den Israeliten, die auf die Traditionen und Worte Gottes hören (»hörendes Denken«) aufgemacht worden ist.[44] Tatsächlich jedoch gilt es zu differenzieren: Das Hören (hebräisch *šāmaʿ*) spielt in vielen Literaturbereichen des Alten Testaments eine große Rolle, so vor allem in den paränetischen Abschnitten des Buches Deuteronomium und im Buch der Sprüche; in anderen Literaturbereichen hingegen hat das Sehen (hebräisch *rāʾāh*) den Vorrang, und hier sind vor allem die Priesterschrift und das Buch Kohelet zu

---

43 Zu begründeten Erwägungen in Bezug auf die beiden gewählten Beispiele vgl. etwa Achenbach, Systematik, 199; Hieke, Levitikus, 411; Milgrom, Leviticus, 663.
44 Siehe dazu oben Abschnitt 1 in diesem Beitrag mit Anm. 2–6.

nennen. In Lev 13, den Regeln über den Aussatz, steht die Bedeutung des Sehens klar vor Augen.[45] In dieser listenartigen Aufführung[46] unterschiedlicher Hautphänomene wird mit Hilfe des Verbums *ra'ah* knapp dreißig Mal betont, dass der Priester das betreffende Hautphänomen unter Augenschein nehme, es »besehe«. Von diesen knapp dreißig Mal seien nur die ersten beiden Fälle in Lev 13,3 eigens hervorgehoben, wobei hier zusätzlich auch noch das Nomen »Aussehen« (hebräisch *mar'æh*) verwendet wird:

Lev 13,3
Dann besieht (*ra'ah*) der Priester den Ausschlag an der Haut des Fleisches. Wenn das Haar an dem Ausschlag sich weißlich verändert hat und das Aussehen (*mar'æh*) des Ausschlages tiefer ist als die Haut an seinem Fleisch: Ausschlag von Aussatz ist es. Wenn der Priester es besieht (*ra'ah*), dann erklärt er ihn für unrein.

Ähnlich wie bei der Liste über reine und unreine Tiere so findet sich auch hier eine Auflistung verschiedener Hautphänomene, bei denen keineswegs immer deutlich ist, um welche Hautkrankheiten es sich handelt.[47] Auch ist nicht deutlich, ob der Text in allen Fällen damals real vorkommende Hautphänomene listet oder ob er in manchen Fällen schultextartig Hautphänomene »erfindet«, um alle möglichen Hautphänomene aufzunehmen – auch solche, die noch nie beobachtet wurden, die aber für den möglichen Fall einer bislang unbekannten Gottesstrafe[48] phantasievoll erdacht werden.[49] Aus der Altorientalistik kennen wir zahlreiche Fälle aus der Heilkunde, aus der Leberschau

---

45 Vgl. auch Hieke, Levitikus, 475.
46 Dargestellt in Form einer Tabelle etwa bei Kaplan, Leprosy, 508f; Milgrom, Leviticus, 825f.
47 Vgl. zu den medizinhistorischen Hintergründen, die nur schwer zu eruieren sind, Hulse, Nature; Lieber, Leprosy; Krauss, Bemerkungen; ders., Vitiligo.
48 Der »Schlag«, den der »Ausschlag« führt, wird in Lev 13 nicht explizit als Strafe Gottes bezeichnet, in der Regel jedoch als »Schlag Gottes« gedeutet, vgl. Lev 14,34; Num 12,9f; 2Chr 26,20 und in Bezug auf Lev 13 ausdrücklich in Qumran, vgl. etwa Hieke, Levitikus, 493 (Lit.).
49 Gegen »medizinischen Materialismus« argumentiert Kaplan, Leprosy, und stellt die These auf, dass es gar nicht um medizinische Diagnosen geht, die über den Ausschluss der Mitglieder aus der Gemeinde bestimmen. Während Kaplan dabei vor allem praxisrelevant an den Verbleib der Mitglieder in der Gemeinde denkt, ist auch nach dem schultextartigen Charakter von Lev 13f zu fragen.

und aus der Astronomie, bei denen neben real vorkommenden Phänomenen auch fiktive gelistet werden, um sich gegen alle möglichen Fälle abzusichern, eben auch gegen solche, die bislang nicht vorgekommen oder sogar unmöglich sind, die aber denkbar waren.[50]

Lev 13 interessiert sich nicht für medizinische Ursachen und Therapien von Hautkrankheiten, sondern für die kultrechtliche Frage, wann ein Mensch, der von Ausschlag getroffen wurde, rein ist und am Kultgeschehen teilnehmen darf, und wann er unrein ist und für die Dauer des Aussatzes vom Kult ausgeschlossen wird. Während sich in Lev 1–5 besondere Abstraktionsformen zeigen und in Lev 11 Listenwissenschaft zur kulinarischen und spielerischen Ordnung der Tierwelt verwendet wird, so ist es wissenschaftsgeschichtlich bedeutsam, dass in Lev 13 Listenwissenschaft und Inspektion – »besehendes Erkunden« – verbunden werden. Das »hebräische Denken« kann deshalb nicht als einzig und allein synthetisches, ganzheitliches, stereometrisches Denken beschrieben werden, auch nicht einseitig als hörendes Denken.[51] Die Form des Denkens, die sich in den hier verhandelten Texten des Buches Levitikus offenbart, möchte ich den taxonomischen Denkstil nennen, weil er sich durch besondere Formen der Kategorisierung, Taxonomierung und Abstraktionsleistung auszeichnet. Taxonomie strukturiert die Welt, und nicht nur für Griechenland und Rom, sondern auch für das Alte Testament wie für den Alten Orient insgesamt gilt, dass die Welt denkerisch erobert werden will, indem nicht nur mythisch von ihr erzählt wird – das auch –,[52] sondern indem die Dinge der Welt in Begriffen erfasst, in Klassen geordnet und durch Analogien und Homologien miteinander in Beziehung gesetzt werden. Die Verwendung von Listenwissenschaft im Buch Levitikus macht deutlich, dass sich das Denken Israels durch einen höheren Grad an Abstraktionsfähigkeit, Genauigkeit, Inspektions- und Unterscheidungsfähigkeit auszeichnet, als dem hebräischen Denken oftmals zugetraut wird.

---

50 Vgl. etwa Rochberg, Nature, 106f.
51 Siehe dazu oben Abschnitt 1 in diesem Beitrag mit Anm. 2–6.
52 Das »mytho-poetische Denken« wurde vor allem in dem berühmten Band *Before Philosophy* (in der Erstausgabe unter Einschluss des Alten Testaments; vgl. Frankfort/Frankfort, Adventure) als Kennzeichen des altorientalischen Denkens angesehen und dem griechischen Denken gegenübergestellt. Die Fokussierung allein auf mythische Texte ist angesichts der Quellenlage zu einseitig, vgl. Van De Mieroop, Theses, 21–23.

V. Materialität und Spiritualität im altisraelitischen Opferkult

Religionsgeschichtliche Abstraktionsprozesse

1. Hinführung: Die Fragestellung

Religionsgeschichtlich entstammt das alte Israel dem alten Orient und ist auch nur auf dem Hintergrund der altorientalischen Umweltkulturen zu verstehen. Gleichzeitig entwickelt es, so wie jede Kultur, seine Eigenheiten und ist deshalb auch auf seine *differentiae specificae* zu den Religionen des Alten Orients hin zu befragen. Mit der Entwicklung zur Monolatrie und später zum Monotheismus vollzieht sich eine allmähliche, im Laufe der Religionsgeschichte immer weiter fortschreitende Abstraktionsleistung von konkreten, anthropomorph und material gedachten Formen des altorientalischen Polytheismus, ohne sich vollständig von diesen zu lösen. Diese Fähigkeit, über Gott konkret und unkonkret zugleich nachzudenken, zeigt sich nicht nur in den Vorstellungen über Gott, sondern auch in der materiellen Religionsausübung selbst.[1] Solche Prozesse der Abstraktionsleistung in der materiellen Religionsausübung möchte ich im Folgenden am Beispiel des altisraelitischen Kultes verständlich machen. Unter einer Abstraktionsleistung verstehe ich dabei einen Denkprozess, der physisch und ökonomisch fundierte, materiell gebundene Wertzuschreibungen in und an den Dingen ausklammert. Im Sinne der aristotelischen *Aphairesis* meine ich damit einen Prozess, »das in Gedanken auszuklammern, was man dennoch dem betreffenden Objekt in Wirklichkeit zugehörig

---

[1] In den Jahren 2019–2022 wird sich ein vom *Independent Research Fund Denmark* gefördertes Netzwerk der Beziehung zwischen ökonomischen Formen des Austauschs und Messens auf der einen Seite und der Entwicklung von (religiösen) Ideen auf der anderen Seite in Ägypten und Griechenland, dem Alten Testament und Alten Orient widmen. Die Abstraktionsleistung spielt in diesem Prozess eine entscheidende Rolle. Das Netzwerk wurde von Christian Frevel (Bochum), Joachim Schaper (Aberdeen) und mir ins Leben gerufen und trägt den Titel *Measuring Value and Accommodating the Gods: Abstracting from the Material in Ancient Cultures.*

weiß«.² Die These ist, dass in Lev 1–5 von der physisch und ökonomisch begründeten, materiellen Werthaftigkeit des Opfers abgesehen, eben »abstrahiert« wird und stattdessen in Form einer *generalisierenden Abstraktion* das den Opfertieren Gemeinsame – ihre gleichwertige Anerkennung im Rahmen ein und derselben Opferkategorie – herausgestellt wird.³

Grundlegend für die folgenden Überlegungen ist die Einsicht, dass die menschliche Fähigkeit des Bewertens durch Messen, Wiegen und Zählen in den alten Hochkulturen ihren Anfang genommen hat, vor allem mit der Erfindung der Schrift und der Erfindung von Messinstrumenten wie der Waage.⁴ Diese Erfindungen sind auch für die Bewertung und Katalogisierung der Opfer wichtig, und auf diesem wenig beachteten Aspekt möchte ich im Folgenden aufbauen. Denn in diesem Bereich scheint nicht in Ägypten oder Mesopotamien, sondern im alten Israel eine neue Idee aufzuleuchten, die von der Fähigkeit zeugt, vom intrinsischen Wert der Opfergaben zu abstrahieren.

Hier im alten Israel geschieht meines Erachtens etwas Ähnliches wie auf ganz anderer Ebene im alten Griechenland mit der Entstehung des Geldes. Obwohl der alte Orient über Silberschekel und Weizenvolumen als Zahlungsmittel verfügte⁵ – und die Perser sogar über hochwertige Münzen – haben die Griechen das Geld im engeren Sinne erfunden,⁶ zu dem gehört, dass der konventionelle, nominale Wert der Münze höher ist als der inhärente Metallwert der Münze.⁷ Der staatliche Prägestempel auf der Münze schafft das not-

---

2 Aubenque, Abstraktion, 42. Vgl. auch Detel, aphairesis.
3 Zum Begriff der *generalisierenden Abstraktion* vgl. Acham, Abstraktion, 59.
4 Für einen globalgeschichtlichen Überblick vgl. Morley/Renfrew, Archaeology. Zu Maßen und Gewichten in Israel vgl. Winkler, Maße/Gewichte; zu Mesopotamien Powell, Maße; zu Ägypten Helck, Maße, sowie Vleming, Maße; zu Griechenland vgl. Hitzl, Gewichte, sowie Höcker/Schulzki, Maße. Zu den Ursprüngen der Mathematik in Mesopotamien vgl. etwa Friberg, Mathematik; zu Ägypten Imhausen, Mathematics, sowie zu Griechenland Herrmann, Mathematik.
5 In einem weiteren Sinne verfügte der alte Orient demnach sehr wohl über Geldmittel, vgl. etwa Jursa, Aspects, 469–753 sowie zu Israel Kessler, Wirtschaft, 52–60. Zur Bedeutung des Hacksilbers in Dtn 14,22–29 vgl. Schaper, Geld.
6 Die Versuche zur Definition des Geldes sind Legion. Zu einem umfassenden Versuch der Darstellung seiner Merkmale vgl. etwa Seaford, Money, 16–20.
7 Vgl. Seaford, Money, 136–146; vgl. auch von Reden, Money, 5.32–34 speziell zur Entwicklung von Bronze- und Kupfermünzen.

V. Materialität und Spiritualität

wendige Grundvertrauen, um vom inneren Metallwert der Münze abstrahieren zu können.[8] »Barbaren« der vorhellenistischen Zeit haben dieses Prinzip offenbar nicht verstanden und Münzen wie Edelmetall behandelt. Wie Hortfunde zeigen, wurden Münzen sogar geöffnet, um zu prüfen, ob der nominale Wert, den die Münze repräsentiert, auch wirklich ihrem Materialgehalt entspricht.[9] Man hat also die Idee des Geldwesens *an diesem Punkt* und die dahinterstehende Abstraktionsleistung nicht begriffen.[10] Wie aber steht es mit der Abstraktionsleistung beim religiösen Opferwesen?

In Bezug auf das antike Griechenland hatte Bernhard Laum 1924 die These aufgestellt, dass die Entstehung des Geldwesens seinen Ursprung im griechischen Opferwesen und dessen Substitutionsgedanken hat.[11] Der zu opfernde Mensch wird durch das Rind ersetzt, das auch als Wertmesser und Zahlungsmittel fungieren kann. Beim Gemeinschaftsmahlopfer erhalten die Teilnahmeberechtigten ihren Anteil am zu verzehrenden Opferfleisch auf einem Spieß, der bezeichnenderweise Obelos (ὀβελός) heißt und später ebenfalls als Zahlungsmittel eingesetzt wird, bevor es zur Entwicklung von Geldmünzen kommt. Die von Bernhard Laum aufgestellte Theorie

---

8 Vgl. Seaford, Money, 7; von Reden, Money, 7 zur antiken Diskussion. »Auch wegen der Umständlichkeit und Schwierigkeit von Nachwiegung und Feingehaltskontrolle wurde die Münze in geordneten Geldverhältnissen von breiten Kreisen einfach im Vertrauen auf ihre allgemeine und fortdauernde Akzeptanz als Zahlungsmittel angenommen, ohne auf ihren Metallwert geprüft zu werden. Eigentlich liegt nur diese Form des Umlaufs in der Logik des Geldes. Wenn der Umlauf des Geldes allein mit Rücksicht auf deren Gepräge erfolgte, stellte dies den Ansatz zu einem *de facto*-Übergang zur Kreditmünze dar.« (Ernst, Geld, 8. Hervorhebung im Original).
9 Vgl. etwa Eshel u. a., Silver, 222: »The fundamental mistrust in the quality of silver would explain why coins in Mesopotamia and the southern Levant were still being hacked during the 5th and 4th centuries B.C.E.« Vgl. auch Figueira, Power, 31f; Mildenberg, Münzwesen, 11f; Seaford, Money, 137 Anm. 73. Hier ist nicht nur, aber vor allem auch der Hortfund von Asyut (Ägypten) zu nennen, vgl. Price/Waggoner, Coinage, 115f sowie die entsprechenden Tafeln: »Like other mixed hoards from the Near East in the fifth and fourth centuries, this contained, together with mutilated coins, silver presumably melted down, further attesting to the value set on bullion *per se*, rather than on the coin itself, for purposes of exchange.« (S. 115. Hervorhebung im Original).
10 Vgl. Seaford, Money, 146: »in this respect Greek culture was quite distinct.«
11 Vgl. Laum, Geld.

ist nicht unumstritten geblieben,[12] wird in neuerer Zeit jedoch in aktualisierter und modifizierter Form fortgeführt, wobei vor allem die Abstraktionsleistung bei der Entstehung des Geldes hervorgehoben wird.[13] In diesem Artikel wird die Frage gestellt, ob sich vergleichbare Abstraktionsleistungen auch im altisraelitischen Opferkult finden lassen. Es geht wie bei der öffentlichen Durchsetzung der Geldmünze um eine Abstraktionsleistung, die bei der offiziellen Anerkennung des Opfers vom inhärenten Wert des Opfertieres abstrahieren kann.[14]

---

12 Zu einer umsichtigen Darstellung siehe Wittenburg, Ursprung, sowie Brandl, Entstehung.
13 Vgl. in neuester Zeit vor allem Seaford, Money. Zur Bedeutung der *agalmata* vgl. vor allem Gernet, Anthropology, 73–111. In Bezug auf Israel spricht Schaper, Geld, 52 vom »Einbruch des Abstrakten«.
14 Vorformen solcher Abstraktionsleistung finden sich ansatzweise schon in den Kulturen des Alten Orients. Abstraktionen vom materiellen Wert der Opfergabe finden sich beispielsweise schon beim Ersatzopfergedanken. In Mesopotamien konnte der Arme vegetabile Gaben opfern, wenn der Reiche ein Schaf zu bringen hat (Textbelege bei Lambert, Donations, 198f; Scurlock, Animal Sacrifice, 396; Mayer/Sallaberger, Opfer, 96f). Der Arme kann auch ein Miniaturschaf aus Talg statt eines richtigen Schafes opfern oder das Herz eines Schafes statt einer Taube (Textbelege bei Scurlock, Animal Sacrifice, 397; dies., Techniques, 41). Im Alten Ägypten können Tierfiguren aus Opferkuchen oder Weihrauch das Tieropfer ersetzen (Textbelege bei Altenmüller, Opfer, 580 mit Anm. 10; allerdings handelt es sich wohl nicht um Opfer, da es um rituelle Zerstückelungen von Opferkuchen in Nilpferdform geht, die für Seth stehen). Vielleicht liegt auch schon in der Bedeutung von Blumen als Opfermaterie eine gewisse Abstraktionsleistung vor. Blumen nehmen in der Aton-Religion offenbar zu, weil die hier vorliegende, relativ abstrakte Gottesvorstellung davon ausgeht, dass Aton die Opfergaben nicht wirklich verspeist (vgl. Teeter, Religion, 50). Zudem zeigt sich in Ägypten ein Abstraktionsprozess vom materiellen Opfer in der Bedeutung der Hieroglyphenschrift: »Nach der Überzeugung des Ägypters wohnte dem geschriebenen Wort die Kraft inne, auf magische Weise Realitäten zu erschaffen. Die in der O. [Opferliste; J.D.] schriftlich fixierten Opfer konnten daher denselben Zweck wie tatsächlich überreichte Gaben erfüllen.« (Barta, Opferliste, 586) In Ugarit können Opfergaben unterschiedlichen materiellen Werts mit ein und demselben kategorialen Opferbegriff bezeichnet werden, doch besteht nach den Vorschriften keine freie Wahl in der einzelnen Gabe, die in jedem Einzelfall an einen konkreten Empfänger materiell gebunden scheint (vgl. etwa Pardee, Ritual, 25–116). Aus den späteren punischen Opfertarifen KAI 69; 75 hingegen ist letzteres nicht ersichtlich, und ähnlich wie in Ugarit und Lev 1–5 können hier Opfertiere unterschiedlichen materiellen Werts ein und derselben Opferkategorie zugeordnet werden.

2. Altorientalische Hintergründe: Materialität im altorientalischen Opferkult

Die Definition des Opfers ist kompliziert und umstritten. In einem weiten Sinn bezeichnet Opfer »eine religiöse Handlung, die in der rituellen Entäußerung eines materiellen Objekts besteht«.[15] In einem engeren Sinn ist das Opfer eine materielle Gabe an die Götter. Hinzu kommt ein Drittes: In den alten Hochkulturen erscheinen die Götter häufig in anthropomorpher Form, und die Aufgabe des Menschen ist es, die Götter zu bewirten und zu speisen. Das Opfer ist deshalb zunächst einmal ein nicht nur verwertbares, sondern auch ein verzehrbares materielles Gut, häufig ein Tier oder pflanzliche Produkte.

In den antiken Hochkulturen, einschließlich des alten Israel, muss das Opfertier kultisch rein, das heißt gesund und fehlerfrei sein. Üblicherweise spielt beim Opfer der materielle Wert des Opfergutes eine wichtige Rolle.[16] Vor allem im alten Ägypten wurde die Fülle des Opfermaterials auf den Tempel- und Grabwänden anschaulich dargestellt. Das alles geschieht, um die wohlwollende Präsenz der Götter unter den Menschen zu sichern. Die Präsenzkraft der Götter, ihr sogenannter Ba-Vogel, nimmt bei genügend Wohlwollen Besitz von der Gottesstatue. Die Gottesstatue selbst stammt aus feinstem Material, vor allem aus dem heimischen Gold, dem importierten und deshalb ebenfalls sehr wertvollen Silber und aus dem überaus kostbaren, aus Afghanistan stammenden Lapislazuli. Auf einem berühmten Exemplar aus dem Miho Museum[17] sieht man den Gott Horus, wie er auf seinem Thron sitzt. Die Statue ist aus Silber hergestellt, den Knochen der Götter, und war einst mit Gold, der Haut der Götter, überzogen. Das Haar besteht aus Lapislazuli.

Um die Gottespräsenz in der Statue und unter den Menschen zu gewährleisten, erhalten die Götter wertvolle Gaben. Diese Gaben

---

15 Seiwert, Opfer, 269. Vgl. etwa auch Gane, Cult, 16: »A *sacrifice* is a religious ritual in which something of value is ritually transferred to the sacred realm for utilization by a deity.« Hervorhebung im Original.
16 »Dabei variiert die Menge und Qualität der dargebrachten Speisen und Getränke je nach Rang der Götter, dem jeweiligen Opferanlass oder dem Opferherrn« (Sallaberger, Opfer, 135).
17 Vgl. Teeter, Religion, 43 mit Tafel VI. Die Statue ist auch online auf der Webseite des Miho Museums anzusehen: http://www.miho.or.jp/booth/html/artcon/00000797e.htm.

sind zunächst und zumeist Speisen und Getränke, um die Lebenskraft der Götter – ihre sogenannte *ka*-Kraft – zu stärken.[18] Deshalb ist es wichtig, dass auch die Götterspeisen aus bester Opfermaterie stammen. Die Opferspeisen bestehen zumeist aus Rinderkeulen, Gänsen, Getreide, Obst und Gemüse sowie Wein und Bier. Ein Beispiel: Beim täglichen Opfer des Neuen Reiches wird das Göttermenü in Form einer langen Liste rezitiert und jede Opfergabe mit Szenen aus dem Horus-Seth-Mythos verbunden.[19] Im Anschluss wird diese Opferliste mit Hilfe einer weiteren Rezitation für vollgültig erklärt:

> Ausrufen des Opfers
> Ausführen eines Opfers, gegeben vom König, von Geb und von der großen Götterneunheit, die im Tempel ist: Tausend an Brot, Tausend an Bier, Tausend an Rindern, Tausend an Vögeln, Tausend an Alabaster, Tausend an Kleidung, Tausend an Weihrauch, Tausend an Salbe, Tausend an Speisen, Tausend an Nahrung, Tausend an allen guten Dingen und Tausend an allen süßen Dingen, die der Himmel gibt, die die Erde erschafft und die Hapi aus seiner Höhle hervorbringt. (...) Komm zu diesem Brot als dem Gottesopfer, welches warm ist, dem Bier, welches warm ist, und den ausgewählten Fleischstücken, welche vor dem Opfertisch sind.[20]

Diese Vollgültigkeits-Erklärung nimmt die alte *ḥtp-dj-nswt*-Opferformel auf, die eigentlich aus dem Totenkult stammt und für den Verstorbenen am Grab gesprochen wird.[21] Auch die Lebenskraft des Verstorbenen soll wie die *Ka*-Kraft der Götter mit einer Überfülle an wertvollen Opferspeisen gesättigt werden. Auf einer Kalksteinstele aus dem Mittleren Reich sieht man den Verstorbenen, wie er vor seinem Opfertisch mit Baguette-artigen Broten sitzt.[22] Darüber

---

18 Vgl. Altenmüller, Opfer, 580.
19 Vgl. Tacke, Opferritual, 103–111.
20 pK/T 4,22ff. Übersetzung nach Tacke, Opferritual, 112. Auch in Bezug auf das tägliche Opfer gilt: »The amount of food required for the ritual is simply astounding« (Teeter, Religion, 52).
21 Vgl. etwa Tacke, Opferritual, 113.
22 BM EA 585. Vgl. die Umzeichnung in Collier/Manley, Hieroglyphs, 48. Das Original ist online auf der Webseite des British Museum einzusehen: https://www.britishmuseum.org/collection/object/Y_EA585.

V. Materialität und Spiritualität

sind zumindest eine Rinderkeule und eine Gans, darunter rechts ein Bierkrug zu erkennen und links ein Rinderkopf – gleichzeitig eine Hieroglyphe für die Lebenskraft *Ka*. Die zugehörige Inschrift lautet:

> BM EA 585
> Ein Opfer, das der König gibt, an Osiris, den Herrn von Djedu, den großen Gott, den Herrn von Abydos. Er möge geben tausend an Brot, Bier, Rind, Vogel, Alabaster, Leinen – jede Sache, wovon ein Gott lebt – für den Ka des Seligen, den Geber von Gottesgaben für die Götter, den Zähler der beiden Speicher, den Aufseher Sa-Renenutet, den Gerechtfertigten, geboren von (der Mutter) Bameket.

Im alten Mesopotamien sind es vor allem der Rang des Gottes und die Bedeutsamkeit des Anlasses, die über den Wert der Opfergaben bestimmen.[23] Auch hier ist es Aufgabe der Menschen, die Götter zu bewirten und zu speisen, und das Opfer muss deshalb hohen Wert haben. Nebukadnezer rühmt sich, dass er den Opferkonsum für die beiden babylonischen Hauptgötter, Marduk und seine Frau Zarpanitu, erhöht habe.[24] Wenig später ist es Nabonid, der sich rühmt, die Anzahl der Opferschafe für den Mondgott Sin und seine Frau Ningal verdreifacht zu haben.[25] Im spätbabylonischen Tempelkult der Stadt Uruk erhalten die Götter viermal täglich Fleisch, Brot, Früchte und Getränke.[26] Eine hellenistische Liste belegt für alle Opferwaren Anzahl und Qualität. Ich nenne hier nur die Aufzählung des Fleisches als Beispiel:

> AO 6451 Rs. 4–8
> Für die große Mahlzeit am Morgen, das ganze Jahr, 7 erstklassige gemästete reine Widder, zweijährig, die Gerste gefressen haben, 1 …-Schaf der regelmäßigen Opfer, mit Milch gefüttert: insgesamt

---

[23] Mayer/Sallaberger, Opfer, 96. Vgl. auch Sallaberger, Opfer, 135.
[24] Vgl. Scurlock, Animal Sacrifice, 389f mit Hinweis auf Langdon, Königsinschriften, 90f I 13–28.
[25] Vgl. Scurock, Animal Sacrifice, 390 Anm. 5 mit Hinweis auf Böhl, Tochter, 166f II 21f.
[26] Mayer/Sallaberger, Opfer, 96.

8 Widder der regelmäßigen Opfer, 1 großes Rind, 1 Milchkalb und 10 feiste Widder nachgeordneter (Qualität), die keine Gerste gefressen haben, insgesamt bei der großen Mahlzeit am Morgen, das ganze Jahr: 18 Widder (...), 1 Rind, 1 Milchkalb.[27]

In neuassyrischer Zeit finden wir auch das für Israel typische Brandopfer. In einer königlichen Zuwendungsurkunde werden 23 Schafe, zwei Rinder und zwei Kälber unter den täglichen Brandopfern erwähnt.[28] Und ähnlich wie in Ägypten werden auch diese Opfer in einem Kultkommentar mit einem mythischen Sieg assoziiert, in diesem Fall mit dem mythischen Sieg über den Gott Kingu.[29] Ikonographisch kommt die Bedeutung der Opfermaterie auf dem weißen Obelisken aus neuassyrischer Zeit sehr gut zum Ausdruck.[30] Hier sieht man den König bei der Libation in ein Gefäß, das vor dem Opfertisch mit Speisen und dem hohen Räucheraltar (Thymerion) steht.[31] Im Hintergrund sieht man rechts vier Personen, vielleicht Priester, in anbetender Haltung, sowie einen weiteren, der seine Hand auf den Kopf des Opfertieres legt. Links sieht man die Göttin Ishtar von Ninive auf ihrem Thron, zusammen mit einem Priester, der vor ihr steht.

Werden die Götter einmal nicht durch Opferspeisen bewirtet – wie beispielsweise im mesopotamischen Sintflutmythos –, dann hungern sie. So heißt es im Atramchasis-Mythos über die Zeit, als die Menschen durch die Sintflut umkommen und keine Opfer bringen:

---

27 TU 38 (AO 6451) Rs. 4–8. Übersetzung Sallaberger, Opfer, 138. Zur Edition Linssen, Cults, 172–183. Zum akītu-Fest unter Seleukos III. werden im Esagila elf fette Ochsen, hundert fette Schafe und elf fette Enten geopfert (Chronik 13B 5f; vgl. Grayson, Chronicles, 283).
28 SAA 12 No. 48:10–12, vgl. auch Scurlock, Techniques, 42.
29 SAA 3 No. 37:9–17. Vgl. auch Scurlock, Techniques, 42. Mit den ägyptischen und altorientalischen Bezügen zu vergleichen wäre das Verhältnis zwischen Exodusmythos und Passaritual.
30 Vgl. etwa die Umzeichnung in Keel/Knauf/Staubli, Tempel, 44 Abb. 46. Der weiße Obelisk ist online auf der Webseite des British Museum einzusehen: http://www.britishmuseum.org/research/collection_online/collection_object_details.aspx?objectId=282204&partId=1&searchText=white+obelisk&page=1.
31 Vgl. Seidl, Opfer, 103.

V. *Materialität und Spiritualität*

Atramchasis III iii 30f
Die Anuna-Götter, die großen Götter, sie saßen da, voll Hunger und Durst.[32]

Aus diesen und ähnlichen altorientalischen Quellen wird deutlich, wie wichtig der materielle Wert der Opfergabe ist.[33] Die Götter müssen bewirtet werden, und im Rahmen der Bewirtung wird von dem materiellen Wert des Opfers gerade nicht abstrahiert.

3. Israelitisches Opferwesen: Materialität und Abstraktionsprozesse

Im alten Israel scheint das alles erst einmal ganz ähnlich zu sein. Opfer werden dargebracht, und zwar auf eine materialreiche Weise. Zur Einweihung des ersten Tempels in Jerusalem heißt es, dass man so viele Schafe und Rinder opferte, dass sie »vor Menge nicht beziffert und nicht gezählt werden konnten« (1Kön 8,5). Zur Einweihung des zweiten Tempels heißt es:

Esr 6,17
Und sie opferten zur Einweihung dieses Gotteshauses hundert Stiere, zweihundert Widder, vierhundert Lämmer und als Sündopfer zwölf Ziegenböcke für ganz Israel, nach der Zahl der Stämme Israels.

Der wichtigste biblische Opfertarif aber, und das ist meine These, abstrahiert in großem Stil von den im alten Orient und auch sonst in Israel gegebenen Verhältnissen. Diesen Opfertarif finden wir in der Priesterschrift, Lev 1–5. Bei der Priesterschrift handelt es sich um eine nachexilische Programmschrift, die aus der frühen Perserzeit stammt und ihr eigenes Bild vom alten Israel und dessen Opfersystem entwirft. Vielleicht handelt es sich bei dem Opfertarif von

---

32 Übersetzung Sallaberger, Opfer, 135.
33 Bei den Hethitern gab es Strafen für Tempelarbeiter, die ihre eigenen, minderwertigen Opfertiere heimlich durch höherwertige aus dem Tempelgut ersetzten (vgl. Beckman, Opfer, 108) – was zeigt, dass auch bei den Hethitern sowohl Tempelarbeiter als auch Tempel auf den materiellen Wert des Opfertieres bedacht waren.

Lev 1–5 um Fortschreibungen zur priesterschriftlichen Grundschrift, die von Gen 1, der Schöpfung in sieben Tagen, bis zum Bau des Heiligtums in Ex 40 reicht,[34] wahrscheinlich aber umfasst die Grundschrift auch diesen Opfertarif sowie weitere Texte bis zum Großen Versöhnungstag von Lev 16.[35]

In jedem Fall liegen mit diesem Opfertarif Abstraktionsleistungen vor, die ihren Ursprung nicht in der prophetischen Opferkritik und auch nicht in der weisheitlichen Ethisierung des Opferwesens haben – zwei wohlbekannten Traditionsbereichen, die dem kultischen Opferwesen kritisch gegenüberstehen können –, sondern es handelt sich um Abstraktionsleistungen, die aus dem genuinen Bereich des Kultes selbst stammen und eine Spiritualisierung in dem Sinne durchführen, dass man von dem konkreten Wert der Opfermaterie abstrahiert. Diese nur mit Vorsicht »Spiritualisierung«[36] zu nennende Form der Abstraktionsleistung ist keine Spiritualisierung durch das Wort, das sich von der Opfermaterie löst,[37] sondern eine im materiellen Opferwesen verbleibende, die vom üblichen ökonomischen Nutzwert und kulturellen Mehrwert des Opferfleisches zu abstrahieren imstande ist.

Auf den ersten Blick liegen allerdings auch nach der priesterlichen Programmschrift Vorstellungen vor, die dem altorientalischen Opferbetrieb nahestehen: Es werden Opfer dargebracht, und zwar im Tempel bzw. im Zelt der Begegnung. Wie die Götter im Alten Orient in ihren Tempeln, so nimmt auch der Gott der Hebräischen Bibel von seinem Heiligtum Besitz und ist in seinem Wohnhaus prä-

---

34 Für einen Überblick über die Forschung zu dieser Frage vgl. etwa Zenger/Frevel, Werk, 196–203.
35 Vgl. vor allem Nihan, Torah.
36 Ein strikter Gegensatz zwischen *spiritualitas* vs. *carnalitas* bzw. πνευματικός vs. σαρκικός liegt gerade nicht vor, insofern unter Spiritualisierung eine vollständige Ablösung vom Materiellen intendiert ist. Zum Begriff Spiritualisierung vgl. Hermisson, Sprache, 24–28; Hartenstein, Spiritualisierung.
37 »So hat sich denn auch die Spiritualisierung des Opferkultes im wesentlichen auf die Substitution des Tieropfers durch das ›Wort‹ beschränkt, und d. h., daß man innerhalb des Alten Testaments nur die eine Weise der Spiritualisierung der Opfer, ebendas, was wir unter den Begriff ›Entdinglichung‹ faßten, beobachten kann.« (Hermisson, Sprache, 62). Zu diesem Prozess vor allem in den Psalmen vgl. Hermisson, Sprache, sowie die unten in der Zusammenfassung genannten Beiträge.

V. Materialität und Spiritualität

sent (Tempel- und Präsenztheologie).[38] Das Zelt der Begegnung mit seiner Dreiteilung in Vorhof, Heiliger Raum und Allerheiligstes entspricht im Wesentlichen dem Jerusalemer Tempel sowie üblichen altorientalischen Langraumtempeln. So wie es im Alten Orient tägliche Opfer für die Götter gibt,[39] vor allem bei Sonnenauf- und Sonnenuntergang, so sollen im alten Israel morgens und abends tägliche Brandopfer dargebracht werden (Ex 29,38–42; Num 28,3–8). Und so wie Speiseopfergaben im Alten Orient auf Opfertischen den Göttern wie eine zubereitete Mahlzeit präsentiert und dann von den Priestern abgeräumt und gegessen werden,[40] so sollen auf dem biblischen Schaubrottisch dauerhaft zwölf Laibe Brot präsentiert werden, die am Sabbat von den Priestern gegessen und durch neue Brote ersetzt werden (Ex 25,23–30; Lev 24,5–9).[41] Auch bei den in der Priesterschrift gelisteten Opfern, dem Brandopfer, dem Speiseopfer, dem Gemeinschaftsmahlopfer, dem Sünd- und dem Schuldopfer wird scheinbar genau auf den Wert der Opfermaterie geachtet. Darüber hinaus werden die Opfer auf den ersten Blick auf eine Weise dargebracht, wie sie anthropomorphen Gottesvorstellungen im Alten Orient entsprechen: Das Verbrennen der Opfermaterie dient zum lieblichen Duft für Gott[42] und wird im Falle des Gemeinschaftsmahlopfers sogar explizit als Brot oder Speise Gottes bezeichnet:

---

38 Vgl. im altorientalischen Vergleich Hundley, Heaven; ders., Gods.
39 Vgl. etwa Sallaberger, Opfer, 138–141; Hundley, Gods, 270–276.
40 »Food was placed in front of the image, which was apparently assumed to consume it by merely looking at it, and beverages were poured out before it for the same purpose« (Oppenheim, Ancient Mesopotamia, 191f; vgl. Abusch, Sacrifice, 42f).
41 Gott verzehrt nicht die Brote, sondern nur den Weihrauch als »Gedächtnisanteil« (*'azkārāh*; vgl. Lev 24,7 sowie Gane, Bread, 196; Gudme, Hungry, 175; Jensen, Ild, 295 Anm. 70). Hierin zeigt sich bereits eine gewisse Form der Abstraktionsleistung.
42 Parallelen zum Alten Orient listet Gudme, Hungry, 181–183.

Lev 3,11.16
Eine Speise des Feuers für Jhwh (ist dies).[43]
Eine Speise des Feuers zum wohlgefälligen Duft (ist dies).[44]

Und dennoch liegt mit Lev 1–5 eine fundamentale Abstraktionsleistung vor, und zwar auf verschiedenen Ebenen. Diese Abstraktionsleistung zeigt sich schon in der Sprache: Das Opfertier wird in erster Linie nicht als Tier, sondern als Opfermaterie wahrgenommen und entsprechend mit dem Abstraktbegriff *qårbān* bezeichnet, ein Begriff, der für alle möglichen Darbringungen, eben auch die Tiere, verwendet wird. Zudem wird beim Mahlopfer das Opfer für Gott nicht als Fleisch (*bāśār*) oder Fett (*ḥelæb*), sondern als Brot bzw. Speise (*læḥæm*) bezeichnet. Darüber hinaus wird das Opfer in Lev 1–5 auch nicht wie im Alten Orient auf Opferspeisetischen zum Verzehr präsentiert und dann für die Priester abgeräumt. Obwohl die oben genannten Formulierungen zum »lieblichen Duft« und zum Brot bzw. zur Speise Parallelen zum Alten Orient aufweisen, werden im Unterschied zum Alten Orient *sämtliche* Gott zugedachten Opferanteile[45] durch Verbrennung (zu einem lieblichen Duft) *trans-*

---

43 In diesen beiden Versen übersetze ich aus mehreren Gründen *'iššæh* nicht mit »food gift« (Milgrom), sondern traditionell mit »Feueropfer«, auch wenn die Etymologie des Terminus unsicher ist und möglicherweise mit ugaritisch *'itt* (»Gabe«) in Zusammenhang steht (vgl. Hoftijzer, Feueropfer): 1. Die Schreiber dieses Textes waren sich möglicherweise über die tatsächliche Etymologie nicht im Klaren und dürften den Terminus an dieser Stelle (volksetymologisch) mit *'eš* »Feuer« in Verbindung gebracht haben, zumal die Opfergabe hier auch tatsächlich verbrannt wird (vgl. Willi-Plein, Opfer, 91f; zur gebotenen Vorsicht bei Etymologisierungen vgl. Barr, Bibelexegese, 104–163). 2. Die Septuaginta macht deutlich, dass man den Terminus in manchen Fällen als »food gift«, in anderen als »Feueropfer« verstanden hat (vgl. Eberhart, Studien, 42–48). 3. In den beiden übersetzten Versen ist der Aspekt der Speise (»food«) schon von dem hebräischen Wort *læḥæm* besetzt.
44 Noch direkter formuliert in Lev 21,6.8.17.21f; 22,25. In dem parallelen Opfertarif Num 28f wird sogar jede kultkonforme Opfergabe von Gott selbst ausdrücklich als »meine Speise/mein Brot« bezeichnet (Num 28,2; vgl. Ez 44,7). Vgl. darüber hinaus noch Dtn 32,38; Jes 43,24; Mal 1,7; Ps 50,12f; Staubli, Levitikus, 44; Watts, Leviticus, 286.
45 Nicht eingerechnet die den Priestern zugedachten Opferanteile. Der »liebliche Duft« wird in der Systematik von Lev 1–5 nicht bei jeder Opferverbrennung explizit thematisiert, ist aber für Lev 1–3 typisch (vgl. Lev 1,9.13.17; 2,9.12; 3,5.16) und findet bemerkenswerter Weise auch beim Sündopfer Erwähnung (Lev 4,31), nicht jedoch beim Schuldopfer (zum Schuldopfer als »Gegenmodell« zu Lev 1,1–5,13 siehe unten).

V. Materialität und Spiritualität

formiert und in Lev 3,11.16 entsprechend unkonkret als Gott dargebrachte »Speise *des Feuers*« bezeichnet.[46] Das Feuer ist nach der Priesterschrift eine der Offenbarungsweisen Gottes (Ex 24,17),[47] das die Akzeptanz (Lev 9,24) oder Ablehnung (Lev 10,1f) eines Opfers anzeigt, wenn es die Opfermaterie auf dem Altar verzehrt.[48] Das Verbrennen der Opfermaterie gehört in der Priesterschrift mit zur Art und Weise, anthropomorphe Gottesvorstellungen zu umgehen[49] und führt auch nicht die Praxis mit sich, Aufsteigen und Bewegung des Rauches als Omina zu deuten, wie es im Alten Orient belegt ist.[50]

Auch vom materiellen Wert des Opfers wird abstrahiert, und das ist ungewöhnlich. Im Alten Orient sind die großen Tempel mächtige Wirtschaftskonzerne, die über zahlreiche Güter verfügen und intensiv am Handel beteiligt sind, und der Jerusalemer Tempel dürfte im Prinzip keine Ausnahme gewesen sein. Doch anstatt auf den materiellen Wert des Opfertieres zu schauen, werden in Lev 1–5 Äquivalenzen für die Opfergaben festgelegt, die vom ökonomischen Wert des Opfers abstrahieren und eigene Formen der Konvertibilität und Wertbestimmung festlegen.

In Lev 1–5 folgen das Brandopfer, das Speiseopfer, das Gemeinschaftsmahlopfer, das Sünd- und das Schuldopfer aufeinander. Nach Christophe Nihan und anderen Forschern scheinen die ersten drei Opferbeschreibungen, über das Brand-, Speise- und Mahlopfer, die älteren Texte darzustellen, während die Beschreibungen zum Sünd- und Schuldopfer später zu datieren sind.[51]

---

46 Die Verbrennung der Opfermaterie auf dem Altar »can be considered the constitutive element of sacrifices in the Priestly writings: a ritual may be considered a sacrifice if it incorporates the burning rite on the altar.« (Eberhart, Feature, 493; vgl. ausführlich ders., Studien, 289–331). Das ist auch ein Unterschied zur menschlichen Konsumption des Opfers, vgl. auch Jensen, Ild, 278, 293f; Gudme, Hungry, 177f.
47 Vgl. außerhalb der Priesterschrift noch Gen 15,17; Ex 3,2; 19,18; Num 11,1–3; 13,21f; Dtn 4,24; 9,3 (vgl. Grohmann, Feuer). Vgl. auch Ri 6,21f; 13,19–23.
48 Vgl. außerhalb der Priesterschrift vor allem noch 1Kön 18,36–38; vgl. Ri 6,21; 13,20.23.
49 Vgl. Dietrich, Offerteologi. Vgl. dagegen außerhalb der Priesterschrift Ps 18,9, wo es unter anderem ganz »konkret« über Gott heißt: »Feuer fraß aus seinem Mund«.
50 Vgl. Maul, Wahrsagekunst, 162–167. Im Alten Orient kann der Rauch auch zeigen, ob Gott im Opfer anwesend ist oder nicht (ebd. 163 mit Anmerkung 29).
51 Nihan, Torah, 198–231.

In allen drei älteren Textbeschreibungen können jeweils unterschiedliche Tiere oder vegetabile Speisen geopfert werden, und zwar so, dass die Opfermaterie trotz ihrer unterschiedlichen Wertigkeit als offiziell gleichwertig klassifiziert wird. Im Falle des Brandopfers können entweder ein Rind oder ein Schaf bzw. eine Ziege oder eine Taube geopfert werden. In diesem administrativen Text wird keine Begründung angegeben, warum das eine Mal ein wertvolles Rind und das andere Mal ein Schaf bzw. eine Ziege oder auch nur eine Taube als Brandopfer dargebracht werden. In allen Fällen muss das Opfer fehlerlos sein, aber sein materieller Wert variiert erheblich. Wichtig ist, dass die Tiere durchaus nach ihrer Wertigkeit gelistet werden – vom Rind über das Kleinvieh zum Vogel – und die Verfasser sich deshalb der unterschiedlichen Wertigkeit der Opfer durchaus bewusst sind. Und dennoch werden alle drei Opfer als vollgültige Brandopfer anerkannt. Jedes Mal wendet der Text in jedem der drei Fälle die Klassifikationsformel an: »ein Brandopfer, ein Feueropfer, ein wohlgefälliger Duft für Jhwh (ist es).« (Lev 1,9.13.17). Mit dieser Klassifikationsformel werden die Brandopfer vom Kleinvieh und vom Vogel offiziell als gleichwertig zum Rinder-Brandopfer angesehen: Alle drei Arten sind gleichberechtigte und vollgültige Brandopfer, die in gleicher Weise einen lieblichen Duft für Gott produzieren. Obwohl der Wert des Opfertieres variiert, haben alle drei Opfer die gleiche Gültigkeit und den gleichen Effekt.

Auch beim Speiseopfer liegt ein dreiteiliges System der Gültigkeitserklärungen vor. Hier repräsentiert der zweite Fall Opfer mit geringerem materiellen Wert als die erste Form des Speiseopfers. Während die erste wertvolles Weihrauch enthält, so gilt das nicht für die zweite Form des Speiseopfers.[52] Dennoch werden alle, einschließlich der dritten Form, ohne weitere Begründung als gleichwertig und gleich effektiv aufgeführt. Der spezielle Terminus ’azkārāh (»Gedächtnisanteil«) lässt ebenfalls die symbolische Abstraktion vom materiellen Wert der Opfergabe durchscheinen,[53] denn nur dieser Gedächtnis-

---

52 »In a way, it is as if the cooking ›replaces‹ the frankincense – one is expected to spend energy (cooking) or money (frankincense), so to speak, to make the offering pleasing« (Meshel, Grammar, 94).
53 Vgl. Hieke, Levitikus, 101 sowie Nihan, Torah, 231: »While Jer 44:19 MT suggests that the cakes offered to the Queen of Heaven could be made in the form of the goddess, the portion of the cereal offering burnt to Yahweh is defined

V. Materialität und Spiritualität

anteil soll für Gott verbrannt werden. Noch mehr: Wenn wir dieses Mehlspeiseopfer mit dem Brandopfer vergleichen, dann sind beides Opferarten von ganz unterschiedlichem materiellem Wert (Pflanzen versus Tiere), aber dennoch werden beide gleichermaßen als Feueropfer zum lieblichem Duft für Gott klassifiziert (Lev 1,9.13.17; 2,2).[54] Ähnliches gilt für das Gemeinschaftsmahlopfer: Man möge ein fehlerfreies Rind, ein Schaf oder eine Ziege zum gemeinsamen Mahl mit Gott schlachten, in allen drei Fällen, und ohne weitere Begründung, werden die Opfer als gleichwertig anerkannt. Alle drei erfüllen vollgültig den gleichen Zweck als Gemeinschaftsmahlopfer.

Diese administrative Zuteilung von Äquivalenzen findet ihre spätere Begründung und Rationalisierung in den wohl jüngeren Kapiteln 4f über das Sündopfer. In diesem Abschnitt wird der materielle Wert des Opfers mit der sozialen Rolle des Opfernden korreliert. Handelt es sich beim Sünder um den gesalbten Priester oder die ganze Gemeinde, dann soll der materielle Wert des Sündopfers ein Stier sein. Handelt es sich um einen Anführer, dann soll es ein Ziegenbock sein. Ist es ein einfacher Israelit, soll es ein Schaf oder eine Ziege sein. Darüber hinaus wird anschließend in Lev 5,1–13 ein ökonomisches Begründungsprinzip ergänzt: Wenn der einfache Israelit sich kein Kleinvieh leisten kann, dann darf diese Person stattdessen zwei Tauben oder, wenn sie auch das nicht kann, sogar nur Mehl opfern.[55] In allen diesen Fällen machen die Klassifikationsformel »Ein Sündopfer ist es.« ebenso wie die Reinigungs- und Vergebungsformeln deutlich, dass es sich bei diesen Opfergaben um gleichwertige und gleichermaßen gültige Opfer handelt – und das sogar auch in dem Fall, wenn es beim Mehl *nicht*

---

more abstractly as an אזכרה (›token portion‹) in Lev 2 (see v. 2, 9, 16), a neologism playing on the notion of *remembrance* (root זכר).« Hervorhebung im Original.
54 Im jüdischen Tempel von Elephantine konnten zeitweise keine Tieropfer durchgeführt werden, wohl aber weiterhin Speiseopfer (*minḥāh*) und Rauchopfer (*lebônāh*; Cowley, Papyri, Nr. 33,10f), vgl. Eberhart, Feature, 489 mit Hinweis auf Cowley, Papyri, Nr. 30,25; 32,9f und 33,10f. Cowley ergänzt in dem fragmentarischen Text noch Trankopfer (*nesæk* Nr. 30,11).
55 Das »Speiseopfer der Eifersucht« in Num 5,15 ist wie das Sündopfer von Lev 5,11 ohne Öl und Weihrauch zu entrichten und baut wohl auf Lev 5 auf, vgl. Frevel, Rituals, 145f.

möglich ist, den ansonsten beim Sündopfer konstitutiven Blutritus durchzuführen.[56]

Fassen wir für ein Zwischenergebnis zusammen: In allen bisher genannten Opfervorgaben liegt eine Abstraktionsleistung vom materiellen Wert der Opfergabe vor, eine Abstraktionsleistung, die wir in dieser systematisch durchgeführten Form in den alten Hochkulturen nicht finden, während sie im alten Griechenland zusammen mit der Erfindung des Geldes im ökonomischen Bereich auftritt. Im alten Israel stammt diese Denkleistung hingegen aus dem Kult. Alle Opfertypen von Lev 1–5 werden als Opfer (*qårbān*) bezeichnet[57] und mit Hilfe von speziellen Klassifikationsformeln trotz ihrer unterschiedlichen materiellen Wertigkeit als offiziell gleichwertig anerkannt.

4. Gegenprobe: Das Schuldopfer in Lev 5,14–26

Lev 5,14–26 eignet sich, um die Probe aufs Exempel zu machen.[58] Die genannten Abstraktionsleistungen stammen aus dem Kult, für den Bereich des Rechts aber gilt etwas anderes.[59] Der letzte Abschnitt in Lev 5, Vers 14–26, handelt vom Schuldopfer, indem – in einem größeren Ausmaß als in den vorherigen Opfervorschriften – Vorstellungen aus dem Bereich des Rechts aufgenommen werden. Wer Untreue begeht und Schaden zufügt, muss für diesen Schaden auf eine Weise aufkommen, die dem materiellen Schadenswert entspricht. In diesem Fall wird die Konvertibilität gerade nicht vom materiellen Wertgedanken befreit, ganz im Gegenteil: Drei Mal wird hervorgehoben, dass der Wert des zu opfernden Widders nach dem Schekelgewicht

---

56 Dass Abstraktionsleistungen zum Tragen kommen, wird auch an dem Ausnahmefall von Lev 10,16–20 deutlich: Das Fleisch des Sündopferbockes wird nicht entsprechend der Vorgabe von Lev 6,19–23 an heiliger Stätte gegessen, sondern wie das Fleisch des Sündopferstieres nach Lev 4,12.21 behandelt und außerhalb des Lagers verbrannt. Der außergewöhnliche Kontext ist gewichtiger als das Prinzip der materiellen Gleichwertigkeit und entscheidet darüber, den Bock nicht als Bock zu behandeln (so wie Mose fordert), sondern wie einen Stier, vgl. Hieke, Levitikus, 396–398.
57 Vgl. etwa Eberhart, Feature, 489.491.
58 Zum literarhistorischen Zusammenhang von Lev 4f vgl. Nihan, Torah, 237–256.
59 Zum engen Zusammenhang zwischen Ökonomie und Recht vgl. Schmid, Law.

V. Materialität und Spiritualität

des Heiligtums zu taxieren und in Silberschekeln zu bemessen ist.[60] Entscheidend ist in diesem Zusammenhang der Begriff der Taxierung (*'eræk*), der zusammen mit der Formulierung »Schekel des Heiligtums« (*šækæl haqodæš*) wertökonomische Aspekte in das Opfer einträgt, die den Ritualen zuvor fremd sind (Lev 5,15.18.25). Zwar kommt das Verbum *'ārak* in Lev 1,7f.12 vor, bezeichnet hier jedoch das bloße Zurichten der Opfermaterie auf dem Altar und keine wertökonomische Taxierung der Opfermaterie, wie dies Lev 5,14–26 (vgl. vor allem noch Lev 27) mit Hilfe des Nomens *'eræk* und der Nennung von Silberschekeln (*kæsæp šekālîm*) als einer Vergleichsgröße unternimmt, die nach einem vorgegebenen Maßstab (dem Schekelgewicht des Heiligtums) standardisiert ist.

Die Taxierung macht nur Sinn, wenn sie sich rechtsökonomisch am Schadenswert orientiert. Der Schadenswert selbst wird ebenfalls geschätzt und in Form einer Schadenssumme angegeben. Der Opferherr soll deshalb nicht nur einen Widder als taxiertes Schuldopfer darbringen, sondern er muss den Schaden ausgleichen und zusätzlich eine Strafe zahlen, die sich auf ein Fünftel des Schadenswertes beläuft (vgl. noch Lev 22,14; 27; Num 5,5–8). Das Schuldopfer abstrahiert damit gerade nicht vom inhärenten Wert der Opfermaterie, sondern nimmt den Gebrauchs- und Tauschwert des Opfertieres in Augenschein. Das geschieht offenbar deshalb, weil der Tempel hier als Hüter des Währungsgewichtes auftritt, genuin juridische Kompetenzen übernimmt und das Schuldopfer aus rechtsökonomischer Perspektive betrachtet. Je mehr also genuines Rechtsdenken die Opfervorstellungen durchdringt, desto wichtiger wird der materielle Wert der Opfergaben. Ganz anders in den vorherigen, genuin kulttheologischen Fällen, in denen vom materiellen Wert des Opfers abstrahiert wird.

---

60 »Da im Kontext immer auch von einer Reparationsleistung, einem Schadensersatz und einer zusätzlichen Bußzahlung die Rede ist, geht es bei dieser Geldzahlung um den Kaufpreis für einen geeigneten Widder. Der Priester macht eine Rechnung auf: Er gibt den Wert des Widders für das Opfer an, setzt die Schadenssumme fest, und dazu ist ein Fünftel hinzuzufügen (V 16)« (Hieke, Levitikus, 282f mit Verweis auf Milgrom, Leviticus, 326f).

5. Zusammenfassung

In den Kulturen des Altertums, einschließlich des alten Israel, herrscht üblicherweise eine hohe Wertschätzung des materiellen Wertes von Opfergaben. Vom inhärenten Wert des Opfermaterials wird deshalb zunächst und zumeist gerade nicht abstrahiert. In dem Opferkatalog der priesterlichen Programmschrift hingegen liegt erstmals eine systematisch angelegte Abstraktion vom materiellen Wert der Opfergabe vor, die mit Hilfe von neuen, die materiellen Werte transzendierenden Äquivalenzsetzungen dennoch im materialen Opferkult verbleibt und nicht auf das »Wort« als alleinige »Bedingung der Möglichkeit einer Spiritualisierung des Kultes«[61] angewiesen ist. Während im alten Griechenland vergleichbare Abstraktionsleistungen zusammen mit der Erfindung des Geldes im ökonomischen Bereich auftreten, stammt diese Denkleistung im alten Israel nicht nur aus der prophetischen und weisheitlichen Kritik[62] sowie aus den Psalmen,[63] sondern zeigt sich auch im materiell ausgerichteten Kult.[64] Im alten Israel ist die Abstraktion vom inhärenten Wert des Opfertieres im Opferkult selbst angelegt und macht so auf ihre Weise spätere Spiritualisierungen und Symbolisierungen des Opferwesens in Judentum und Christentum leichter, zum Beispiel wenn Hymnen oder Bekenntnisse als Opfer gelten.[65] Anstelle eines staatlichen Prägestempels auf einer Münze haben wir mit Lev 1–5 einen religiösen Opfertarif vorliegen, der das Grundvertrauen dafür schafft, dass eine religiöse Gemeinschaft von rein ökonomischen Wertigkeiten zu abstrahieren imstande ist.[66]

---

61 Hermisson, Sprache, 148.
62 Vgl. zum Beispiel Am 5,21–24; Hos 6,6; Jes 1,10–17; Spr 21,3; vgl. Barton, Prophets; Hendel, Ritual.
63 Vgl. zum Beispiel Ps 50,7–15; 51,17–19; vgl. Hermisson, Sprache; Hartenstein, Spiritualisierung; Radebach-Huonker, Opferterminologie, 179–217; Janowski, Schlachtopfer.
64 Dies ist ein weiterer Grund dafür, dass die Priesterschrift kaum als vorexilische Quelle mit archaischen Vorstellungen anzusehen ist, wie noch Milgrom, Leviticus; ders., Antiquity, annimmt.
65 Vgl. etwa Hos 14,3; Ps 141,2; 11Q5 18,7–10; Hebr 13,15f; vgl. Hieke, Levitikus, 193f und speziell zu den Sabbatopferliedern Ego, Temple imaginaire. Zur spätantiken Abschaffung und Transformation des materiellen Opferkultes Stroumsa, Ende, bes. 86–151.
66 Dieser Aufsatz geht auf Vorträge zurück, die ich im Februar und April 2018 an den Universitäten Aarhus und Göttingen gehalten habe.

Reflexives und kritisches Denken

VI. Hebräisches Denken und die Frage nach den Ursprüngen des Denkens zweiter Ordnung im Alten Testament, Alten Ägypten und Alten Orient

Die Frage nach den Unterschieden zwischen einem hebräischen und einem griechischen Denken hat die ältere alttestamentliche Forschung umgetrieben, während in der neueren Forschung nicht nur die gegebenen Antworten, sondern auch die Fragestellung selbst vielerorts als obsolet gilt. In diesem Beitrag soll der Frage nachgegangen werden, ob sich eine Wiederaufnahme dieser Forschungsperspektive unter neuen Vorzeichen lohnt.[1] Diese neuen Vorzeichen werden zum ersten in der Differenzierung und Kontextualisierung sowohl des griechischen als auch des hebräischen Denkens einschließlich der Einbettung in die Denkkulturen des Alten Orients gesehen, zum zweiten in der Aufnahme der Frage nach den Ursprüngen des Denkens zweiter Ordnung, die unter anderem auch in der neueren Diskussion über Existenz und Merkmale der Achsenzeit eine Rolle spielt. Die folgenden Überlegungen sind zu Beginn forschungsgeschichtlicher, sodann theoretischer Natur und schließen mit einer knappen Auslegung einiger relevanter Texte.

1. Zur älteren und jüngeren Forschungsgeschichte

a) Johannes Pedersen
In der älteren alttestamentlichen Forschung ist man der Frage nach einem »Hebräischen Denken« nachgegangen, und die Kennzeichen dieses Denkens sind vielfach in Abgrenzung zum abendländischen sowie zum antik-griechischen Denken gefunden worden. Johannes Pedersen publizierte 1920/1934 sein Hauptwerk *Israel: Its Life and Culture*, das 1926/1940 auch auf Englisch und 1972 in einer deutschen Teilübersetzung erschien.[2] Pedersens Ansatz ist ein kulturpsychologischer:

---

1 Die folgenden Ausführungen sind vorläufiger Natur. Eine tiefergehende Durchdringung des Themas ist geplant, konnte aber bislang noch nicht in einem von mir erwünschten Maße realisiert werden.
2 Vgl. Pedersen, Israel (dänisch 1920/1934).

Kultur, Religion und »Seele« eines Volkes sollen von innen, aus ihrem eigenen Wesen heraus verstanden werden. Dieser Ansatz offenbart sich vor allem in drei Grundauffassungen. Die erste betrifft die Vorstellung eines hebräischen Denkens, das das alte Israel mit anderen vorderorientalischen Kulturen teile und das von einem griechischen Denken zu unterscheiden sei. Die Differenz dieser beiden Denkformen hebt Pedersen bereits in seiner Schrift *Scepticisme Israelite* über Kohelet hervor[3] und entfaltet sie in seinem Hauptwerk *Israel*.

Die zweite Grundauffassung steht mit der ersten in Zusammenhang und betrifft die hebräische Sprache: Schon in seiner Dissertation sowie in seiner *Hebräischen Grammatik* vertrat Pedersen die Ansicht, dass die hebräische Sprache Ausdruck des hebräischen Denkens, seiner Mentalität und Lebensformen sei.[4] Entsprechend hebt er in seinem Hauptwerk *Israel* die Leistungen Herders hervor. Von der hebräischen Sprache, von ihren Begriffen ebenso wie von ihrer Grammatik könne man Rückschlüsse auf das semitische Denken gewinnen, sodass philologische Analysen zu einer wichtigen Grundlage seiner anthropologischen Studien wurden.

Pedersens dritte Grundauffassung betrifft die zu seiner Zeit weit verbreitete Ansicht, dass die »Seele« eines Volkes mit ihrem Sozialsystem, vor allem in seiner tribalen Form, in einem Wechselverhältnis stehe und eine psychische Gemeinschaft forme: »common flesh makes common character.«[5] Der Einzelne lebe nur in und aus seiner Beziehung zur Gemeinschaft, sei durchtränkt von einem gemeinschaftlichen Charakter, der auch durch einen gemeinsamen Willen bestimmt sei. Vereinzelung sei nur als Verlust denkbar, weil der Einzelne wie ein Zweig an einem Baum hänge, von dem er vollständig abhängig sei.

Diese drei Grundauffassungen verdichten sich in Pedersens Hauptwerk *Israel*. Basisbegriff und Grundlage aller weiteren Ausführungen ist Pedersens Verständnis von *næpæš*, die er mit »Seele« übersetzt. Von diesem Begriff und seiner Interpretation her entwirft Pedersen nahezu seine gesamt Anthropologie. Alle weiteren anthropologischen Begriffe und Konzepte werden immer wieder mit seiner Interpretation der »Seele« in Beziehung gesetzt und oftmals auch auf sie zurückgeführt.

---

3 Vgl. Pedersen, Scepticisme (dänisch 1915).
4 Vgl. Pedersen, Grammatik.
5 Pedersen, Israel, 48.

næpæš, leb und rûᵃḥ sind nach Pedersen die drei wichtigsten Ausdrücke für die Seele und bezeichnen jeweils unterschiedliche Aspekte oder Modalitäten der Seele. Der Mensch ist eine *næpæš*, aber er habe *leb* und *rûᵃḥ*. *næpæš* bezeichne die charakteristische Einheit und Totalität des gesamten Menschen. Normalerweise sei die Seele erfüllt von Leben, sie gedeiht und wächst. Die Seele verfüge mit ihrem Herz und ihrem Geist über aktive Kräfte, die auf Handlungen zielen, aber sie verfüge auch über Passivität durch Bedürfnisse und Begierden, die ebenfalls ein Ausdruck der Seele seien.

Der Wille ist nach Pedersen eine Modalität der Seele, nämlich die Gesamtheit ihrer Absichten und Neigungen. So übe das Herz als das Zentrum der Seele keine spezifische Funktion der Seele aus, sondern sei der Charakter und das organisierende Vermögen der Seele: Während *næpæš* die Totalität der Seele in ihrer äußeren Erscheinungsweise darstelle, so *leb* ihre innere Kraft. *rûᵃḥ* ist ebenfalls ein Ausdruck für die Seele, bezeichnet aber nicht so sehr ihr Zentrum, sondern als motivierende Energie die Kraft, die aus diesem Zentrum erwächst. Beide, Herz und Geist des Menschen, drängen die Seele zu Handlungen, sind aktivierende Kräfte der Seele, während die Handlungen selbst äußere Manifestationen der Seele seien.

Das »hebräische Denken« wird bei Pedersen aus dem Seelenbegriff erklärt. Weil das Herz nichts anderes als die Kraft ist, die im Zentrum der Seele wirkt, zielt das Denken aufs Handeln und nicht etwa auf ein Denken um seiner selbst willen. Das hebräische Denken ist nach Pedersen kein objektivierendes, theoretisierendes Denken um der Erkenntnis willen. Weder werden abstrakte Probleme gelöst noch Syllogismen getätigt. Das Denken gelte Problemen des Lebens, nicht solchen der Logik, weshalb das Buch Hiob weder eine Entwicklung des Gedankengangs noch eine denkerische Lösung durch Argumente biete. Denken erfolgt in Relationen, sodass Wissen über Dinge oder Personen immer mit Vertrautheit, Freundschaft, Verbundenheit identisch sei, und neben aneignender Praxis auf ein synthetisches Erfassen der Wirklichkeit ziele, dessen sprachlicher Ausdruck sich vor allem im *Parallelismus membrorum* offenbare. Im Unterschied zum abendländischen und antiken griechischen Denken werde eine Sache gedanklich nicht analysierend in ihre Aspekte zerlegt, sondern ihre charakteristischen Besonderheiten werden aufgezeigt. Diese Auffassungen zum hebräischen Denken bilden die Grundlage für zahlreiche Publikationen späterer Autoren.

b) Thorleif Boman

Im Jahr 1952 veröffentlichte Thorleif Boman sein Buch *Das hebräische Denken im Vergleich mit dem Griechischen*, das zahlreiche Auflagen erlebte. Auch Boman geht von der engen Verbindung zwischen Sprache und Denken aus: »Die Eigenart eines Volkes oder einer Völkerfamilie, einer Rasse, findet ihren Ausdruck in der eigenen Sprache.«[6] Seine Auseinandersetzung gründet jedoch, anders als bei Pedersen, speziell auf einer Gegenüberstellung des hebräischen und griechischen, vor allem platonischen Denkens. Diese binäre Gegenüberstellung wird Schule machen und die Rede über das hebräische Denken und auch die Diskussionen über zahlreiche anthropologische Begriffe des Alten Testaments prägen, vor allem den Begriff der Seele.[7]

Das Denken Israels ist nicht primitiv, sondern prälogisch im Sinne Lévy-Bruhls, es ist dynamisch und in Bewegung, während das Denken Griechenlands und hier besonders Platons statisch-harmonisch und ruhevoll erscheint (Ausnahme: Heraklit). Diese Grundunterscheidung wird sodann an einzelnen Elementen abgehandelt. So ist das Wort im Hebräischen als *dābār* eine dynamische Macht und Kraft, eine Tat des Geistes, als griechischer λόγος dagegen Vernunft und Denken. Israel denkt zeitlich und auf das Werden und Geschehen bezogen dynamisch, Griechenland dagegen, besonders bei Aristoteles, räumlich, hebt die ewigen Gesetze der Geometrie hervor (die außerhalb der Zeit stehen) und wertet die Zeit selbst ab: »Für die Hebräer, die im Zeitlichen ihre Existenz haben, spielt der Zeitinhalt dieselbe Rolle wie der Rauminhalt für die Griechen. Wie die Griechen auf die Eigenart der Dinge Acht geben, so die Hebräer auf die Eigenart der Ereignisse.«[8]

In Griechenland wird das Denken vom Sehvermögen her »betrachtet«. Entscheidend sind das Gesicht und das Sehen. Schon Bruno Snell und andere meinten, dass die Griechen »Augenmenschen« seien, was von Boman positiv aufgenommen wird. Der Fokus liegt deshalb

---

6 Boman, Denken, 18.
7 Auf diese typische und irreführende Gegenüberstellung kann hier nicht weiter eingegangen werden. Es soll aber betont werden, dass der homerische Seelenbegriff angemessener mit dem alttestamentlichen verglichen werden könnte als der platonische.
8 Boman, Denken, 120.

auf der Bedeutung des Schauens. Insbesondere Platons Denken sei ein »Augendenken«, das die »Theoria« als ein Sehen, und Wahrheit (ἀλήθεια) als das Unverhüllte begreift. Denken ist damit visuell und statisch, wie ein Photoapparat, der Augenblicksbilder aufnimmt und für den das unveränderliche Sein im Zentrum steht. Im Alten Testament hingegen sind das Gehör und das Hören entscheidend; das Denken verläuft vor allem auditiv. Selbst das Sehen (*rā'āh*) bezeichnet eher das Sehen des (verborgenen) Zeichenhaften, das Eigenschaften verrät. Wahrheit wird als Beständigkeit und Zuverlässigkeit im subjektiven existentiellen Sinn und nicht als unveränderliches Sein erfasst. Insgesamt ist das Denken Israels nach Boman, anders als bei Pedersen, analytisch als ein Trennen und Scheiden des Wesentlichen vom Unwesentlichen zu beschreiben (*bîn*), bei den Griechen ist es hingegen synthetisch durch das Sammeln und Auswerten bestimmt (λόγος von λέγειν).[9] Auch wenn Bomans Buch zahlreiche Auflagen erlebte und einige seiner zentralen Gedanken immer noch mehr oder weniger vorbewusst die Forschung bestimmen – so ist die Frage nach einem hebräischen Denken doch in den Hintergrund getreten oder sogar für obsolet erklärt worden.

c) James Barr und Klaus Koch
Gegen Thorleif Boman und verwandte Versuche, einem hebräischen Denken griechisches Denken, vor allem Platonismus, gegenüberzustellen, ist James Barr mit seinem 1961 erschienenen Buch *The Semantics of Biblical Language* vorgegangen.[10] Hier zerpflückt Barr aus linguistischer Perspektive vor allem die Gegenüberstellungen (1) statisch-dynamisch, (2) abstrakt und konkret sowie (3) dualistisch und ganzheitlich, die sich bis dahin alle drei in der Forschung nahezu als Gemeingut niedergeschlagen hatten und zum Teil auch noch bis heute die Forschungsmeinungen prägen. Dennoch konnte

---

9 Dies wird vom Wortsinn dieser einzelnen Begriffe erschlossen, nicht von der Sache und den konkreten Texten her. Interessant ist, dass nach Boman Israel zwar kollektiv und in Kollektivbegriffen denkt, d. h. Israel als eine Person vorgestellt und der Israelit nur als Teil Israels begriffen wird, dass dem bei Boman aber nicht allein und direkt ein individuelles Denken bei den Griechen gegenübergestellt wird, sondern die ebenfalls aufs Allgemeine ausgerichteten Ideenbegriffe Platons zur Seite gestellt werden.
10 Dieses Buch ist 1965 auf Deutsch unter dem Titel »Bibelexegese und moderne Semantik« erschienen; vgl. Barr, Bibelexegese.

Klaus Koch in einem 1968 erschienenen Aufsatz unter dem Titel *Gibt es ein hebräisches Denken?* die Frage erneut aufgreifen und betonen, dass die Mängel der bisher erschienenen Studien zum hebräischen Denken die Bedeutsamkeit der Fragestellung nicht mindern. Er selbst hat in seinem Aufsatz einen Überblick zur Forschungslage von Spener und Herder über Johannes Pedersen und Thorleif Boman bis zur Kritik von James Barr vorgelegt und stellt klar, dass die Fragestellung selbst trotz ungenügender Antworten virulent bleibt, denn: »Trotz Barr steht fest, daß das Hebräische – und wohl auch das alte Griechische – sich nicht mit der Denkart moderner europäischer Sprachen auf einen Nenner bringen läßt.«[11] Einige weitere wichtige Erkenntnisse, die sich von der bisherigen Forschung unterscheiden, steuert Koch quasi »nebenher« bei, indem er angesichts von Bomans Gegenüberstellungen festhält: »In Wirklichkeit aber sind Griechentum und Israelitentum aus einem zusammenhängenden Wurzelboden herausgewachsen, aus der östlichen Mittelmeerkultur des zweiten vorchristlichen Jahrtausends. Beide sind Mischung und Synthese aus bereits vorhandenen Denkweisen.«[12] Insgesamt also bleibt die Fragestellung für Koch in einem Horizont relevant, der Israel und Griechenland in den Kontext der Mittelmeerkulturen einbettet. An diese Erkenntnis möchte ich im Folgenden anknüpfen.

d) Bernd Janowski

In jüngster Zeit hat sich vor allem auch Bernd Janowski im Kontext seiner Arbeiten zur alttestamentlichen Anthropologie dem Denken im Alten Testament gewidmet.[13] Auch das (hebräische) Denken ist für Bernd Janowski in die Frage nach dem »ganzen« Menschen und einem ganzheitlichen Menschenbild im Alten Testament einzubetten.[14] Um das Personenverständnis und auch die Weise des Denkens im Alten Testament zu verstehen, muss vor allem vom alttestamentlichen Verständnis des Herzens als einem »*Resonanz-*

---

11 Koch, Denken, 23f. Vgl. auch sein eigenes späteres Vorwort (ders., Einführung, 2).
12 Koch, Denken, 17.
13 An dieser Stelle kann auf die zahlreichen weiteren Arbeiten Bernd Janowskis zu anderen Aspekten der alttestamentlichen Anthropologie nicht eingegangen werden, weshalb die folgende Darstellung skizzenhaft bleiben muss.
14 Vgl. zum ganzheitlichen Menschenbild des Alten Testaments etwa Janowski, Geschichte; ders., Koordinaten.

VI. Ursprünge des Denkens zweiter Ordnung

oder *Beziehungsorgan des Menschen*«[15] ausgegangen werden. »Auffälligerweise spricht das Alte Testament nicht vom Gehirn und hat dafür auch kein hebräisches oder aramäisches Lexem. [...] Die Funktion, die wir traditioneller Weise dem Gehirn zuordnen – nämlich das Denken –, übt nach alttestamentlichem Verständnis das Herz aus.«[16] Die gegebene Verteilung der Belege für das Herz auf die verschiedenen Literaturbereiche des Alten Testaments hängt nach Ansicht von Bernd Janowski »mit der *Entdeckung des inneren Menschen* zusammen, die literatur- und theologiegeschichtlich in die mittlere und späte Königszeit, vor allem aber in die exilisch-nachexilische Epoche gehört. Die Entwicklung dürfte dabei schubweise vor sich gegangen sein und mehrere, sich vielfach überlappende Phasen umfasst haben:

– Phase 1: *Einbindung des Ich in die Gemeinschaft* (Spr)
– Phase 2: *Verinnerlichung der Gottesbeziehung* (Dtn)
– Phase 3: *Herausbildung des Selbstbewusstseins in Gebet und Reflexion* (Pss, Jer, Ez, Pred, Sir)«[17]

Wie schon Hans Walter Wolff,[18] Heinz-Josef Fabry[19] und nun auch Bernd Janowski[20] ausführlich dargelegt haben, gilt das Herz unter anderem als »Sitz des Wollens und Planens«[21], als »treibende Kraft der voluntativen Bestrebungen«[22], die sich auf ein Ziel ausrichten und dann unter Rücksichtnahme auf Handlungsalternativen ihre

---

15 Janowski, Herz, 17. Hervorhebung im Original.
16 Janowski, Herz, 1. In Mesopotamien kann zwar auch *libbu* Herz und Verstand bezeichnen (vgl. etwa CAD 9 s.v. *libbu*), doch für *ṭēmu* gilt, dass es »kein Organ, sondern eine Fähigkeit bezeichnet«, nämlich »Planungsfähigkeit, Entschluß(kraft), Verstand« (Steinert, Aspekte, 385). Darüber hinaus scheint ein gewisses Verständnis für die Bedeutung des Gehirns vorhanden gewesen zu sein, denn *muḫḫu* scheint nicht nur Schädel und Knochenmark zu bezeichnen, sondern auch das Gehirn, weil »mehrere Texte eine Verbindung zwischen *muḫḫu* und *ṭēmu* herstellen«, sodass »das ›Gehirn‹ demnach mit kognitiven Prozessen verknüpft wurde« (ebd. 386 mit Hinweis auf weitere Literatur).
17 Janowski, Herz, 6. Hervorhebungen im Original.
18 Vgl. Wolff, Anthropologie, 75–101.
19 Fabry, לב.
20 Vgl. vor allem Janowski, Herz; ders., Identität.
21 Janowski, Identität, 46.
22 Fabry, לב, 437.

Absicht umsetzen kann.²³ Emotionen sind dabei nicht nur »Ausdruck einer inneren Gefühlswelt«, sondern »helfen, sich gedanklich auf eine bestimmte Handlung oder Entscheidung vorzubereiten (›gedankliche Fokussierung‹) und diese auszuführen. Das Herz ist dasjenige Organ, das diese Vermittlung zwischen *Innenwelt* und *Außenwelt* in hervorragender Weise leistet – oder vor dieser Aufgabe versagt –, und damit beide Sphären in Entsprechung zueinander bringt.«²⁴ Die erkenntnisleitende und voluntative Kraft des Herzens zeigt sich in drei zusammenhängenden Schritten, nämlich erstens in der Fähigkeit, einen Gedanken zu formieren, zweitens in der Fähigkeit, von der Absicht zum Wunsch überzuleiten und drittens in der Fähigkeit, sich auf ein Ziel ausrichten zu können.²⁵ »Dieser Übergang vom *anfänglichen Nachdenken* (1) zur *konkreten Handlungsabsicht* (2) und von dieser zur *Ausrichtung auf ein Handlungsziel* (3) hat eine Entsprechung in den fließenden Übergängen, die die Gefühls-, die Verstandes- und die Willensfunktion des Herzens immer wieder miteinander verbinden.«²⁶

Bei den Verben spielt neben vielen anderen, die für das Denken wichtig sind,²⁷ das Verbum *hāgāh* eine wichtige Rolle, vor allem wenn es zusammen mit dem Herzen Verwendung findet (vgl. Spr 15,28). *Hāgāh* im Sinne von »murmelnd nachsinnen, meditierend rezitieren« bedeutet im Zusammenhang mit dem Herzen dann: »das Herz ›sinnt nach‹, ja es führt ›ein leises Selbstgespräch‹, in dem es sich über die rechte Antwort, die zu geben ist, klar wird. Insofern ist es hier nicht nur Äußerungs-, sondern auch Denkorgan, das zum rechten Handeln anleitet.«²⁸ Das rechte Denken, das zur Weisheit führt, ist in dem Sinne ganzheitlich und Ausdruck des »ganzen« Menschen, weil es nicht in einem genügsamen Selbstgespräch verbleibt, sondern

---

23 An diesem Punkt scheint das Herz (ebenso wie das auch in Mesopotamien hinsichtlich *ṭēmu* möglich scheint) eine Fähigkeit zu bezeichnen, die im Griechischen vor allem bei Aristoteles als προαίρεσις (»Vorziehen; Wählen«) bezeichnet wird: als die Fähigkeit, verschiedene Handlungsmöglichkeiten abschätzen zu können, um mit bewusster Absicht zwischen verschiedenen Dingen, die in unserer Macht liegen, zu wählen (vgl. Höffe, prohairesis; Pollmann, prohairesis).
24 Janowski, Identität, 43. Hervorhebungen im Original. Vgl. auch ders., Herz, 15.
25 Vgl. Janowski, Herz, 19–25; ders., Identität, 46–50.
26 Janowski, Herz, 24. Hervorhebungen im Original.
27 Vgl. dazu etwa Schellenberg, Erkenntnis, 4–7 (Lit.); Carasik, Theologies.
28 Janowski, Identität, 52 mit Hinweis auf Meinhold, Sprüche, 260. Vgl. auch Janowski, Herz, 38.

sich in relational verantwortungsvoller Kommunikation realisiert: »Die Bewegungsrichtung der ›weisen‹ Rede, die im ›hörenden‹ Herzen lokalisiert ist, führt vom *Herzen* (innen) über den *Mund* (innen/außen) bis zu den *Lippen* (außen), wo das Wort den Körper verlässt.«[29] So kommt vor allem im Begriff des Herzens, das auch »Organ« des Denkens ist, das ganzheitliche Menschenbild des Alten Testaments zum Ausdruck: »Der Begriff *leb/lebāb,* so können wir resümieren, fungiert als Bezeichnung für sämtliche Schichten der Person – die vegetative, die emotionale, die kognitive und die voluntative Schicht – und hält damit wie kein anderer anthropologischer Begriff des Alten Testaments die *Mehrschichtigkeit der Personstruktur* fest.«[30]

Das ganzheitliche Menschenbild, das Bernd Janowski aus den Quellen des Alten Testaments eruiert, entspringt keiner binären Gegenüberstellung zur griechischen Denkweise, sondern versucht, das Menschenbild des Alten Testaments sensibel und quellenorientiert nachzuzeichnen, und auch andere neue Arbeiten zum Denken im Alten Testament führen in diese Richtung.[31] Im Folgenden soll die Frage nach dem »hebräischen« Denken weiter kontextualisiert und zugleich in eine bestimme Richtung fokussiert werden, indem die neuen religionssoziologischen Diskussionen zur Achsenzeit sowie die wissenschaftsgeschichtlichen zum »Denken zweiter Ordnung« aufgegriffen und mit den Kulturen des Alten Orients sowie des Alten Testaments in Beziehung gesetzt werden.

2. Hebräisches Denken und Selbstreflexion im Kontext der aktuellen Achsenzeitdiskussion

In den Forschungen, die sich mit kultureller Evolution, historischer Soziologie oder Religionswissenschaft beschäftigen, ist in jüngster Zeit das Konzept der Achsenzeit erneut in den Fokus der Diskussion getreten. Hierzu gehört nicht nur der sicherlich bekannte und schon etwas ältere Sammelband von Shmuel Eisenstadt über *The Origins*

---

29 Janowski, Identität, 52. Hervorhebungen im Original.
30 Janowski, Herz, 23, mit Hinweis auf Fabry, לב, 425f. Hervorhebung im Original.
31 Vgl. neuerdings noch Staubli/Schroer, Menschenbilder, 218–221. Zu den Arbeiten von Michael Carasik siehe weiter unten.

and Diversity of Axial Age Civilizations,[32] sondern in neuester Zeit vor allem der große »Wurf« des amerikanischen Religionssoziologen Robert Bellah über *Religion in Human Evolution,*[33] der bereits in zahlreichen Artikeln sowie in einem Sammelband besprochen, gewürdigt und kritisiert wurde.[34] Das Konzept selbst geht auf Karl Jaspers zurück, der unter Aufnahme von Vorläuferpositionen die These entwickelte, dass es in der Zeit von ca. 800–200 v. Chr. zu einem fundamentalen Umschlag in der kulturellen Evolution der Menschheit gekommen sei, die sich in den damaligen Hochkulturen im Denken und Tun großer Männer wie den Propheten Israels oder den griechischen Philosophen spiegele. Die These hat wie alle großen Theorien ihre Schwierigkeiten – auch in ihrer aktuellen Form nach Jaspers, die ihren Fokus in Bezug auf Israel beispielsweise nicht mehr auf die Propheten als große Einzelgestalten legt, sondern auf die politische Philosophie Israels.[35] Die Wiederbelebung des Achsenzeit-Modells fördert lebendige Diskussionen und wird vor allem von theoretisch orientierten Religionssoziologen vertreten, trifft jedoch bei historisch und exegetisch orientierten Forschern auf Zurückhaltung. Im Folgenden sollen die sogenannten »achsenzeitlichen« Phänomene deshalb nurmehr als »achsiale« bezeichnet werden, um sie nicht in ein vorgegebenes Zeitkorsett zwängen zu müssen.[36] Auf diese Weise kann der Frage nachgegangen werden, ob nicht die Hochkulturen des Alten Orients vor und zeitgleich zu den Griechen über ein Kulturniveau verfügten, das zumindest in manchen Bereichen ebenfalls als »achsial« beschrieben werden kann.

Ein wesentliches Element der Achsenzeitdiskussion war stets die Frage nach dem Denken über das Denken, dem »Denken zweiter Ordnung« (»Second Order Thinking«),[37] das Aristoteles in seiner Metaphysik zu einer »göttlichen« Fähigkeit erklärt, über die der Mensch nur in Ausnahmefällen verfüge (Metaphysik 1072b18ff;

---

32 Vgl. Eisenstadt, Origins.
33 Bellah, Religion.
34 Vgl. etwa den Sammelband Bellah/Joas, Axial Age. Neben der dortigen Literatur zur Forschungsgeschichte vgl. etwa auch Boy/Torpey, Axial Age. Für eine grundsätzlich positive Rezension vgl. Jensen, Rezension.
35 Vgl. Bellah, Religion, 265–323.
36 Ähnlich beispielsweise auch der späte Eisenstadt, Civilizations, sowie Assmann, Axial Age.
37 Vgl. vor allem Elkana, Emergence.

VI. Ursprünge des Denkens zweiter Ordnung   151

1074b28ff). Diese Position beinhaltet, dass sich in den nämlichen Kulturen unter anderem eine Form der Selbstreflexion entwickelt habe, die es den Menschen ermöglichte, auf eine Weise über ihr eigenes Denken zu reflektieren, wie es zuvor nicht möglich war. Diese Fähigkeit, nicht nur zu denken und zu reflektieren, sondern bewusst und theoretisch über das eigene Denken zu reflektieren, kann auch als eine »theoretische Einstellung« beschrieben werden,[38] die die Fähigkeit beinhaltet, Selbstreflexion zu üben, das Gegebene zu kritisieren und zu transzendieren sowie neue Bereiche und Möglichkeiten mit Hilfe eines selbstreflexiven »Thinking Outside the Box« zu erschließen.

Ähnlich wie bei den binären Gegenüberstellungen zwischen Israel und Griechenland, die sich bei Boman finden, wurden auch in der Diskussion über die Achsenzeit der Alte Orient sowie die Kulturen des Mittelmeerraumes als *archaische Kulturen* zu einem bloßen Vorläufer der Achsenzeitkulturen erklärt und der Hauptfokus, neben den Hochkulturen Asiens, auf Griechenland und Israel gelegt. So spricht beispielsweise der Altorientalist Mogens Trolle Larsen im Anschluss an den Wissenschaftshistoriker Geoffrey Lloyd[39] von dem Denken des Alten Orients als dem »Mesopotamian Lukewarm Mind«, das zu einem selbstreflexiven Denken zweiter Ordnung noch nicht fähig war.[40] Und tatsächlich lautet das gängige Paradigma, dass das wahrhaft philosophische Denken – vor allem auch das Denken zweiter Ordnung – im klassischen Griechenland seinen Ursprung nahm.[41] Dagegen ist kritisch zu fragen, ob die Ursprünge des Den-

---

38 Zum Begriff der »theoretischen Einstellung« vgl. Donald, Origins, passim.
39 Vgl. Lloyd, Magic, 232f.
40 Vgl. Larsen, Mind. Geht man von dem Paradigma aus, dass die Sprache Ausdruck des Denkens sei und das Denken präge, dann gilt zudem mit von Soden, Sprache, 37f: »the absence of abstract nouns in Akkadian resulted in the lack of abstract thought« (Van De Mieroop, Philosophy, 217, in kritischer Auseinandersetzung mit dieser Position).
41 Vgl. etwa in zeitlicher Abfolge und jeweils anderer Perspektive Frankfort/Frankfort, Emancipation; Elkana, Emergence; Burkert, Babylon, 69; Schiefsky, Creation. Schiefsky geht davon aus, dass das Denken erster Ordnung durchaus von Mesopotamien nach Griechenland vermittelt wurde. Ein Denken zweiter Ordnung habe es im alten Mesopotamien zwar durchaus gegeben, dieses sei jedoch institutionell gebunden gewesen, in den Texten kaum zum Ausdruck gekommen und nicht nach Griechenland vermittelt worden, wo sich deshalb ein eigenes, anders gelagertes Denken zweiter Ordnung entwickelt habe (so dann auch Hyman/Renn, Technology, 86.90).

kens zweiter Ordnung weiter zurückverfolgt werden können und sich ein »Second Order Thinking« schon in den Hochkulturen des Alten Orients offenbart. Die Kulturen des Alten Orients hatten immerhin nicht nur ihren bedeutsamen Einfluss auf Israel und Griechenland, sondern erlebten selbst ihre Durchbrüche im Denken – Durchbrüche, die vor und parallel zu denjenigen in Athen und Jerusalem vor sich gingen. So nahm die Ausbreitung (»Globalisation«) des Wissens, der Innovation und Wissenschaft von den altorientalischen Kulturzentren ihren Anfang.[42] Wie Klaus Koch hervorgehoben hat, sind die Denkkulturen Israels und Griechenlands aus den Mittelmeerkulturen erwachsen und auch nur von ihnen her zu verstehen. Das bedeutet sowohl für die Frage nach dem hebräischen Denken als auch für das Denken zweiter Ordnung:

1. Die Kulturen des Mittelmeerraumes und vor allem die Hochkulturen des Alten Orients sind zumindest teilweise ebenfalls als achsiale Kulturen zu verstehen,[43] die durchaus auch über ein Denken zweiter Ordnung verfügten,[44] und

2. Die Frage nach einem hebräischen Denken ist nicht im Gegensatz zu Griechenland zu begreifen, sondern im Kontext des Alten Orients und der Kulturen des antiken Mittelmeerraumes, einschließlich Griechenlands. Es geht weniger darum, Eigenarten durch binäre Gegenüberstellungen zu anderen (antiken) Kulturen herauszustellen, als darum, durch differenzierte Kontextualisierungen für Gemeinsamkeiten und Unterschiede sensibel zu machen.

Wir drehen deshalb im Folgenden die Fragestellung um: Anstatt nach dem »hebräischen« Denken wie nach einem Nationalcharakter zu fragen, betten wir das hebräische Denken in das Denken der Kulturen des Mittelmeerraumes ein und fragen, ob sich ein Denken zweiter Ordnung schon in den Kulturen und »Hochkulturen« des Fruchtbaren Halbmondes findet, ohne dabei die Frage nach den Eigenarten auszublenden.

---

42 Vgl. zahlreiche Beiträge in Renn, Globalization.
43 In Bezug auf Mesopotamien vgl. Machinist, Self-Consciousness. In Bezug auf Ägypten vgl. Assmann, Axial Age. In Bezug auf das Alte Testament vgl. Frevel, Person, 74: »Man mag darüber streiten, ob die Entdeckung des inneren Menschen als Achsenzeitphänomen zu betrachten ist, man wird aber das Alte Testament aus dem Quellgrund dieser Einsicht nicht aussparen können.«
44 Vgl. in Bezug auf Mesopotamien Machinist, Self-Consciousness; Johnson, Origins; in Bezug auf Ägypten Dietrich, Individualität, 87–92.

VI. Ursprünge des Denkens zweiter Ordnung 153

Die Suche nach dem »hebräischen« Denken kann so in eine Ideengeschichte des Denkens und der Selbstreflexion eingebettet werden, die in den Kulturen des alten Vorderen Orients ihren Ausgang nimmt und Israel und Griechenland als zwei ihrer Ausläufer in ihren jeweiligen Eigenarten und Differenzen, aber auch Gemeinsamkeiten beschreibt. Eine solche Ideengeschichte kann mit den neueren Arbeiten zur Philosophie der Hebräischen Bibel in Gespräch gebracht werden, welche die »Volksphilosophie«, die sich in den Texten des Alten Testaments findet, deskriptiv zu beschreiben sucht[45] und welche die Texte der Hebräischen Bibel als Teil einer umfassenden Ideengeschichte des Denkens begreifen will.[46]

3. Formen des Denkens zweiter Ordnung im Alten Israel

Im Jahre 2006 erschien der Band *Theologies of the Mind in Biblical Israel* von Michael Carasik.[47] Die Einleitung ist mit der Überschrift »Biblical Thinking about Thinking« betitelt und hebt hervor, dass der Autor der Frage nachgehen will, wie die alttestamentlichen Autoren die Arbeitsweise des Denkens verstanden haben. Viele seiner Beispiele zeigen kein bewusstes Denken zweiter Ordnung um seiner selbst willen, zeigen aber immerhin, wie im Alten Testament, mal mehr und mal weniger implizit, Denken verstanden und zu gutem Denken erzogen werden sollte. Eine seiner Hauptthesen ist, dass die Gegenüberstellung von einem hörenden Denken in Israel und einem sehenden Denken in Griechenland deswegen falsch ist, weil im Alten Testament allein das Sehen (Formulierungen mit $rā'āh$ oder $b^{e\varsigma}ênê$-) als Metapher für das Denken eingesetzt werden kann, nicht jedoch das Hören.[48] Meiner Meinung nach ist hier jedoch zwischen der Weisheitstradition, die auf das Hören angelegt ist,[49] und anderen Formen des Erkennens, wie etwa dem empirischen, zu unterscheiden, die das Erkennen beispielsweise auch mit $rā'āh$ beschreiben können.

---

45 Vgl. Gericke, Hebrew Bible.
46 Vgl. Hazony, Philosophy.
47 Vgl. Carasik, Theologies.
48 Ähnlich kritisch äußert sich Janowski, Konfliktgespräche, 87f zur These vom Primat des Hörens im Alten Testament.
49 Zum Primat des Hörens gegenüber dem Sehen z. B. im Deuteronomium vgl. Geller, Wisdom.

Nach Carasik wurde Erziehung im Denken und Erziehung zur Weisheit im Wesentlichen als ein Zähmen und Gefügig-Machen verstanden, wobei Verben zum Einsatz kommen, die auch die Kontrolle von Nutztieren beschreiben (*'ālap, yāsar, lāmad*). Für unsere Fragestellung ist entscheidend, dass Carasik davon ausgeht, dass das Sprüchebuch keineswegs seinen Blick auf die Arbeitsweise des Denkens richtet, sondern Weisheit als eine Größe an sich vorstellt, die von Gott kommt und angeeignet werden soll: »Proverb's psychological model is not one of thought as an *activity of* the mind, but of wisdom as an *object in* the mind.«[50] In diesem Sinne läge – so meine Schlussfolgerung – im Sprüchebuch gerade kein Denken zweiter Ordnung vor. Ähnliches gilt nach Carasik für die Erinnerung, die im Deuteronomium entscheidend ist: Erinnerung (*zākar* und Verwandtes), die gelehrt werden soll, kommt von außen: Der Geist soll mit Gottes Vorgaben und Großtaten erfüllt sein, aber nicht selbständig denken. Der selbständige Gedanke wäre in den Worten George Orwells »thoughtcrime«: »admonition to love God ›with *all* your heart‹ (בכל־לבבך) would preclude any self-generated thought.«[51]

Diese Thesen klingen »steil«, sind aber in dem Sinne denkwürdig, weil sie mit dem Gedanken ernst machen, dass die Gedanken, die im menschlichen Herzen unabhängig von Gott, der Erinnerung an seine Großtaten, seinen Vorgaben und seiner Weisheit entstehen, nach zahlreichen biblischen Texten »verabscheuungswürdige Gedanken« sind (vgl. Spr 26,24f) und deshalb Innerlichkeit im Alten Testament vornehmlich negativ konnotiert ist: Das Herz ist tief, weil es abgründig ist.[52] Der Israelit soll den Geboten Gottes, aber nicht dem eigenen Herzen folgen (Num 15:39).[53] Es zeigt sich hier ein kritisches und selbstreflexives Denken auf der Autorenebene, das beim Leser eigenständiges Denken gerade verhindern soll: Der Israelit soll besser den Vorgaben der Texte folgen, weil sein Herz so wie das eines jeden Menschen abgründig ist. Die Probleme, die sich hier nicht nur für ein Denken zweiter Ordnung ergeben, sondern auch für eine pädagogische Anthropologie Humboldtscher Prägung, werden von Carasik kurz angesprochen, wenn er schreibt: »This fear of

---

50 Carasik, Theologies, 226. Hervorhebungen im Original.
51 Carasik, Theologies, 228. Hervorhebung im Original.
52 Vgl. dazu Dietrich, Individualität, 81–87.
53 Vgl. Krüger, Herz, 70f.

VI. Ursprünge des Denkens zweiter Ordnung   155

the creative aspect of the mind is the long-ignored dark side of the frequently studied biblical injunction to remember.«⁵⁴ Andere Texte, die ein möglicherweise anders gelagertes Denken zweiter Ordnung aufzeigen, werden von ihm dagegen nicht angeführt.⁵⁵

Gibt es also weitere Texte im Alten Testament, die eine noch ausgereiftere Form der Selbstreflexion auf individueller oder sozialkultureller Ebene zeigen, die dem »achsialen« Denken zweiter Ordnung zugerechnet werden können und sich dabei möglicherweise (!) von anderen achsialen Denkformen wie beispielsweise den griechischen unterscheiden?

a) Die Unterscheidung zwischen wahr und falsch als eine Form des Denkens zweiter Ordnung

Jan Assmann machte im Jahre 2003 mit seinem Buch *Die Mosaische Unterscheidung oder der Preis des Monotheismus* Furore. Die Grundthese des Buches lautet, dass im Alten Testament eine religiös konnotierte Intoleranz in Erscheinung trete, die erstmals in der Religionsgeschichte die Unterscheidung zwischen wahr und falsch im religiösen Denksystem selbst inhärent verankert. Diese Unterscheidung in der Religion selbst hat ihren Preis, den Assmann mit Intoleranz und Gewalt beziffert hat. Assmanns Buch ist in den alttestamentlichen Fachkreisen kritisch, zum Teil zu Recht, häufig allerdings auch zu Unrecht sowie missverständlich und ablehnend im apologetischen Sinne aufgenommen und diskutiert worden.⁵⁶ Ideengeschichtlich lässt sich die These natürlich auch ganz anders, nämlich nicht negativ als ein »Denkzwang«,⁵⁷ sondern positiv als eine neue und im selbstreflexiven Sinn höhere Form des Denkens verstehen, das sich Israel bewusst in das Herz, das Denkorgan des Men-

---

54 Vgl. Carasik, Theologies, 229.
55 In Bezug auf Proverbien vgl. etwa die selbstkritische Einsicht über das eigene Denken in Spr 30,2f. Zu weiteren Texten siehe im Folgenden.
56 Neuerdings hat Jan Assmann seine These im Hinblick auf einen »Monotheismus der Treue« konkretisiert, indem er die Unterscheidung zwischen wahr und falsch im Alten Testament nur noch einigen monotheistischen Texten zuweist und stattdessen diejenige von Freund und Feind dem biblischen »Monotheismus« der Exodusgeschichte zuordnet (vgl. Assmann, Monotheismus und Gewalt; ders., Exodus, 106–119).
57 So die Formulierung von Assmann, Unterscheidung, 57, im Anschluss an Werner Jaeger, der die Logik des Parmenides auf diesen Begriff zu bringen versucht.

schen, als eine neue Haltung einschreibt (Dtn 6,4f) und das vor Israel nur Echnaton kurzzeitig durchsetzen konnte: Assmanns These über die dem Monotheismus inhärente Gewalt – ob nun in der Unterscheidung zwischen wahr und falsch oder Freund und Feind – ist auch eine These über das hohe und eben nicht unproblematische Denkniveau von Monolatrie und Monotheismus. Während sich das Denken über die eigene Religion in den Kulturen zuvor und parallel auf die kulturellen Lebensformen dieser und anderer Religionen bezog, wird im Alten Testament, insbesondere im Deuteronomium und den prophetischen Schriften, eine Metaebene eingeführt, die das Denken über und die eigene Haltung zu den Göttern selbst wieder kritisch bedenkt und gerade dadurch die eigene Religion und Identität bewahren kann: Monolatrie und Monotheismus sind hier keine selbstverständlich vorgegebenen Größen, sondern werden denkerisch auf der Sachebene durch die Unterscheidung zwischen »wahr und falsch« und auf der Personenebene durch die Unterscheidung von Freund und Feind »errungen« – errungen in einem längeren Prozess des kulturell selbstreflexiven Denkens und des nahezu »asketischen« Unterscheidens durch die bewusst selbstreflexive »Selbstkasteiung« einer Kultur, die sich von der kulturellen Umwelt abwendet. Hier findet sich ein »Monotheismus der Erkenntnis«,[58] der nicht nur, wie Jan Assmann betont, einer »Religion zweiter Ordnung«,[59] sondern auch einem Denken zweiter Ordnung zuzuordnen ist, durch das die Verschiebung von einer materiellen Religionskultur zu einem denkerisch durchdrungenen und sprachlich formulierten Monotheismus möglich wurde.[60] Monolatrie und Monotheismus sind Ausdruck einer »expliziten Kultur«, die »spezifisch kognitive oder Wahrheits-Ansprüche« stellt[61] und »den Wechsel von der stillschweigend und notwendig als zweifelsfreie Basis in

---

58 Assmann, Unterscheidung, 57.
59 Assmann, Unterscheidung, 57.
60 Ähnlich und doch anders Cataldo, Monotheism, 29: »Monotheism became an exercise of a ›second-order thinking‹ *after* its desired restoration was not made materially manifest. One can accept that second-order thinking, and so a transition from concrete to abstract, was a vehicle (but not the only one!) through which monotheism was preserved in the face of its own failure to garner material power and achieve its desired ›restoration‹, but it was not the medium of its birth.«
61 Renn, Wissen, 232.

VI. Ursprünge des Denkens zweiter Ordnung

Gebrauch genommenen Grammatik ›kultureller Lebensformen‹ zur expliziten Interpretation ›rationalisierter‹ Lebenswelten und Traditionen« beinhaltet.[62] »In der Reflexion holt sich die Kultur und holt sich die Gewissheit als reflektierte Wahrheit selbst ein.«[63]

Im Deuteronomium herrscht nicht nur die zweifache Lehre »Ein Gott an einem Ort«, sondern im Anschluss an Stephen Geller eine »trinity of unities« vor: »one god, one shrine, one mind«,[64] wobei sich dieser gemeinsame Geist, der die einzelnen Mitglieder Israels vereinen soll, durch eine selbstreflexive Wachsamkeit auszeichnet: »Hence the mind must also be vigilant, at war with its own lack of faith, its own failure to respond to God's love.«[65]

Eine Besonderheit des hebräischen Denkens, das zwar aus den Kulturen des Mittelmeerraumes und des Alten Orients erwachsen ist, aber doch seine eigenen »achsialen« Merkmale zeigt, ist deshalb dasjenige hebräische Denken, das über Religion nachdenkt und innerhalb dieser die bewusst reflektierte Unterscheidung zwischen wahr und falsch bzw. Freund und Feind einführt. Schon Klaus Koch hatte in einem anderen als dem oben erwähnten Aufsatz die Frage nach dem hebräischen Denken mit dem Monotheismus bzw. der Monolatrie zusammengebracht und angeführt: »Die kultische Exklusivität des Verkehrs mit Jahwä hängt dort, wo sie textlich greifbar wird […], mit eigentümlichen Bedeutungsfeldern des hebräischen Denkens zusammen. […] Hebräisches Denken ist kanaanäisches Denken unter dem Eindruck einer neuen Gotteserfahrung.«[66]

Wesentlich für das religiöse und vor allem das »hebräische« Denken scheint zudem zu sein, dass es nicht nur in Syllogismen denken (vgl. etwa Jer 31,19a)[67] und die Position des »Beobachters zweiter Stufe« einnehmen kann (vgl. etwa Jer 18,1–17),[68] sondern auch

---

62 Renn, Wissen, 233.
63 Renn, Wissen, 233.
64 Geller, Wisdom, 105.
65 Geller, Wisdom, 106.
66 Koch, Sprache, 63f.
67 Zu Jer 31,19a als Beispiel für einen Syllogismus vgl. Greenstein, Developments, 452f.
68 Zum Beobachter zweiter Stufe im klassischen Athen vgl. Böhme, Stufen, 1f. Jer 18,1–17 geht über das Erfahrungswissen des Töpfers in Bezug auf das Herstellen von Töpfen hinaus. Jeremia bzw. die Schreiber des Textes nehmen das Erfahrungswissen des Handwerkers als eines »Beobachters erster Stufe« auf, um aus der Beobachtung neue Konzepte und kritische Transferleistungen im religiö-

dass neben dem Verhältnis Mensch-Mensch bzw. Mensch-Welt eine neue, dritte Relation in den Denkprozess eingeführt wird. Es gehört wohl zu den »mythischen« (in diesem Fall vielleicht besser: narrativen) Ansätzen des Denkens zweiter Ordnung, wenn eine Kultur der Vorstellung fähig ist, dass Gott die Gedanken des Menschen lesen[69] und der Mensch sich über die Gedanken Gottes Gedanken machen kann. Sind die Kulturen des Alten Orients, einschließlich des alten Israel, auch noch auf andere Weise zu theoretischer Haltung und kritischer Selbstreflexion fähig? Mit dieser Frage kommen wir zu unserem letzten Abschnitt.

b) Selbstreflexion als kritische Wahrnehmung der eigenen Grenzen: Beispiele aus dem Alten Orient, dem Alten Ägypten und dem Alten Testament
Im Folgenden sollen Beispiele zu einer mehr theoretischen Einstellung und Haltung im Alten Orient und im Alten Testament gegeben werden, die selbstreflexiv und erkenntniskritisch über die Grenzen des menschlichen Erkenntnisvermögens nachdenkt. Jürgen van Oorschot hat in einem Aufsatz von 2007 über *Grenzen der Erkenntnis als Quellen der Erkenntnis* im Anschluss an Annette Schellenbergs Dissertation *Erkenntnis als Problem*[70] die Frage gestellt, ob sich erkenntniskritische Überlegungen im Alten Testament finden: »Wissenschaftliche Verstehensbemühung schließt das Bedenken der Grenzen von Erkenntnis mit ein. Sowohl als erkenntnistheoretische Frage als auch mit Blick auf die angemessene Methode gehört sie zu den notwendigen Voraussetzungen von Wissenschaft, wie sie sich seit der Neuzeit bei uns etabliert hat [...] Erfolgt innerhalb der alttestamentlichen Weisheit eine derartige Reflexion über Möglichkeiten und Grenzen von Erkenntnis?«[71]

Schon im Alten Mesopotamien finden sich zumindest Ansätze für ein Denken zweiter Ordnung, worauf bereits 1986 Peter Machi-

---

sen Bereich zu entwickeln. Auch hier wird – wenn auch auf ganz andere Weise als im antiken Athen – »kulturelles Wissen reflexiv, d.h. als solches herausgehoben, analysiert, in ein Konzept und in Regularien gebracht, mithin ›theoretisiert‹« (ebd.).
69 Vgl. dazu etwa Carasik, Limits; Janowski, Herz, 27-30.
70 Vgl. Schellenberg, Erkenntnis.
71 van Oorschot, Grenzen, 1277f.

VI. Ursprünge des Denkens zweiter Ordnung

nist hingewiesen hat.[72] In jüngster Zeit hat Eva Cancik-Kirschbaum hervorgehoben, dass es gelte, *Prozeduren zweiter Ordnung* wie »Abstraktion, Modellbildung, Synthese, Generalisierung« und *methodisches Denken* wie »Induktion, Deduktion oder Hypothesenbildung« auf das Vorkommen »solcher – und anderer – Erkenntnistechniken innerhalb der keilschriftlichen Überlieferung zu prüfen.«[73] Schemata zweiter Ordnung sind beispielsweise schon in der Kommentarliteratur aus der Frühdynastischen Zeit belegt und zeigen »a chain of self-conscious acts of reflection on philological method and exegetical technique.«[74] Zweisprachige Listen scheinen nicht nur »parataktisch« angelegt zu sein, einem »additiven Erkenntnisstil« zu huldigen[75] und Ausdruck für »mangelndes Abstraktionsvermögen«[76] zu sein, sondern sind offenbar dreidimensional angelegt und erschließen »eine Metaebene wissenschaftlichen Denkens: das Verhältnis von operativem und eidetischem Sinn.«[77] Auch Omenkompendien und Omenkommentare (wie *mukallimtu* und *multabiltu*) enthalten einen »intellectual break«[78] und »Prozesse zweiter Ordnung«, indem »Befundbeschreibung und Befunddeutung formal und terminologisch systematisiert« werden und damit dem »Bereich der Wissensorganisation« jenseits »der unmittelbar praktischen Anwendung« zugehören.[79] Darüber hinaus wäre zu fragen, ob nicht auch die kritische Weisheitsliteratur wie *Ludlul bēl nēmeqi* oder die *Babylonische Theodizee* sowie satirische Texte wie der *Pessimistische Dialog* Formen des Denkens zweiter Ordnung enthalten.[80]

---

72 Vgl. etwa den Überblick bei Machinist, Self-Consciousness.
73 Cancik-Kirschbaum, Gegenstand, 19.
74 Johnson, Origins, 11.
75 Kritisch dazu Hilgert, Listenwissenschaft, 278f (Lit.), der dagegen die Listenwissenschaft in Mesopotamien mit dem Baum-Modell des Rhizoms zu verstehen sucht; vgl. auch Van De Mieroop, Philosophy, 222f, der ebenfalls auf das Rhizom verweist.
76 Kritisch dazu Maul, Band, 7, der auf den mesopotamischen Leitgedanken verweist, »das Unfassbare der Weltschöpfung« mit der Idee vom »Geheimnis der großen Götter« zum Ausdruck zu bringen.
77 Cancik-Kirschbaum, Gegenstand, 32.
78 Van De Mieroop, Philosophy, 196.
79 Cancik-Kirschbaum, Gegenstand, 36.
80 In Bezug auf die Babylonische Theodizee vgl. die knappe Überlegung bei Glassner, Use, 1816.

Im Alten Ägypten können einige Texte als »philosophische« gelten[81] und über aspektives und »parataktisches« Denken mit seiner additiven Apperzeptionsweise hinausgehen.[82] Während sich epistemologische Überlegungen und Zweifel an der Sicherheit des Wissens schon in der *Lehre des Ptahhotep* finden,[83] so kann man fragen, ob nicht die weisheitlichen Dialoge wie das *Gespräch eines Mannes mit seinem Ba* oder die *Reden des Bauern* eine »philosophische« Suche nach Wahrheit, Weisheit und Wahrhaftigkeit spiegeln, während kritische und satirische Texte wie die *Harfnerlieder* oder *Papyrus Anastasi I* die gängigen Einsichten und Wissensvorstellungen kritisieren. Vor allem in den *Klagen des Chacheperreseneb* zeigen sich Ansätze des Denkens zweiter Ordnung. Diese Klagen aus dem Mittleren Reich offenbaren die explizit formulierte Suche nach Originalität sowie die Klage über ein Denken, das in den vorgegebenen Traditionen verstrickt bleibt und sich gerade nicht zu eigenständigem und originalem Denken aufschwingen kann:

Chacheperreseneb r.2f
Oh hätte ich doch unbekannte Aussprüche (ḫn.w)
ungewöhnliche Sprüche (ṯs.w),
in neuen Worten (md.wt), die noch nicht gebraucht wurden,
frei von Wiederholungen!
Nicht die Sprüche(?) an bekannter Rede,
die die Vorfahren gesprochen haben![84]

In diesen Klagen zeigt sich eine Selbstreflexion über das eigene Scheitern an der Suche nach Originalität, die – anders als in der vorgegebenen Tradition – als durchaus erstrebenswert erscheint.[85] Sowohl diese selbstreflexive Klage als auch die selbstreflexive Suche nach Originalität können dem Denken zweiter Ordnung zugerechnet werden. Daraus folgt: »Achsiale« Phänomene finden sich nicht nur in der sogenannten Achsenzeit 800–200 v. Chr., sondern auch schon

---

81 Vgl. neuerdings Graness, Writing.
82 Zum aspektiven Denken im Alten Ägypten vgl. Brunner-Traut, Frühformen.
83 Vgl. Graness, Writing, 135.
84 Chacheperreseneb r.2f. Umschrift und Übersetzung nach G. Burkard in ders./H. J. Thissen, Einführung, 138.
85 Vgl. dazu Dietrich, Individualität, 87–92.

VI. Ursprünge des Denkens zweiter Ordnung   161

früher. Wie steht es um das Alte Testament? Es bleibt nur Raum für zwei weitere Beispiele.

Ähnlich wie in den Klagen des Chacheperreseneb können die hebräischen Schriften der sogenannten kritischen Weisheit die Grenzen der eigenen Weisheit reflektieren. Auch hier liegt eine Form der Selbstreflexion vor, die eine theoretische Haltung einnimmt und zumindest in Teilen dem Denken zweiter Ordnung angehört. In Bezug auf das Sprüchebuch ist dies, wie zuvor gezeigt, noch nicht der Fall, weil das Sprüchebuch seinen Blick nicht auf die Arbeitsweise des Denkens richtet, sondern Weisheit als eine Größe an sich vorstellt, die von Gott kommt und angeeignet werden soll.[86] Einen Schritt weiter sind wir hingegen mit dem Buch Hiob, das in seinem Dialogteil auch die Grenzen menschlicher Einsicht immer wieder zu Wort kommen lässt und in seinem – wahrscheinlich später hinzugefügten – Kapitel 28 die Weisheit zwar als eine Größe sui generis darstellt, aber in ihrer Bedeutung für die Grenzen des menschlichen Erkenntnisvermögens vorstellt. Denn während die Weisheit in den Proverbien gesucht und gefunden werden kann und will, so ist dies nach Hiob 28 gerade nicht möglich:

Hi 28,12f.20f
(12) Aber die Weisheit – wo ist sie zu finden und wo ist denn ein Ort der Einsicht?
(13) Kein Mensch kennt ihre Ausstattung, und nicht ist sie zu finden im Land der Lebenden.
(…)
(20) Aber die Weisheit, woher kommt sie und wo ist denn ein Ort der Einsicht?
(21) Ja, verhüllt ist sie vor den Augen alles Lebendigen, auch vor dem Vogel des Himmels bleibt sie verborgen.

Die Weisheit wird hier zwar ebenso wie im Buch der Sprüche als eine Größe sui generis vorgestellt, die sich außerhalb des Menschen befindet. Doch anders als in den Proverbien werden gleichzeitig in einem selbstreflexiven Akt die Grenzen bedacht, die dem menschlichen Erkenntnisvermögen gezogen sind, weil die Weisheit einen

---

86 Bedenkenswert ist jedoch die selbstkritische Einsicht über das eigene Denken in Spr 30,2f.

verborgenen Ort habe, den nur Gott kennt. Spricht sich hier eine theoretische Einsicht in poetischer Sprache aus, so wird im Buch Kohelet eine theoretische Haltung eingenommen und dabei durchaus ganz ähnlich über die menschlichen Erkenntnisgrenzen reflektiert.

Im Buch Kohelet finden sich erkenntniskritische Einsichten, die durchaus im Sinne Kants als Erkenntniskritik gewertet werden können, indem sie dem Denken seine Grenzen aufzeigen. Diese Grenzen werden, wie Annette Schellenberg gezeigt hat, dem Menschen vor allem durch die Zukunft, den Tod und das Wirken Gottes gezogen.[87] »Dass Gott die Möglichkeiten der Erkenntnis des Menschen übersteigt, setzt ein Wissen um die epistemologische Begrenzung des Subjekts im Denken voraus.«[88] Seine Überlegungen führen Kohelet zu einer bedenkenswerten selbstkritischen Einsicht:

Koh 7,23
Das alles habe ich in Weisheit geprüft. Ich sprach: Ich will weise sein! Aber sie ist fern von mir.

Die Reflexion über die Grenzen des eigenen wie des menschlichen Denkens überhaupt durchziehen das gesamte Buch Kohelet (vgl. Koh 1,16–18; 2,12–17; 3,11; 6,12; 7,14; 7,23f; 8,7.16f) und zeichnen sich dadurch aus, dass sie den Grund für die Grenzen menschlicher Erkenntnis nicht in mangelndem Bemühen angesichts prinzipieller Fähigkeiten verorten, sondern davon ausgehen, dass die Grenzen erkenntnistheoretisch-anthropologischer Natur und deshalb unumstößlich vorgegeben sind.[89]

Diese erkenntniskritischen Erwägungen zeigen das hebräische Denken auf einer weit vorangeschrittenen Stufe der Reflexion und Selbstreflexion, die dem »achsialen« Denken zweiter Ordnung Griechenlands kaum nachsteht. Das Denken zweiter Ordnung erhebt sich in Griechenland und Israel aus den Denkkulturen des Mittel-

---

87 Vgl. Schellenberg, Erkenntnis, 75ff.
88 Frevel, Person, 74. Vgl. auch ebd.: »Wenn in Jes 5,21 denen ein ›Wehe‹ entgegengeschleudert wird, die auf Grund eigener Einschätzung weise sind und zu deren Selbstbild es gehört, verständig zu sein, setzt das schon ein gehöriges Maß an Selbstreflexion voraus.«
89 Vgl. dazu Dietrich, Macht Denken traurig? (= Beitrag VIII in diesem Band).

VI. Ursprünge des Denkens zweiter Ordnung

meerraumes und lässt sich in Einzelfällen auch schon in den sogenannten »archaischen« Kulturen des Alten Orients finden. Im Alten Testament zeigt sich das Denken zweiter Ordnung vor allem religiös konnotiert: in Monolatrie und Monotheismus, welche die Unterscheidung zwischen wahr und falsch in das religiöse Denksystem einführen, sowie in erkenntniskritischen Erwägungen, die anerkennen, das Gott dem Menschen unumstößliche Grenzen der Erkenntnis gezogen hat.

So gilt es, das Paradigma über die Ursprünge des Denkens zweiter Ordnung im antiken Griechenland kritisch zu betrachten und diese Ursprünge in den Schriften des antiken Mittelmeerraumes und des Fruchtbaren Halbmondes weiter zurückzuverfolgen. Kulturen, die die Grenzen des eigenen Denkens bedenken,[90] die über frevlerische Gedanken im eigenen Herzen und Überlegungen im eigenen Geist reflektieren können,[91] sind des Denkens zweiter Ordnung nicht nur fähig, sondern vermitteln es auch in ihren Schriften.

---

90 So wie dies in einigen Weisheitsschriften des Alten Ägypten, des Alten Orients und des Alten Testaments der Fall ist.
91 Vgl. neben Ps 36 zum Beispiel noch CAD 17/3, 144 s.v. šitūlu.

VII. Über die Denkbarkeit des moralischen Realismus im Alten Testament

Entstehungsbedingungen und Kennzeichen einer kritischen Idee

1. Das Euthyphron-Dilemma

Der eigentliche Grund dafür, dass Sokrates angeklagt und zum Tode verurteilt wurde, war möglicherweise gar nicht der, dass er die Götter lästert und die Jugend verdirbt, sondern dass er die Athener mit klugen Fragen gestört hat. Die Kunst der Elenktik offenbart Wissen als Scheinwissen, und das erregt Anstoß.[1] Sokrates wird der Gotteslästerung angeklagt und erscheint deshalb am Eingang der Halle des Archon Basileus, der für kultrechtliche Fragen, aber auch für Tötungsdelikte zuständig war.[2] Am Eingang trifft er auf Euthyphron, einen jener Gottesfürchtigen, die alles zu wissen meinen und mit bestem Gewissen ihrer religiösen Pflicht nachzukommen glauben. Euthyphron will seinen Vater wegen Totschlags anklagen und geht davon aus, dass eine solche Anklage gegen den eigenen Vater eine Pflicht der Frömmigkeit sei, die einen Makel (ein *Miasma*) sühnt.[3] Immerhin hat ja auch schon Kronos seinen Vater Uranos entmannt und Zeus seinen Vater Kronos wegen frevelhaften Tuns in Fesseln gelegt. Dann kann man doch wohl auch seinen eigenen Vater wegen Totschlags anklagen.[4] Was macht Sokrates? Er tut das, was er am besten kann: Er fängt an, Fragen zu stellen und entwickelt den Einzelfall zu einer Grundsatzfrage, was denn die Frömmigkeit nun eigentlich sei.[5] Der großspurige Euthyphron versucht, wacker zu antworten, bis er am Ende entnervt aufgibt und davonläuft, sodass der Dialog in bester sokratischer Weise – das heißt in zu Denken gebender Weise – in der Aporie endet.

1 Vgl. etwa Leggewie, Nachwort, 68.
2 Vgl. etwa Allen, Euthyphro, 15.
3 Diese Pflicht hat nach Euthyphron zugleich ethische und religiöse Dimensionen, vgl. Peels, Hosios, 41f.
4 Über die Verdrehtheit dieser Anklage, die weder athenischen Gepflogenheiten noch athenischem Recht entsprach und kaum Aussicht auf Erfolg gehabt hätte, vgl. Allen, Euthyphro, 20–23.
5 Vgl. etwa Leggewie, Nachwort, 73.

»Wird das Fromme, weil es fromm ist, von den Göttern geliebt, oder ist es fromm, weil es von ihnen geliebt wird?« (Euthyphron 10a)[6] Das ist die entscheidende Frage des Dialogs. Ist das Fromme – das später mit dem Gerechten korreliert wird – eine unabhängige Größe sui generis, sogar den Göttern vorgegeben? Eine Idee also, die ihre Frommheit aus sich selbst heraus konstituiert, unabhängig vom Willen Gottes? Oder wird das Fromme durch Gott definiert und ist vom Gefallen Gottes abhängig, sodass in einer anderen Welt, wenn Gott es so wollte, Blasphemie, Mord und Totschlag gut wären? Ist also etwas gut, weil Gott es will, oder will Gott etwas, weil es gut ist? Ist das Gerechte eine von Gott unabhängige Norm, ein unabhängiger Maßstab, eine eigene Instanz, die aus sich selbst heraus bindend ist?[7] Das ist das Euthyphron-Dilemma, das zwischen moralischem Realismus und moralischem Voluntarismus unterscheidet[8] und für das es im sokratischen Dialog keine Lösung gibt, auch wenn deutlich ist, dass der platonische Sokrates die erste Lösung favorisiert.[9] Diese erste Lösung hat nach Kurt Bayertz eine theologisch »unangenehme« Implikation, denn Gott wird »an das von ihm unabhängige Gute gebunden.«[10] Im Folgenden möchte ich zeigen, dass es genau diese

---

6 Übersetzung nach Leggewie.
7 Obwohl Euthyphron zu den frühen Dialogen Platons gerechnet wird, entweder zu den Frühdialogen selbst (Vlastos) oder zu den Dialogen des Übergangs, die zwischen den frühen und mittleren Dialogen zu stehen kommen (Gigon, Rufener), so zeigt sich bereits im Euthyphron eine sokratische Ideenlehre, die von der späteren Ideenlehre Platons nicht allzu weit entfernt ist (vgl. Figal, Sokrates, 20.64–85 im Anschluss an Allen, Euthyphro, 67–166; vgl. auch Paxson, Euthyphro, 175. So kommen im Euthyphron die Begriffe ἰδέα und εἶδός in Bezug auf die Frömmigkeit vor (Euthyphron 5d, 6d–e; vgl. Allen, Euthyphro, 28f).
8 Vgl. Bayertz, Moralisch, 82f. Moralischer Voluntarismus tritt im religiösen Diskurs als theologischer Voluntarismus oder *Divine Command Ethics* auf, vgl. etwa Malcolm, Divine, sowie in Bezug auf das Alte Testament Barton, Ethics, 127–156.
9 Die Definition des Euthyphron, dass das Fromme dasjenige sei, was von den Göttern bzw. von allen Göttern geliebt wird, wird widerlegt. Über die Validität dieser Widerlegung ist in der Forschung gestritten worden; zu einer positiven Sicht vgl. beispielsweise Versényi, Holiness, 67–88.
10 »Wenn wir davon ausgehen, daß das moralische Gutsein unabhängig vom göttlichen Willen ist; daß Gott sich in seiner Entscheidung diesem objektiven Gutsein lediglich anschließt; dann ist Gott nicht mehr frei. Er ist nun an das von ihm unabhängige Gute gebunden.« Bayertz, Moralisch, 82f. Zur Geschichte des Euthyphron-Problems in der Philosophie- und Theologiegeschichte vgl. etwa Wainwright, Religion, 73–83.

theologisch »unangenehme« Position ist, die im Laufe der alttestamentlichen Literaturgeschichte an mehreren Stellen auf eine durchaus gottesfürchtige Weise vertreten wird. Abrahams Frage in Gen 18 stellt nur den Endpunkt einer längeren Entwicklung dar.[11]

Diese Entwicklung ist keineswegs selbstverständlich. Ganz im Gegenteil, das Euthyphron-Problem hat in der Literaturgeschichte des Alten Testaments lange Zeit keine Rolle gespielt. In den frühen Hochkulturen und auch im alten Israel gibt es noch keine funktionale Ausdifferenzierung von Moral, Sitte und Recht.[12] Ebenso, und das ist entscheidend, gibt es auch keine funktionale Unterscheidung zwischen Religion und Recht. Die letztinstanzliche Grundlage des Rechts ist Gott, und das Recht geht von Gott aus. Mi 6,8 (»Es ist dir gesagt, Mensch, was gut ist«) ist hierfür nur die berühmteste Stelle. Wie kann sich auf dieser Grundlage überhaupt so etwas wie eine alttestamentliche Version des Euthyphron-Problems entwickeln, bei der Gott und Recht einander gegenübergestellt werden?

2. Religionsgeschichtliche Voraussetzungen

Eine erste, für sich allein nicht hinreichende, Bedingung der Möglichkeit, die Idee eines moralischen Realismus zu entwickeln und Gott entgegenzuhalten, liegt religionsgeschichtlich in der Idee des Rechts als einer ursprünglich eigenständigen Gottheit und deren Entwicklung zu einer Wirkgröße Gottes begründet. Im alten Mesopotamien sind Recht und Gerechtigkeit, *kittum* und *mīšarum,* nicht nur Grundprinzipien der Welt, sondern sie können auch selbst deifiziert werden, unter anderem als die beiden Götter Nigzida und Nigsisa auftreten und als »gerechte Richter« sowie »Richter von Himmel und Erde« zur Rechten und Linken neben dem Sonnen-

---

11 Das Euthyphron-Dilemma wird schon von Roshwald, Dialogue, 151f explizit mit Gen 18,25 in Verbindung gebracht. Vgl. auch Gericke, Hebrew Bible, 405–446 in Bezug auf weitere alttestamentliche Texte.
12 Im modernen Sinne kann man zwar zwischen Rechtsnormen (»Man soll nicht bei Rot über die Straße gehen.«), Moralnormen (»Man soll ein gegebenes Versprechen halten.«) und Normen der Sitte unterscheiden (»Man soll einander zur Begrüßung die Hand geben.«). Vgl. mit Hinweis auf diese Beispiele Hoerster, Recht, 10f. Im Alten Testament hingegen werden vergleichbare Normen unter dem Phänomen des Rechts subsumiert. Die Institution des Rechts und die Tugend der Gerechtigkeit sind aus unserer Sicht zwar zu unterscheiden, gehen aber in den antiken Kulturen zusammen, vgl. Assmann, Idee, 10f.

gott Shamash sitzen,[13] ebenso wie in Mari das Götterpaar Išar und Mešar[14] und in Ugarit das Götterpaar ṣdq mšr belegt sind.[15] Beispielsweise werden nach der Bauinschrift des Jachdun-Lim aus Mari *kittum* und *mīšarum* als offenbar relativ selbständige Größen dem Sonnengott zugewiesen. Der Sonnengott ist damit weniger Quelle als vielmehr wie der König ein Hüter des Rechts, weshalb Shalom Paul das Recht als einen »metadivine realm« kennzeichnet.[16] Darüber hinaus gibt es im alten Mesopotamien die Idee des Schicksals, das offenbar gleichursprünglich mit den Göttern in die Welt gekommen ist, wobei die Götter sowohl Empfänger als auch Herrscher über das Schicksal und die Schicksalstafeln sein können.[17] Weiterhin gelten die sogenannten ME als die grundlegenden Wirkmächte und Ordnungsprinzipien der Welt, die zwar von den Göttern aufgestellt wurden, aber dennoch eine gewisse Unabhängigkeit besitzen, weshalb sie unter den Göttern verschenkt und geraubt werden können – und bezeichnenderweise gehören zu den ME unter anderem auch Recht und Gerechtigkeit (*kittum* und *mīšarum*).[18] Indem das Recht religionsgeschichtlich als eine (teils personifizierte und deifizierte) Größe unabhängig von einzelnen konkreten Gottheiten gedacht werden kann, können die Götter wegen unmoralischen Tuns kritisiert und mit generellen moralischen Prinzipien konfrontiert werden.[19]

In Syrien-Palästina war das Recht ursprünglich eine eigenständige Gottheit mit Namen Ṣædæq (»Gerechtigkeit«), wie noch biblisch an den Personennamen *Malkîṣædæq* (»Mein König ist Ṣædæq«; Gen 14,18; Ps 110,4), *'Adonîṣædæq* (»Mein Herr ist Ṣædæq«; Jos 10,1.3) und an dem jebusitischen Priesternamen *Ṣādôq* ersichtlich ist (2Sam 8,17 u. a.), außerbiblisch an den Personennamen *Rabiṣidqi* aus einem Amarna-Brief (EA 170,37) sowie an zahlreichen Eigennamen aus Phönizien und Ugarit mit dem Element ṣdq, bei-

---

13 Vgl. CAD s.v. *kittu* A sowie CAD s.v. *mīšaru* A; Krebernik, Richtergott(heiten), 354.
14 Vgl. ARM 24.210 (Talon, Pantheon, 12–17).
15 Vgl. RS 24.271:14 = KTU 1.123:14 (Pardee, Ritual, 151).
16 Paul, Studies, 6; vgl. auch Albertz, Theologisierung, 116 mit Anm. 3f sowie Lawson, Concept, 39 in Bezug auf die Schicksalstafeln.
17 Vgl. Lämmerhirt/Zgoll, Schicksal, 148; Steinkeller, Luck, 18–20.
18 Zu den ME vgl. Berlejung, Theologie, 20–24; Schmid, Gerechtigkeit, 61–66.
19 Zu einigen Beispielen aus dem alten Mesopotamien (Gilgamesch und Erra-Epos) siehe unten Abschnitt 4. Vgl. im Alten Testament vor allem Ps 82.

VII. Über die Denkbarkeit des moralischen Realismus

spielsweise *ṣdq-mlk* oder *ṣdq-šlm*.[20] Dabei könnte es sein, dass in Jerusalem der Gott *Ṣædæq* mit dem solaren oder den Abendstern deifizierenden Gott *Šālēm* identifiziert wurde, der außerbiblisch gut belegt ist, sich aber auch in biblischen Namen wie Jerusalem, Abschalom oder Salomo spiegelt.[21] Im Alten Testament übernimmt Gott selbst die Attribute dieses Gottes sowie vor allem diejenigen des altorientalischen Sonnengottes Šamaš, der, wenn er am Morgen über der Welt aufgeht, Recht spricht und die Weltordnung in Gang hält. Recht gilt hier als ein Mittel zur Aufrechterhaltung und Wiederherstellung der von Gott verfügten Weltordnung.[22]

Der Weg von einer eigenständigen Gottheit zu einer Wirkgröße ist dabei nicht weit. Im alten Ägypten nimmt die Maʿat eine Zwischenstellung ein, indem sie einerseits eine eigenständige Göttin und abstraktes Prinzip für Wahrheit und Gerechtigkeit ist, von der Menschen und Götter leben,[23] andererseits zu einem Attribut des Sonnengottes wird, wenn dessen Augen und Glieder, sein Fleisch, sein Atem, sein Herz und sein Gewand aus Maʿat besteht.[24] Im Alten Testament agiert *ṣædæq* wie eine Wirkgröße Gottes (Ps 85,11–14; vgl. 89,15),[25] und bildet zusammen mit dem Recht, *mišpāṭ*, das Fundament des Gottesthrones (Ps 89,15; 97,2; vgl. Jes 9,6; Spr 16,12; 20,28),[26] ebenso wie dies in Ägypten mit der Maʿat[27] und in Mesopotamien mit den beiden Göttern *Kittum* und *Mīšarum* bezeugt ist.[28] Auf einem akkadzeitlichen Rollsiegel, das bezeichnenderweise in einem Grab Jerusalems vom 7. Jh. v. Chr. gefunden wurde, sind die beiden göttlichen Diener *Kittum*

---

20 Vgl. zusammenfassend etwa Ringgren, *ṣādaq*, 903; Schmid, Gerechtigkeit, 11f; siehe auch den amoritischen Namen *Ammiṣaduqa*; vgl. Batto, Zedeq, 930. Zu einer Pfeilspitze aus dem Libanon mit dem Personennamen *jtr-ṣdq* vgl. Keel, Geschichte Jerusalems, 190 mit 156 Abbildung 101.
21 Vgl. Huffmon, Shalem; zur Sonnengottheit von Jerusalem und Jhwhs Identifizierung mit dieser vgl. den Überblick bei Keel, Geschichte Jerusalems, 190f und 273–286 (Lit.).
22 Formulierung im Anschluss an Neumann, Gerechtigkeit, 39. Für einen Überblick vgl. vor allem Schmid, Gerechtigkeit, 13–77; Janowski, Rettungsgewißheit.
23 Zum Prinzip und der Göttin Maʿat vgl. vor allem Assmann, Maʾat.
24 Vgl. Bonnet, Reallexikon, 430; Schmid, Gerechtigkeit, 48.
25 Vgl. etwa Koch, צדק, 519.
26 Zur »Geradheit« (*mîšôr*) in Parallele zu *ṣædæq* vgl. Jes 11,4; Ps 45,7f; 98,9; Keel, Geschichte Jerusalems, 191; Müller, Jahwe, 178f.
27 Vgl. Brunner, Gerechtigkeit, 426–428; Grieshammer, Maat, 35–42.
28 Vgl. etwa Schmid, Gerechtigkeit, 76; Keel, Geschichte Jerusalems, 191; Müller, Jahwe, 99–102.

und *Mīšarum* zu sehen, wie sie den Sonnengott auf seinem Thron flankieren.[29] In Ps 17,1 scheinen Jhwh und *ṣædæq* miteinander gleichgesetzt worden zu sein, und in Jes 45,8 heißt es sogar, dass Gott ihn (den *Ṣædæq*) erschaffen hat – ein Gedanke, der auf den ersten Blick die Idee des moralischen Realismus erschweren mag, auf den zweiten dieser Idee aber nicht prinzipiell entgegensteht, weil das Recht als eine zwar von Gott erschaffene, aber relativ unabhängige Größe benannt wird.

Ähnliches gilt für die Regeln, die in der Natur gelten. Gott schafft nicht nur das Recht aus sich heraus und gibt dem Menschen seine Rechtssätze, sondern legt auch der Natur ihre Regeln auf: Die Gesetze der Natur werden von Gott festgelegt.[30] Mehrfach ist die Rede davon, dass Gott den Gestirnen Gesetzesordnungen (*ḥuqqôt*) auferlegt hat (Jer 31,35f; 33,25; Hi 38,33).[31] Sie stellen keine Gott übergeordnete Größe dar, sondern eines seiner relativ unabhängigen Herrschaftsinstrumente, weshalb Gott in der Lage ist, die Ordnungen der Natur zu durchbrechen, etwa wenn er die Sonne im Kampf gegen die Amoriter einen Tag lang am Himmel still stehen lässt (Jos 10,12–14).

Eigenständige Gottheiten, Wirkgrößen Gottes, erschaffene Prinzipien und Regelwerke erscheinen als von Gott relativ unabhängige Größen, die zwar angesichts der altisraelitischen Entwicklung zur Monolatrie und zum Monotheismus für sich allein genommen noch keinen moralischen Realismus im Alten Testament begründen, aber eine religionsgeschichtliche Bedingung der Möglichkeit dafür enthalten, Gott moralische Prinzipien entgegenhalten zu können.[32] Weitere Bedingungen kommen hinzu, wie die folgenden Kapitel zeigen sollen.

---

29 Vgl. Keel, Geschichte Jerusalems, 277f mit Abbildung 154.
30 Von Naturgesetzen zu reden ist eine Metapher, die wir aus der sozialen Welt in die natürliche übertragen.
31 Vgl. Schmid, Orient, 12f. Ähnliches gilt auch für den alten Orient, vgl. etwa das *Lied auf Anu* nach Falkenstein/von Soden, Hymnen, Nr. 20,19f: »Des (Himmels) Regeln hat er recht gefügt – im Himmel und auf Erden beugt sich ihm jeder.« Bezeichnenderweise können dabei soziale und natürliche Gesetze korreliert werden, vgl. etwa Ash. A I 31–36 »[Sîn und Ša]maš, die Zwillingsgötter, hielten, u[m] einen Rechtsentscheid nach Recht und Gerechtigkeit (*dēn kītte u mīšari*) de[m Land] und den Leuten zu schenken, Monat für Monat die Bahn von Recht und Gerechtigkeit ein …« Übersetzung nach Maul, König, 66; zur Umschrift siehe Borger, Inschriften, 2.
32 Gerade in der Sodomgeschichte, unserem später auszuführenden Beispieltext, scheint die Tradition von einer richtenden Sonnengottheit aufgenommen und auf Jhwh übertragen worden zu sein, vgl. etwa Keel, Sodom, 10–17.

3. Literaturgeschichtliche Voraussetzungen

Eine zweite Bedingung der Möglichkeit für einen moralischen Realismus im Alten Testament liegt in Merkmalen der alttestamentlichen Rechtsliteratur begründet. Die Literaturgeschichte alttestamentlicher Rechtsvorstellungen beginnt, ohne dass Gott eine besondere Rolle spielt. Die älteste kasuistische Rechtssammlung ist das Bundesbuch, das traditionell um 700 v. Chr. datiert wird. Das Bundesbuch sammelt bestehendes Gewohnheitsrecht, schließt einzelne konkrete Rechtsentscheidungen aus schwierigen Fällen an und erweitert diese im Rahmen der schulischen Rechtsgelehrsamkeit durch assoziative Analogiebildungen.

Im alten Orient werden solche Rechtssammlungen als Königsrecht ausgegeben. Nicht Gott gibt solche Gesetze, sondern der König. Der König erhält als Stellvertreter Gottes auf Erden die Aufgabe und die Macht, das Recht im Land durchzusetzen, indem er die Legitimität der Rechtssammlungen als Königsrecht verbürgt, konkrete Gesetze erlässt und in Problemfällen als höchster Richter Entscheidungen fällt. Auf der berühmten Stele des Kodex Hammurapi übergibt der Sonnengott Shamash Ring und Stab an König Hammurapi, damit dieser in seinem eigenen Namen die folgenden Rechtssprüche erlässt. Recht und Gerechtigkeit kommen vom Sonnengott, aber es ist der König als sein Stellvertreter und Ebenbild,[33] der diese Prinzipien in konkrete Rechtssätze umsetzt. Der König schafft zwar das materielle Recht als sein Herrschaftsinstrument,[34] aber das Recht als solches gilt als eine dem König übergeordnete Größe, auch im Alten Orient.[35] Aus diesem Grund müssen sich die babylonischen Großkönige beim Neujahrsfest vor den Göttern verantworten und demütig zur Schau stellen, dass sie sich an das Recht gehalten haben.[36] Im Alten Testament kommt ein ganz ähnliches Rechtsverständnis in Psalm 72 zum Ausdruck, allerdings mit einem feinen Unterschied:

---

33 Hammurapi bezeichne sich selbst als »Sonne/Sonnengott von Babylon« (KH V 4f).
34 Vgl. Schmid, Orient, 18.
35 Der König gibt die Rechtssätze als sein Recht aus, untersteht aber der göttlichen Gerichtsbarkeit, vgl. etwa Neumann, Gerechtigkeit, 40.
36 Vgl. etwa Kessler, Gott, 75.

Ps 72,1f
Gott, deine Rechtssprüche gib dem König,
und deine Gerechtigkeit dem Königssohn.
Er richte dein Volk in Gerechtigkeit,
und deine Elenden mit Recht!

Wird das Gerechte vom König geliebt, weil es ihm übergeordnet ist, oder ist es nur deshalb gerecht, weil es vom König geliebt wird? Diese Frage kann das Alte Testament klar beantworten. Der König erhält von Gott nicht nur das Recht und die Macht für Rechtserweise, sondern, anders als im Alten Orient, auch die konkreten Rechtssprüche.[37] Über dem König steht das Recht Gottes, weshalb auch der Willkürakt Davids, die Tötung Urias, nicht ungestraft bleibt. Und mit dem späten Königsgesetz von Dtn 17,14–20 wird dem König die Tora übergeordnet: Wie ein Schüler soll der König beständig in ihr lesen.[38]

Wären die Rechtssammlungen der Bibel altorientalische Rechtssammlungen, dann wären sie königliche, vom König ausgegebene und legitimierte Rechtsbücher. Das ist jedoch nicht der Fall. Vielmehr wird schon die älteste Rechtssammlung, das Bundesbuch, nicht als irdisches Königsrecht ausgegeben, sondern sekundär als Gottesrecht gerahmt. Gott tritt als Subjekt auf und redet Israel in der zweiten Person an. Darüber hinaus werden Rechtsforderungen explizit begründet, vor allem mit dem Hinweis auf die Barmherzigkeit Gottes.[39]

Ex 22,25f
Wenn Du tatsächlich den Mantel deines Nächsten zum Pfand nimmst – bis Sonnenuntergang sollst du ihn ihm zurückgeben.

---

37 Vgl. etwa Arneth, Sonne, 129; Janowski, Frucht, 119f; Salo, Königsideologie, 238. Zum levantinischen Kontext von Ps 72 vgl. Dietrich, Psalm.
38 Zum Charakter dieser »konstitutionellen Monarchie« vgl. Lohfink, Sicherung; Levinson, Reconceptualization.
39 Zur Theologisierung des Rechts und Ausdifferenzierung des Ethos aus dem Recht vgl. Otto, Ethik, 81–111; Albertz, Theologisierung, 120–122; Schmid, Theologie, 79–85; Kratz, Israel, 111–117. Nach Spieckermann, Recht, 254, bezeichnet *mišpāṭ* eher »die konkrete Rechtsetzung und Rechtsprechung«, während *ṣædæq* und *ṣ^edāqāh* »primär die umfassende Größe mit (Be)Gründungsfunktion, normativem Anspruch und wirklichkeitsprägender Kraft für Gegenwart und Zukunft« im Blick haben.

Denn er ist seine einzige Decke, er ist seine Umhüllung für seine Haut. Worin soll er liegen? Und geschieht es, dass er zu mir schreit, dann werde ich hören, denn barmherzig bin ich.

In der Literaturgeschichte des Alten Testaments wird von nun an das Recht als von Gott gestiftetes und offenbartes Gottesrecht legitimiert. Vielleicht ist diese Entwicklung erst in königsloser Zeit möglich, wahrscheinlich aber wird sie schon in der Königszeit durch die prophetische Rechts- und Sozialkritik angestoßen.[40] Forthin gelten sämtliche Rechtssammlungen und Gebote als von Gott gegeben und Gott selbst als Quelle des Rechts.[41] Diese sogenannte *Theologisierung des Rechts* ist ein Sonderzug des biblischen Rechtsverständnisses gegenüber dem alten Orient und begründet das Recht aus dem Wesen und den Handlungen Gottes, vor allem mit der Herausführung aus Ägypten sowie der Barmherzigkeit und Heiligkeit Gottes. Die Begründung des Rechts als Gottesrecht erfolgt nicht aus Willkür, sondern um grundlegenden Rechtsnormen eine stabile Grundlage zu geben: Ein Ansehen der Person beispielsweise soll es nicht geben, und man braucht sich auch nicht zu fürchten, dieses Prinzip gegen Mächtige durchzusetzen, »denn das Recht gehört Gott«, wie es in Dtn 1,17 heißt. Interessanterweise verhindert diese Entwicklung nicht die Frage nach einem moralischen Realismus, sondern erleichtert sie. Dafür zwei Argumente:

Zum ersten: Die Theologisierung des Rechts bedeutet für die Literaturgeschichte des Alten Testaments, dass der König in seiner Rolle als oberster Richter abgelöst und durch Gott ersetzt wird. Gott ist nicht nur Schöpfer der Welt, sondern auch oberster Richter. Der oberste Richter jedoch, der ursprünglich königliche, nun jedoch göttliche Richter, muss sich an das ihm vorgegebene Recht halten, will er kein Tyrann sein, und an einen Richter kann man durchaus die Frage stellen, ob er sich an das Recht hält.[42] Das heißt: Es ist

---

40 So die klassische Position. Für eine Spätdatierung nicht der Rechts-, aber der Sozialkritik im Amosbuch vgl. Levin, Amosbuch.
41 Vgl. Albertz, Theologisierung, 122. Im Deuteronomium, das nicht nur Recht geben, sondern zu einer umfassenden Rechtserziehung anleiten will, nimmt der Charakter des »gepredigten Gesetzes« weiter zu (ebd.).
42 Darüber hinaus dürfte die juridische Interpretation des Gottesverhältnisses in Form des internationalen Vertragsrechts zwischen Großkönig (Gott) und Vasall (Israel) sowie diejenige in Form des Eherechts zwischen Ehemann (Gott)

vor allem die Rolle des königlichen Richters, die Gott übernimmt, welche die Gegenüberstellung von Gott und Recht ermöglicht. Eine wesentliche Bedingung der Möglichkeit für die Gegenüberstellung von Gott und Recht liegt deshalb in der Rolle des Richters begründet.[43]

Zum zweiten: Die Theologisierung des Rechts bedeutet für die Literaturgeschichte des Alten Testaments, dass vielen Geboten explizite Begründungen beigegeben werden, weshalb in der neuesten Forschung dafür plädiert wird, die Gesetze als Weisheitsgesetze, als »Wisdom-Laws« zu verstehen.[44] Mit den Begründungen wird ganz offensichtlich an die Einsicht und Vernunftfähigkeit appelliert, um die Akzeptanz der göttlichen Gebote zu gewährleisten.[45] Sie werden nicht willkürlich erlassen. Das genannte Beispiel aus dem Bundesbuch begründet das Solidarethos mit der Barmherzigkeit Gottes. Viele Sozialgesetze des Deuteronomiums fordern Solidarität mit den Hilfsbedürftigen mit dem Hinweis auf Empathie, weil Israel selbst einmal Sklave in Ägypten war und aus eigener Erfahrung um die Bedürftigkeit des Schwachen weiß (etwa Dtn 15,12–15 u. a.). Daneben finden sich andere Begründungen: Bestechung ist verboten, weil es die Augen blind macht (Ex 23,8). Die Bäume des Feindes darf man auch im Krieg nicht fällen, weil Bäume doch keine Menschen sind (Dtn 20,19). Den ehemaligen Sklaven sollst du freigiebig entlassen, weil du gut an ihm verdient hast (Dtn 15,18). Mühlsteine dürfen nicht als Pfand genommen werden, denn das wäre, als würde man das Leben des Schuldners selbst als Pfand nehmen (Dtn 24,6).

Diese Begründungen sind rechtsgeschichtlich neu und wichtig, denn sie begründen die konkreten Rechtsnormen im Horizont eines

---

und Ehefrau (Israel), wie sie vor allem im Buch Hosea und im Deuteronomium zum Ausdruck kommen, die Gegenüberstellung von Gott und Recht erleichtert haben, denn auch an den Ehemann und den Vertragspartner kann man die Frage richten, ob er sich an das Recht hält. Hier erleichtern Bundestheologie und Metaphorisierung die Vorstellung eines moralischen Realismus. Vgl. zur Bundestheologie auch Barton, Ethics, 135: »Seen from the point of view of moral (pre-) philosophy, the covenant idea is a kind of rationalization of an obedience ethic.«
43 Ähnlich auch Ben Zvi, Dialogue, 37f. Deutlich wird dies an Texten wie Psalm 58 und 82, an denen Gott als oberster Richter die übrigen Götter für deren falsche Rechtsprechung verurteilt. Hier wird klar, dass die Rolle des Richters es ermöglicht, die Handlungsweisen der falschen Götter an den vorgegebenen Normen des Rechts zu messen. Zu Ps 82 im Kontext des Rechts vgl. Janowski, II. Israel, 22.
44 Vgl. Jackson, Wisdom-Laws.
45 Vgl. Barton, Ethics, 137–144.

Rechtsverständnisses, das sich für die Schwachen einsetzt – ganz im Gegensatz zum Kodex Hammurapi, in dessen Prolog und Epilog zwar ebenfalls der Schutz des Schwachen betont wird, aber die konkreten Rechtsnormen selbst spiegeln nur die gegebenen hierarchischen Verhältnisse, und Begründungen von Rechtsnormen, vor allem ethisch-moralische, fehlen.[46] Im Alten Testament ist das anders und ermöglicht so die Frage Abrahams: »Sollte sich der Richter der ganzen Erde nicht an das Recht halten?« In Gen 18 wird deutlich, dass die Idee des Rechts eine normative Instanz ist, die aus sich selbst heraus bindende Wirkung entfaltet.[47] Was genau geschieht in diesem Text?

4. Gen 18 und das Problem des moralischen Realismus

Genesis 18 ist Teil der Abrahamerzählungen. Nach neueren Forschungen bilden die Erzelterngeschichten keine ursprünglich einheitliche Großerzählung, sondern sind aus den älteren Jakobüberlieferungen, den Isaakerzählungen und den jüngeren Abrahamerzählungen erwachsen. Diese Erzählungen werden mit Hilfe der Verheißungstexte verklammert, die sich wie ein roter Faden durch die Erzählkränze ziehen.[48] Den literarischen Kern der Abrahamüberlieferung bildet die Abraham-Lot-Erzählung.[49] Erzählt wird die Geschichte Abrahams mit Lot sowie die Verheißung und Geburt Isaaks. Vorgegeben ist ein altertümlicher Stoff[50] vom urgeschichtlichen Unter-

---

46 Vgl. Albertz, Theologisierung, 117.
47 Formulierung im Anschluss an Schmid, Orient, 18.
48 Vgl. Hoftijzer, Verheißungen; Blum, Komposition; Köckert, Vätergott; Kratz, Verheißungen.
49 Gen 13; 18f und 21. Sie setzt schon die Verbindung mit der Isaakerzählung voraus. Nach Gunkel, Genesis, 159–162, bilden Gen 12,1–8; 13; 18,1–16aα; 19,1–28.30–38 einen ursprünglichen Sagenkranz, vgl. auch Blum, Komposition, 273–289. Doch Gen 18,1–16a zielt auf Gen 21,1–7 und setzt die Verbindung mit Isaak voraus (vgl. Blum, Komposition, 279.288). Es scheint »eine einheitlich ›konzipierte‹, in wesentlichen Teilen neu gestaltete Komposition« vorzuliegen (ebd. 289).
50 Vorgegeben ist vielleicht auch der Erzählstoff vom Gastmahl mit Gott in Mamre, vgl. Gertz, I. Tora, 275. Auf der Textebene allerdings knüpft 18,1 »unmittelbar an 13,18 an und ist auf die vorgängige Nennung Abrahams als Subjekt der Handlung angewiesen.« (Kratz, Komposition, 276) Zu dem nordisraelitischen Traditionsstoff über Adma und Zibojim vgl. Hos 11,8.

gang Sodoms[51] – Gott bestraft die ganze Stadt Sodom und lässt sie für ihre Freveltaten vollständig untergehen. Gerettet wird allein Lot, der Neffe Abrahams. Wie ein roter Faden zieht sich juridische Terminologie durch Gen 18,16b–19,29[52] und lässt die unterschiedlichen Textabschnitte auf der Endtextebene als eine Einheit erscheinen, die sich mit Rechtsfragen auseinandersetzt.

In dem Gespräch zwischen Abrahams und Gott hingegen rechtet Abraham mit Gott darüber, ob Gott »die Stadt« auch dann vernichten würde, wenn sich eine Anzahl Gerechter in ihr findet. Bei diesem Gespräch, den Versen 22b–33a,[53] handelt es sich um einen späten Einschub, der sich vom Vorhergehenden deutlich absetzt.[54] In Vers 21 spricht Gott noch ähnlich wie beim Turmbau zu Babel »Ich will doch hinabsteigen und sehen, ob sie ganz nach ihrem Zetergeschrei, das vor mich gekommen ist, handeln (…).«[55] In dem

---

51 »Es ist das einzige Stück, das sich als selbständige Überlieferung isolieren läßt und von Abraham ursprünglich nichts weiß.« (Kratz, Komposition, 276) Dass Überlieferungsstoff vorliegt, wird auch daran deutlich, dass es weitere Sodom-Texte gibt wie Jes 1,10; 3,9; Jer 23,14 oder Ez 16,49, die auf andere Vergehen fokussieren, vgl. etwa Zimmerli, 1. Mose, 88. Auch wenn die Eröffnungsszenen in Gen 18 und 19 parallel formuliert sind, so kann Gen 18 gerade auch deshalb »aus Gen 19 gesponnen« sein (Kratz, Komposition, 276; anders Blum, Komposition, 280–282).
52 Vgl. van Wolde, Outcry.
53 Möglicherweise einschließlich der Überleitung in Vers 17–19, vgl. Blum, Komposition, 400–405. Dafür spricht auch, dass Vers 19 (ähnlich wie Vers 25) deuteronomisch-deuteronomistische Sprache voraussetzt: dass die Nachkommen Abrahams »den Weg des Herrn bewahren sollen, um Gerechtigkeit und Recht zu üben« (Vers 19). Carr, Fractures, 159–161 hält Vers 19 zusammen mit Gen 22,15–18 und 26,3bβ–5 für späte semi-deuteronomistische Zusätze. Auf der Endtextebene dürfte es sich bei Gen 18,16b–22a um einen Abschnitt handeln, der literarisch zu Gen 18,1–22a gehört: Bei Gen 18,16a handelt es sich um den ersten Teil einer Aufbruchsformel, die typisch ist für den Abschluss von Erzählungen und deren zweiter Teil erst in 18,22b erscheint, sodass der Erzähler in Vers 16a.22a ein »split departure formula« verwendet, welches die Erzählung Gen 18,1–22a abschließt, vgl. Safren, Hospitality, 160f.
54 So schon Wellhausen, Composition, 25f und im Anschluss an Wellhausen beispielsweise auch Schmidt, De Deo, 133f; Kratz, Komposition, 277; Schöpflin, Unterredung, 94. Vgl. zu den folgenden Argumenten auch Blum, Komposition, 282.
55 Vielleicht kann das Zetergeschrei in Gen 18,20 mit akkadisch *rigmu* verglichen werden, sodass sich eine Parallele zum Atramchasis-Epos ergeben würde, was den urgeschichtlichen Charakter der Erzählung in Gen 18 verdeutlicht, vgl. Finkelstein, Bible, 436f; Bodi, Book, 159–161. Gott hört den Zeter- bzw. Rechtsschrei ($ṣe^{\epsilon}āqāh$) der Bedrängten (Ex 22,22.26). Der Kontext spricht allerdings dafür, *rigmu* als Lärm zu deuten, der den Göttern den Schlaf raubt. Rechtliche

VII. Über die Denkbarkeit des moralischen Realismus

anschließenden Gespräch hingegen scheint das Gericht über Sodom beschlossene Sache, weshalb Abraham zur Diskussion anhebt. Nach der ursprünglichen Erzählung ist Gott unter den Gästen anwesend, bei Abraham in Mamre, vielleicht auch bei Lot in Sodom, nach Gen 18,22b–33a hingegen bleibt Gott bei Abraham zurück, während die beiden »Boten« vorausgehen. Während es sich beim älteren Text um eine ätiologische Erzählung über Lot und Sodom handelt, spielen die konkreten Gestalten Lot und Sodom[56] in dem anschließenden Gespräch keine Rolle. Stattdessen wird ein allgemeiner Fall verhandelt,[57] um ein theologisches Problem zu lösen: ein Problemfall, der auch auf die Zerstörung Jerusalem anwendbar wäre.[58] Das Problem lautet in den Worten Ludwig Schmidts: »Kann Gott, wenn er wirklich Gott und nicht ein willkürlicher Tyrann sein will, eine ganze Stadt vernichten?«[59]

Mit dieser Frage steht nichts weniger als das Euthyphron-Dilemma im Raum, und wie im Euthyphron wird aus einem kontingenten Rechtsfall eine Grundsatzfrage entwickelt.[60] »Darf Euthyphron seinen eigenen Vater verklagen?« wird zur Grundsatzfrage »Was ist Frömmigkeit?«»Darf Gott Sodom vernichten?« wird zur Grundsatzfrage »Darf Gott eine ganze Stadt vernichten oder muss er sich nicht vielmehr an das Recht halten?«[61] Abraham stellt Gott nicht nur das Rechtsprinzip entgegen, sondern er begründet auch sein Denken und Verhalten – man denke an die Rechtsbegründungen Gottes bei der

---

Konnotationen scheinen dagegen keine Rolle zu spielen. Das scheint bei dem hebräischen Begriff $ṣeʿāqāh$ anders, der als Zetergeschrei z. B. auch in Ex 3,7 und Ex 22,21ff vorkommt und offenbar Sodoms eigenen, juridisch konnotierten Hilferuf bezeichnet (vgl. van Wolde, Outcry).
56 Sodom wird nur in Vers 26 explizit genannt.
57 Formulierung im Anschluss an Seebass, Genesis, 119.
58 Vgl. Ez 16,46–50 sowie Schöpflin, Unterredung, 95.107.
59 Schmidt, De Deo, 143.
60 Nach Seebass, Genesis, 130 handelt es sich bei Gen 18 durchaus um »ein Gespräch de Deo«, aber er fügt hinzu: »Nur findet eine solche Abstraktion atl. nicht auf der philosophischen Ebene, sondern auf der eines kontingenten Rechtsfalls statt.«
61 »How a decision between Abraham's own, human sense of what is right and some kind of Platonic form of the Good is to be made is difficult to determine. It is commonly asserted that the latter is too abstract and philosophical for ancient Israel, but whichever precise meaning is adopted, the striking feature of the narrative is that the writer depicts Abraham as setting up some standard over against God and by which he dares to judge God's proposed action« (Rodd, Glimpses, 54).

oben besprochenen Theologisierung des Rechts.[62] Die Begründung, die Abraham ins Feld führt, ist folgende:

Gen 18,23–25
Willst du wirklich den Gerechten mit dem Frevler vertilgen? Vielleicht gibt es fünfzig Gerechte inmitten der Stadt – willst du wirklich vertilgen und nicht dem Ort vergeben wegen der fünfzig Gerechten, die in ihr sind? Fern sei es dir, nach dieser Sache zu handeln, zu töten den Gerechten mit dem Frevler, sodass es dem Gerechten wie dem Frevler ergeht. Fern sei es dir! Sollte der Richter über die ganze Erde nicht Recht üben?[63]

Als oberster Richter, hebräisch *šofeṭ*, soll Gott sich an das Recht halten, hebräisch *mišpāṭ*. Hinter diesen Formulierungen steht das Verbum *šāfaṭ*, das »Recht sprechen«, aber auch »regieren« bedeuten kann und deshalb gut zum Bild des königlichen Richters passt, der *mišpāṭ* übt, *'āsah mišpāṭ* (Gen 18,19.25; vgl. 2Sam 8,15; 1Kön 3,28; Jer 9,23f).[64] Recht durchsetzen »bezeichnet ein Handeln, durch das die gestörte Ordnung einer (Rechts-)Gemeinschaft wiederhergestellt wird«[65] und das deshalb einen beidermaßen verurteilenden wie rettenden Aspekt beinhaltet, indem das Recht den Frevler verurteilt und dem Gerechten zu seinem Recht verhilft.[66] Wenn der König nach *mišpāṭ* regieren (Jes 32,1) und Gott die Elenden in *mišpāṭ* leiten

---

62 Dass an die Einsicht und Vernunftfähigkeit appelliert wird, gilt nicht nur für die Begründungen bei der Theologisierung des Rechts, sondern auch für Gen 18: »Gen 18.23-32 appeals to reason; the dialogue is a reasonable one.« (Ben Zvi, Dialogue, 35) Vgl. auch Houtman, Theodicy, 152: »Gen. 18 reveals reflection on the theodicy problem as well as a passionate craving for a world order in which God's justice is recognisable.«
63 »(wörtlich: ›Das sei dir etwas Profanes, Verwerfliches‹)!« (Zimmerli, 1. Mose, 83). Die Interjektion ›Fern sei es!‹ zeigt an, dass sich der Sachverhalt nicht mit Gott verträgt. Mit diesem Ausruf »weist eine Person es von sich, ein Unrecht begangen zu haben oder begehen zu wollen« (Schöpflin, Unterredung, 96 Anm. 17).
64 Vgl. Johnson, *mišpāṭ*, 98. Das erste Mal, das in der Bibel das zentrale Wortpaar »Recht und Gerechtigkeit« (*ṣædæq* und *mišpāṭ*) auftritt, ist in Gen 18,19 (vgl. Weinfeld, Justice, 30).
65 Liedke, *špṭ*, 1001.
66 Liedke, *špṭ*, 1002.

VII. Über die Denkbarkeit des moralischen Realismus

soll (Ps 25,9; vgl. Ez 34,16), dann zeigen diese Formulierungen, dass *mišpāṭ* einen die Welt ordnenden Charakter hat.[67]

Dieser die Welt ordnende Charakter zeigt, dass ein gerechter Standard, ein Maßstab an die Welt gelegt wird, nach dem die Welt einzurichten ist. Kulturgeschichtlich ist es deshalb wichtig, dass *mišpāṭ* sowie der Parallelbegriff *ṣædæq* (»Gerechtigkeit«) den rechten Maßstab bezeichnen kann, sei es die rechte Waage, die richtigen Gewichtssteine, die korrekten Hohlmaße oder das rechte Maß bei der Züchtigung:

Spr 16,11[68]
Waagebalken und Waagschalen des Rechts (*mišpāṭ*) sind des Herrn. Sein Werk sind alle Gewichtssteine im Beutel.

Lev 19,36a
Waagschalen der Gerechtigkeit (*ṣædæq*), Gewichtssteine der Gerechtigkeit, ein Epha der Gerechtigkeit und ein Hin der Gerechtigkeit sollen es für euch sein.[69]

Jes 28,17a
Und ich werde das Recht (*mišpāṭ*) als Richtschnur anlegen und die Gerechtigkeit (*ṣædæq*) als Senkblei.

Jer 10,24
Züchtige mich, Herr, doch im rechten Maß (*b'mišpāṭ*), nicht in deinem Zorn, damit du mich nicht (vollständig) erniedrigst.[70]

Diese und ähnliche Texte besagen, dass Gewichte, Hohlmaße und Waage normalerweise von Gott ins rechte Maß gesetzt sind – sie sind nach Spr 16,11 sein Werk. Sie sollen in rechter Ordnung sein

---

67 Vgl. Johnson, *mišpāṭ*, 101. Dabei ist *mišpāṭ* enger auf den gesellschaftlichen Bereich im sozialen und rechtlichen Sinne bezogen, während *ṣædæq* noch umfassender auch den Bereich der Natur, des Krieges und Kultes umfassen kann, vgl. dazu Schmid, Gerechtigkeit, 14–23.
68 Vgl. Johnson, *mišpāṭ*, 102. Vgl. mit *ṣædæq* formuliert Lev 19,36; Dtn 25,15; Ez 45,10; Hi 31,6.
69 Vgl. Dtn 25,15; Ez 45,10; Hi 31,6. Ein Epha fasste ca. 20 Liter, und ein Hin knapp vier Liter, vgl. Winkler, Maße/Gewichte.
70 Vgl. auch Jer 10,24; 30,11; 46,28 sowie Johnson, *mišpāṭ*, 106.

und einem allgemein akzeptierten und überall geltenden Standard entsprechen.[71] Grundlegend für diese Interpretation ist die kulturgeschichtliche Einsicht, dass die menschliche Fähigkeit des Bewertens durch Messen, Wiegen und Zählen das Aufkommen neuer religiöser Ideen ermöglicht. So ist beispielsweise in der ägyptischen Religion die Idee von der Herzwägung im Totengericht wichtig, um nach dem Tod in eine bessere Welt zu gelangen.[72] Das Herz des Toten wird gewogen im Gegenüber zur Feder der Ma'at, die für Gerechtigkeit und Wahrheit steht. Die Idee der Herzwägung ist ohne das Aufkommen metrologischer Fähigkeiten undenkbar. Das gleiche gilt offenbar auch für Gen 18 und die Idee des moralischen Realismus, indem man nun die Idee des Rechts als einen allgemeinen Maßstab verstehen kann. Schon im Buch Ezechiel sagt das Volk Israel mehrmals angesichts der Eroberung Jerusalems:

Ez 18,25.29; 33,17.20
Der Weg des Herrn ist nicht richtig (= hat nicht das rechte Maß).

Wörtlich eher: »Der Weg des Herrn ist nicht ausgewogen/berechenbar«, denn das Verb *tākan* bezeichnet einen prüfenden Mess- und Wiegevorgang.[73] Der Vorwurf ist also: Der Weg des Herrn ist nicht angemessen, hat nicht das rechte Maß. Ist das so? In Ez 20,24f lautet die Antwort, dass Israel Gottes gute Rechtsbestimmungen nicht eingehalten hat und deshalb zur Strafe schlechte Gesetze von Gott (!) bekommt, die in den Untergang führen:

Ez 20,24f
Weil sie meine Rechtsbestimmungen nicht eingehalten haben
und meine Ordnungen verwarfen (…)
da gab auch ich ihnen Ordnungen, die nicht gut waren, und
Rechtsbestimmungen, durch die sie nicht leben konnten.

Ideengeschichtlich ist Ez 20,24f ein entscheidender Satz. Gottes Gebote können gut oder schlecht sein, was voraussetzt, dass sie an

---

71 Vgl. Schmid, Gerechtigkeit, 99. Für einen Überblick über die judäischen Gewichtssteine vgl. Kletter, Keystones.
72 Vgl. etwa Assmann, Herz.
73 Vgl. Mommer, tkn; Greenberg, Ezechiel, 371f.393f: »hält sich nicht an die Regel«.

VII. Über die Denkbarkeit des moralischen Realismus

einem allgemeinen Standard gemessen und für gut oder schlecht befunden werden können.[74] Das ist literatur- und ideengeschichtlich ein entscheidender Unterschied zum alten Mesopotamien, in dem es weder eine Reflexion über das Wesen des Rechts noch ungerechte Rechtsnormen gibt.[75] Eine Entwicklung hin zu der Idee, wie wir sie in Ez 20 mit den schlechten Gesetzen von Gott finden, liegt vielleicht in dem babylonischen Fürstenspiegel vor, der davon spricht, dass auf rechtliches Fehlverhalten des Königs hin der Sonnengott Shamash »fremdes Recht« (*dīnam aḫâm*) im Land stiftet, sodass Fürsten und Richter nicht mehr auf das einheimische Recht hören.[76]

Gott wird in Gen 18 explizit als Richter *der ganzen Erde* betitelt, wodurch Recht und Moral als universal gültige Kategorien ausgewiesen werden.[77] Entsprechend hat auch der Nicht-Israelit Hiob einen eigenen *mišpāṭ*, ein Recht und Rechtsanspruch, mit dem er Gott konfrontiert (Hi 13,18; 23,4),[78] und er behauptet, dass Gott ihm seinen *mišpāṭ* entzogen habe (Hi 27,2; 34,5f).[79] Hiob wirft Gott vor:

---

74 It is »possible to evaluate commandments given by God against some standard other than the divine will, and to judge them negatively« (Barton, Ethics, 155). Vgl. auch Gericke, Hebrew Bible, 417: »So whatever we think about the nature of the deity himself implicit in this text, the divine commands themselves are not assumed to instantiate the property of goodness because they are issued by Yhwh. The good is therefore assumed to exist vis-à-vis the commands with reference to which the commands themselves can be judged to be either good or not.«
75 Vgl. Streck, Recht, 284.
76 Vgl. Streck, Recht, 284. Zum Text vgl. Lambert, Literature, 112 Zeilen 9f.
77 In der Frage Abrahams von Gen 18,25 offenbart sich deshalb, dass das Alte Testament durchaus ein Recht kennt, »das über die konkreten geschichtlichen Bedingungen seines positiven Rechts hinweg in universale Weite strebt und hier mit zeitloser und allgemeiner Gültigkeit auf den Menschen als Menschen zielt« (Horst, Naturrecht, 235, bei Horst als offene Frage formuliert). Horst lehnt die Bezeichnung Naturrecht für das Alte Testament ab, weil die Quelle des Rechts allein in Gott ruhe (ebd. 258), vgl. beispielsweis auch Gehman, Natural Law, 122. Entscheidend jedoch ist, dass das Recht universell gilt und nicht von der Meinung abhängig ist, wie Aristoteles in der Nikomachischen Ethik 1135b ausführt (vgl. etwa Höffe, Aristoteles, 232).
78 Vgl. Johnson, *mišpāṭ*, 97. Vgl. auch Abimelech von Gerar in Gen 20,4.
79 Vgl. Johnson, *mišpāṭ*, 100. Hiob wiederum wird mit der Frage konfrontiert, ob er Gottes *mišpāṭ* zerbrechen wolle (Hi 40,8). Es ist kaum sinnvoll, hier zwischen einer juridischen und einer herrschaftlichen Dimension von *mišpāṭ* zu unterscheiden, so jedoch Scholnick, Meaning.

Hi 9,22
Ein und dasselbe ist es! Darum sage ich:
Den Rechtschaffenen und den Frevler vernichtet er.[80]

In Form eines Vorwurfs formuliert Hiob den allgemeinen Anspruch, dass der Gerechte nicht mit dem Frevler vernichtet werden darf. Im mesopotamischen Erra-Epos beschuldigt der Wesir Ishum den Pestgott Erra, wahllos die Menschen zu strafen:

Erra-Epos IV 104–107:
104 Held Erra, den Gerechten hast du sterben lassen,
105 den Ungerechten hast du sterben lassen.
106 Den, der sich gegen dich versündigt hat, hast du sterben lassen,
107 den, der sich nicht gegen dich versündigt hat, hast du sterben lassen.[81]

Im Gilgamesch-Epos wirft angesichts der Sintflut der Weisheitsgott Ea dem Königsgott Enlil vor:

Gilg. XI 179–181
179 Wie konntest du, ohne zu überlegen, die Sintflut machen?
180 Dem Sünder lege seine Sünde auf,
181 dem Frevler lege seinen Frevel auf![82]

In allen diesen Fällen wird deutlich, dass Gott und Götter mit einem Prinzip und Maßstab konfrontiert werden, die nicht der Willkür unterliegen. Abraham erfindet in Gen 18 keine neuen Regeln, sondern zieht nur aus einem alten Grundsatz die universal gültige Konsequenz.[83] Weil Gott sich selbst als gerechter Richter offenbart (vgl. etwa Ps 9,5 u. a.), der die Welt auf eine gerechte Weise eingerichtet

---

80 Die Freunde Hiobs hingegen benehmen sich wie »letzte Menschen« (Hi 12,2), die glauben, Welt und Gott besser zu kennen als Hiob, und blinzelnd rhetorische Fragen an Hiob richten (Hi 11,7).
81 Übersetzung nach TUAT III/4, 797. Vgl. auch Ro, Poverty, 103f.
82 Übersetzung nach TUAT III/4, 734. Verszählung 184–186 bei George, Epic, 714f. Vgl. auch Atramchasis III v 41–43; vi 25f.
83 »Abraham stellt hier keine neuen Regeln auf, sondern führt gegen Gott einen alten Grundsatz ins Feld.« Schmidt, De Deo, 145, allgemein auf das Prinzip der Gerechtigkeit bezogen.

VII. Über die Denkbarkeit des moralischen Realismus

hat, kann auch die Forderung erhoben werden, dass Gott dieser Rolle entsprechen muss. Abraham hält Gott den Anspruch und das Maß entgegen, das Gott an sich selber und die Welt angelegt hat: Gott soll sich an die Regeln halten, auch wenn es seine eigenen sind, wie er es ja auch vom Menschen fordert.

Im Folgenden wird Abraham in aller Demut weitere Fragen stellen und um die Anzahl der möglichen Gerechten »feilschen« (von 50 auf 10),[84] denn im Bereich des Rechts gelten 50 und 10 Mann als die kleinsten Einheiten einer Rechtsversammlung (Ex 18,21.25; Dtn 1,15; Rut 4,2).[85] Während Euthyphron bei all den klugen sokratischen Fragen zumeist kurz und prägnant Sokrates recht gibt, am Ende jedoch entnervt davonläuft, bleibt Gott bei all den gerechten Fragen Abrahams gelassen und stimmt ihm jedes Mal in ebenfalls kurzer und prägnanter Weise zu, so als wenn Gott diesen nahezu fürbittenden,[86] auf jeden Fall rechtschaffenen Einsatz Abrahams erwünscht und erwartet hätte.[87] Denn noch bevor Abraham anhebt zu sprechen, wird ihm von Gott überhaupt erst die Möglichkeit geboten, so fragen zu können: »Soll ich vor Abraham verbergen, was ich tun will?«

---

84 Vgl. zur Problematik der Analogie des Feilschens in Gen 18 MacDonald, Listening, 30–35.
85 Vgl. auch Am 5,3 sowie Schmidt, De Deo, 151. In Gen 19 hingegen wird des einzelnen Individuums gedacht, wenn Lot mit seinem Hausstand errettet wird (vgl. Peleg, Lot; Safren, Hospitality). Nur kann der Einzelne offenbar nicht eine ganze Gemeinschaft vor dem Untergang retten (vgl. Ez 14 sowie Lipton, Limits). Vielmehr ist es die Gemeinschaft der Gerechten, so klein sie auch sei, die das Schicksal der Stadt bestimmt (vgl. etwa Soggin, Genesis, 279). Vgl. auch Ro, Poverty, 117, für den Gen 18 später ist als Ez 14 und 18: »God's justice is no longer realized by bringing total destruction to a sinful society (as in Amos 8:1–2) or by assigning merely individual retribution (as in Ezek 14:12–20 and Ezek 18), but by being patient with a sinful society to protect the lives of a righteous few. This is a dramatic change in the theological paradigm of divine justice.« Vgl. auch Sarna, Genesis, 133 sowie Schöpflin, Unterredung, 99, die hervorhebt, dass Ez 14 eher Gen 19 entspricht. Die Zahl zehn entspricht später die kleinstmögliche Größe als jüdische synagogale Gemeinschaft (Minjan).
86 Vgl. mit Blenkinsopp, Abraham, 126 vor allem Num 16,22 (sowie in Bezug auf Abraham selbst Gen 20,17). Allerdings gibt es auch zahlreiche Einwände gegen den fürbittenden Charakter von Gen 18, vgl. beispielsweise Schöpflin, Unterredung, 101: »Die Sprechhaltung Abrahams ist formal keine bittend-betende, sondern eine anfragende, die den disputierenden Grundzug beinahe vornehm verdeckt. Ihr haftet dabei etwas Abstraktes, Akademisches an.« In neuester Zeit stellt Lipton, Limits, den fürbittenden Charakter von Gen 18 erneut in den Fokus.
87 Vgl. Jacob, Genesis, 448–450; Roshwald, Dialogue, 155–157.

(Gen 18,17b) Gott lässt Abraham wissen, dass er gedenkt, Sodom zu vernichten.[88] Abraham soll ja, so die Verse 18f, zu einem Segen für alle Völker werden, indem er selbst Gerechtigkeit und Recht übt (*la'ᵃsôt ṣᵉdāqāh û mišpāṭ*; Vers 19).[89] Kurz darauf fragt Abraham, ob Gott sich als Richter der Welt nicht an das Recht (*mišpāṭ*) halte. Die Formulierungen zwischen menschlicher und göttlicher Gerechtigkeit, so kurz hintereinander, sind ganz ähnlich und zeigen, dass beide, Abraham und Gott, gegenüber dem jeweils anderen den Anspruch erheben, dass dieser sich am Maß von Recht und Gerechtigkeit auszurichten habe.[90] Auf der Bühne des Geschehens scheint Abraham Gott zu prüfen, ob Gott gerecht handelt. Hinter den Kulissen scheint auch Gott Abraham zu prüfen, ob Abraham das Maß von Recht und Gerechtigkeit auch in schwierigen Fällen richtig anlegen kann. Während sich Abraham nach Gen 15 als Vater des Glaubens erweist, so erweist sich Abraham nach Gen 18, offenbar ganz im Sinne Gottes, als Vater der Gerechtigkeit.[91] Abraham erfährt in dem Gespräch, dass das Recht eine Größe ist, an die sich auch Gott hält. Als Vater der Gerechtigkeit gibt er dieses Wissen an die nachfolgenden Generationen und alle Völker weiter.[92]

---

88 Daraufhin beginnt Abraham das Gespräch – ein einmaliger Vorgang, weil sonst immer Gott das erste Wort an Abraham richtet, vgl. etwa Schöpflin, Unterredung, 94.
89 Vgl. noch Ez 18,5.19.21.27; 33,14.16.19.
90 Vgl. Krašovic, Reward, 61f sowie Roshwald, Dialogue, 149: »In this sense, the speck of dust becomes God's equal.« Ist es in Psalm 72 und an anderen Orten der König, der Recht und Gerechtigkeit üben soll, so werden hier Königsfunktionen auf Abraham übertragen (vgl. etwa Weinfeld, Justice, 216).
91 »Nicht als der Vater des Glaubens wird Abraham hier verstanden (wie in Gen 15,6), sondern als Vater der Gerechtigkeit«; Westermann, Genesis, 351.
92 Die hier vorliegenden Überlegungen gehen auf einen Vortrag zurück, den ich am 29. Juni 2018 an der Universität München und in überarbeiteter Form am 8. Februar 2019 auf Dänisch als Antrittsvorlesung an der Universität Aarhus gehalten habe.

VIII. Macht Denken traurig?

Eine Auslegung von Kohelet 1,18 und 5,19

Rüdiger Lux zum 65. Geburtstag

Denken ist wunderbar, tiefsinniges Denken der Glanz unseres Daseins und ein Akt der Freude: Freude geht mit dem Denken einher, wenn wir etwas durchschauen, wenn wir mehr und besser sehen als bloß mittels unserer Sinneseindrücke, wenn wir hinter Kulissen blicken, die uns sonst verschlossen sind.

Der Jubilar verfügt über ein eminent humorvolles Denken. Der Meister der Leipziger Narrenpredigten und glühende Anhänger von Wilhelm Busch kann in seinen Reden, Predigten und Vorträgen, seien sie fachlicher, erbaulicher oder persönlicher Art, etwas wohltuend Verschmitztes zum Ausdruck bringen, das nicht nur dem Ziel des rhetorischen *delectare* dient, sondern durchaus auch im Rahmen einer »fröhlichen Wissenschaft« (Nietzsche) erkenntniserweiternd wirkt: Denken macht heiter.

Doch der wahre Clown besitzt neben seinem lachenden immer auch ein weinendes Auge, und der gute Humor erhebt sich gemeinhin vor einer dunklen Wand von Traurigkeit. Dies wohl wissend, hat sich der Jubilar in seinen wissenschaftlichen Beiträgen immer wieder ausführlich mit dem Buch Kohelet beschäftigt, jener pseudonymen Schrift eines uns unbekannten Autors, der zwar zur Freude aufruft, aber keineswegs Freudevolles durchdenkt, vielmehr, so die hier aufgestellte These, Denken und Freude trennt, indem er einerseits zur Freude aufruft und andererseits vor dem Denken warnt: Denken macht traurig.

Die Bedeutung dieser Auffassung will bedacht sein: Es wird nicht behauptet, dass es dieses oder jenes Übel der Welt sei, das den darüber nachsinnenden Menschen hin und wieder betrübt, sondern dass es das Denken selbst ist, der Akt des Denkens als solcher, der, auf den höchsten Stufen seiner Reflexionsfähigkeit angekommen, den Menschen gerade in all seiner Weisheit traurig stimmt. Zuletzt und lange nach Kohelet ist diese These von George Steiner in seinem Essay

Warum Denken traurig macht vertreten worden.¹ Es handelt sich hierbei um ein »Stück Gedankenmusik« in Form »einer Variation in zehn Sätzen auf ein Thema von Schelling.«² Tatsächlich hatte Schelling in seiner Schrift *Über das Wesen der menschlichen Freiheit* die »allem endlichen Leben anklebende Traurigkeit«, den »Schleier der Schwermut, der über die ganze Natur ausgebreitet ist«, und die »tiefe unzerstörliche Melancholie alles Lebens« angesprochen.³ Diese Rede Schellings nimmt Steiner auf und postuliert, dass es das menschliche Denken sei, dem wir den Schleier der Schwermut zu verdanken haben. Doch nicht erst seit Schelling und Steiner kann so gedacht werden.

Wenn wir im Folgenden der Frage nachgehen, wie Kohelet sich über das Verhältnis von Denken, Freude und Traurigkeit äußert, werden wir diese pseudonyme Schrift zum besseren Verständnis in den Kontext ihrer Zeit einordnen, denn sowohl die hellenistischen Philosophenschulen als auch die jüdisch-hellenistische Philosophie vertreten bezeichnenderweise eine andere Sicht, von der Kohelet sich abzugrenzen weiß. Die These lautet: Schon bei Kohelet klebt die Traurigkeit am Denken.

1. Weisheit macht traurig: Kohelet 1,18

Der erste in diesem Zusammenhang auszulegende Ausspruch Kohelets findet sich im Kontext der sogenannten Königstravestie (Koh 1,12–2,26),⁴ in der sich der Autor als weisester aller Könige aus-

---

1 Steiner, Denken.
2 Grünbein, Vergeblichkeit, 122.
3 Steiner spart in seinen Anspielungen auf Schelling den theologischen Bezug aus, der darin gründet, dass Schelling diese Sätze bezeichnenderweise im Rahmen seiner Menschen- *und* Gotteslehre über die Möglichkeit des Bösen und die Bedingung der Existenz schreibt: »Dies ist die allem endlichen Leben anklebende Traurigkeit, und wenn auch in Gott eine wenigstens beziehungsweise unabhängige Bedingung ist, so ist in ihm selber ein Quell der Traurigkeit, die aber nie zur Wirklichkeit kommt, sondern nur zur ewigen Freude der Überwindung dient. Daher der Schleier der Schwermut, der über die ganze Natur ausgebreitet ist, die tiefe unzerstörliche Melancholie alles Lebens« (Schelling, Untersuchungen, 91). Dieser Quell der Traurigkeit »fügt doch den zehn Steinerschen Gründen für die Traurigkeit des Denkens einen elften hinzu« (Grünbein, Vergeblichkeit, 124).
4 Im Unterschied zu vielen Auslegern ist wohl nicht zwischen dem König Kohelet (Koh 1,12–2,26) und dem Weisen Kohelet (Koh 3,1ff) streng zu unterscheiden, vgl. dazu jetzt Koh, Autobiography; van Oorschot, König.

VIII. Macht Denken traurig?

gibt, der nach den Bedingungen und Möglichkeiten menschlichen Glücks (*ṭôb*) in Form eines bleibenden Gewinnes (*yitrôn*) sucht, aber stattdessen die Grenzen des Denkens, Handelns und Genusses findet und einsehen muss, dass alles Windhauch (*hæbæl*) ist. Nachdem der weise König in 1,12–15 schon die Grenzen allen menschlichen Handelns erfährt, wendet er sich in 1,16–18 den Grenzen des Denkens zu.[5] Am Ende dieses Abschnittes steht in Vers 18 ein Resümee in Form eines Sprichwortes, das die dem Denken anklebende Traurigkeit festhält:

Koh 1,16–18
16aα Ich sprach mit meinem Herzen: Ich, siehe, habe Weisheit vergrößert und vermehrt
16aβ über jeden hinaus, der vor mir über Jerusalem war,
16b und mein Herz sah viel Weisheit und Erkenntnis.
17a So lenkte ich mein Herz, Weisheit und Erkenntnis, Dummheit und Torheit zu erkennen.
17b Ich erkannte, dass auch dies ein Haschen nach Wind ist.
18a Denn wo viel Weisheit (*ḥåkmāh*), viel Kummer (*ka'as*),
18b und wer Erkenntnis (*da'at*) vermehrt, vermehrt Schmerzen (*mak'ôb*).

Schon die Reflexionen der Verse 16f, formuliert durch die Bildsprache des Zwiegesprächs mit dem eigenen Herzen, stehen der traditionellen Weisheitslehre radikal entgegen. Die traditionelle Sicht der jüdischen Lebenslehre findet sich beispielsweise in Sprüche 3,13 und 13,14, zwei Texten, die der Weisheit im Gegensatz zur Torheit zutrauen, ein Lebensquell des Glückes zu sein und vor dem Tod zu bewahren:

Spr 3,13
Glücklich der Mensch, der Weisheit gefunden hat, und der Mensch, der Einsicht erlangt.

Spr 13,14
Die Lehre des Weisen ist eine Quelle des Lebens, um den Schlingen des Todes zu entgehen.

---

5 Zur Gliederung dieses Abschnittes vgl. Bons, Gliederung; Fischer, Skepsis, 208–210; Krüger, Kohelet, 130–132; Schwienhorst-Schönberger, Kohelet, 182f.

Kohelet jedoch bedenkt in 1,16f ähnlich wie in 2,12–17[6] den Unterschied zwischen Weisheit und Torheit und muss feststellen, dass es zwischen beiden keinen Unterschied gibt, dass vielmehr das Streben nach Weisheit und somit auch die Unterscheidung zwischen Weisheit und Torheit ein Haschen nach Wind ist.[7] Das anschließende Sprichwort in Vers 18 begründet diese Sicht auf eine Weise, wie in der alttestamentlich-jüdischen Weisheitslehre nie zuvor gedacht worden ist.

Vers 18 bringt Weisheit mit Kummer (*ka'as*), Erkenntnis mit Schmerzen (*mak'ôb*) in Verbindung. *Ka'as* tritt vor allem in interpersonalen Beziehungen auf: Hier können Betrübnis, Gram und Kummer, aber auch Wut und Zorn durch das jeweilige Gegenüber hervorgerufen werden.[8] In Kohelet 1,18 bedenkt der König die Beziehung des Menschen zur Weisheit und stellt fest, dass immer dort, wo sich Weisheit findet, auch Betrübnis und Kummer auf den Plan treten.[9] *Mak'ôb* kann sowohl physische (z. B. Ex 3,7; Jer 30,15; Hi 33,19) als auch psychische, mentale Schmerzen bezeichnen, die ähnlich wie im Falle von *ka'as* aus interpersonalen Beziehungen resultieren (im Falle von Jes 53,3 aus der Verachtung durch die Mitmenschen). In dem vorliegenden synonymen Parallelismus wird *da'at* parallel und gleichbedeutend mit *ḥåkmāh*[10] und *mak'ôb* parallel zu *ka'as* verwendet. Deshalb ist hier mit *mak'ôb* das Leiden durch den mentalen Schmerz im Blick, der aus Weisheit und Erkenntnisfähigkeit entspringt: Weisheit und Erkennen machen traurig, gehen mit Kummer und Schmerz einher.

Der in 1,18 formulierte Gedanke ist radikal neu. Vers 18 ist kein traditionelles Spruchgut, das Kohelet nur zitiert.[11] Vielmehr scheint

---

6 Zu diesem Text siehe ausführlicher unten.
7 Vgl. Schwienhorst-Schönberger, Kohelet, 196f.
8 Vgl. Lohfink, כעס, 298–300.
9 *ka'as* kommt neben Koh 1,18 ebenfalls noch in Koh 2,23, außerdem in 7,3.9; 11,10 vor. Nur in 1,18; 2,23 wird neben *ka'as* ebenfalls noch *mak'ôb* genannt. In 2,23 wird das Leben als *mak'ôb* und seine Betätigung als *ka'as* bezeichnet, während 7,3.9 wahrscheinlich Zitate gegnerischer Ansichten sind und 11,10 möglicherweise eine redaktionelle Ergänzung darstellt.
10 Zur Austauschbarkeit von *da'at* und *ḥåkmāh* vgl. Becker, Gottesfurcht, 214; Botterweck, ידע, 496.
11 So jedoch beispielsweise Gordis, Koheleth, 214; Gese, Krisis, 168.176 Anm. 1.22; Kaiser, Sinnkrise, 99; Reinert, Salomofiktion, 82. Nach Michel, Untersuchungen, 14 ist Koh 1,18 ein »Zitat von zwei Weisheitssprüchen«, die zwar »aus der Praxis

VIII. Macht Denken traurig?

Kohelet dieses Sprichwort selbst erdacht zu haben und den Ansichten sowohl der traditionellen jüdischen Weisheit als auch der hellenistischen Philosophie gegenüberzustellen. In der hellenistischen Philosophie beispielsweise fordert Epikur zum *carpe diem* (Horaz) auf: dass der Mensch den Tag »pflücken« und das Leben genießen solle. Das Denken wird in diesen Genuss ausdrücklich einbezogen. Besonders für die philosophische Erkenntnis gilt:

Epikur, SV 27
Bei anderen Unternehmungen kommt der Lohn am Ende und ist mühsam verdient. Aber bei der Philosophie läuft die Freude (τερπνόν) mit der Erkenntnis (γνῶσις) von Anfang an mit. Sie ist nicht Lernen gefolgt von Genuß (ἀπόλαυσις), sondern Lernen *und* Genuß (ἀπόλαυσις) in einem.[12]

In der traditionellen jüdischen Weisheitslehre verhalten sich die Dinge etwas anders, aber doch ähnlich. Hier gibt es zwar die Vorstellung, dass der Erwerb von Weisheit mühselig ist, doch ist damit der Weg des steinigen Lernens beschrieben, den man zur Erlangung von Weisheit zu gehen hat. Die Weisheit selbst hingegen, hat man sie erst einmal erworben, gilt als ein Quell der Ruhe und Freude. Dieser Weg von der Mühsal des Lernens zur Freude der Weisheit wird besonders in Jesus Sirach immer wieder hervorgehoben.[13] Während in Sirach 6,19 und 51,27 die verlangte Anstrengung leicht fällt, wird in dem Abschnitt 6,23–31 der beschwerliche Weg[14] vom Joch der Weisheit bis zur Ruhe und Freude durch Weisheit anschaulich dargestellt:

Sir 6,23–31
23 Höre, mein Sohn, nimm meine Lehre an, verschmäh nicht meinen Rat!
24 Bring deine Füße in ihre Fesseln, deinen Hals unter ihr Joch!

---

der Weisheitslehrer stammen«, aber von Kohelet in ihrem ursprünglichen Sinn verändert wurden.
12 Übersetzung nach Long/Sedley, Philosophen, 181 (Hülser). Griechischer Text bei Long/Sedley, Philosophers, 161.
13 Vgl. etwa Marböck, Jesus, 119–122.
14 »Nirgends in der biblischen Weisheitsliteratur wird diese anfängliche Mühsal so stark betont wie in dieser Perikope bei Ben Sira (vgl. noch Sir 4,17 und 51,22–30)!« (Marböck, Weisheit, 116).

25 Beuge deinen Nacken, und trage sie, werde ihrer Stricke nicht überdrüssig!
26 Mit ganzem Herzen schreite auf sie zu, mit voller Kraft halte ihre Wege ein!
27 Frage und forsche, suche und finde! Hast du sie erfaßt, laß sie nicht wieder los!
28 Denn schließlich wirst du bei ihr Ruhe (ἀνάπαυσις) finden, sie wandelt sich dir in Freude (εὐφροσύνη).
29 Ihre Fessel wird dir zum sicheren Schutz, ihre Stricke werden zu goldenen Gewändern.
30 Denn ein goldener Schmuck liegt auf ihr, und ihre Bande sind ein Gewebe aus violettem Purpur.
31 Als Kleid der Herrlichkeit wirst du sie anziehen und als Jubelkranz sie dir umlegen.[15]

Denken und Weisheit bringen dem Menschen Ruhe (ἀνάπαυσις) und Freude (εὐφροσύνη), so Jesus Sirach (6,28; vgl. auch 15,6; 51,27). Nur der Weg zur Weisheit kann ein klein wenig anstrengend (6,19; 51,27) oder auch etwas mühevoller sein (6,24f), aber immer sind ihre Früchte königlich (6,29–31) und schön zu genießen (1,17; 24,19). »Koh 1,18 dreht die Reihenfolge um: Viel Weisheit – viel Kummer, wer das Wissen vermehrt – vermehrt den Schmerz.«[16] Der Sinn dieser Umkehrung ist die fundamentale – im philosophischen Sinne des Wortes nihilistische[17] – Umwertung des traditionellen Weisheitswertes: Zwischen Weisheit und Torheit gibt es keinen Unterschied, weil Erkennen und Weisheit den Menschen betrüben. Kummer und Schmerz sind nicht die Kosten, die man für den Erwerb von Weisheit und Erkenntnis zu zahlen hat, sondern ihre »unzerstörlichen« Begleiterscheinungen.[18] »Eine Fülle von Wissen und Kenntnis macht nicht glücklich und zufrieden, sondern führt zu Kummer und Leiden an der Welt!«[19] In den folgenden Kapiteln erfahren wir zwei Gründe für diese Betrübnis.

---

15 Einheitsübersetzung.
16 Schwienhorst-Schönberger, Kohelet, 198.
17 Nihilismus verstanden als Umwertung der Werte.
18 Ähnlich Krüger, Kohelet, 136 Anm. 24.
19 Michel, Untersuchungen, 14.

2. Zwei Gründe für die Traurigkeit des Denkens

a) Der erste Grund für Betrübnis im Denken:
Die Grenzen der Weisheit

George Steiner musiziert gedanklich über zehn mögliche Gründe, warum die Traurigkeit »unzerstörlich« am Denken klebt. Kohelet kreist im Wesentlichen um zwei, doch sie gehören zu den gewaltigsten.[20]

Ein erster Grund für die Traurigkeit des reflektierenden Denkens sind die Grenzen, die der menschlichen Weisheit unüberwindbar vorgegeben sind. Sie sind Kohelet ein Dorn im Denken. Die Weisheitskritik ist für den »Grenzgänger der Weisheit«[21] durchaus auch eine Kritik im Kantischen Sinne des Wortes, wenn sowohl Kant als auch Kohelet auf je ihre Weise entsprechend der engen griechischen Bedeutung des Wortes κρίνειν (»eine Grenze ziehen«) über die Grenzen der Vernunft bzw. Weisheit reflektieren. Sie werden dem Menschen vor allem durch die Zukunft, den Tod und das Wirken Gottes gezogen.[22] Kohelet reflektiert über die anthropologische Bedeutung dieser Grenzen für das Denken: Es betrübt, wenn der Mensch Weisheit sucht, aber letztlich die engen Grenzen jeder Weisheit einsehen muss. Diese Auffassung durchzieht das gesamte Buch Kohelet von Anbeginn an (vgl. Koh 1,16–18; 2,12–17; 3,11; 6,12; 7,14; 7,23f; 8,7) und zeigt sich besonders eindrucksvoll am Ende von Kapitel 8:

Koh 8,16f
16   Als ich mein Herz ausrichtete, um Weisheit zu erkennen und das Geschäft zu besehen, das auf der Erde betrieben wird – denn weder am Tag noch in der Nacht gibt es Schlaf in den Augen desjenigen, der betrachtend reflektiert –,
17   da sah ich in Bezug auf das ganze Werk Gottes, dass der Mensch das Werk nicht zu ergründen vermag, das unter der Sonne getan wird. Worum der Mensch zu erforschen sich

---

20 Der grundsätzlich unbeständige Tun-Ergehen-Zusammenhang und das unumgängliche Scheitern an den Ansprüchen einer gerechten Welt dürften ein dritter Grund für Betrübnis in der weisheitlichen Reflexion sein. »Wer kann unter diesem Horizont aufrecht stehen, ohne an der Welt und sich selbst zu verzweifeln? Kohelet hätte wohl geantwortet: Der Mensch, der aus der Freude lebt« (Lux, Mensch, 285).
21 Lux, Weisen, 117.
22 So im Anschluss an Schellenberg, Erkenntnis, 75ff.

bemüht – er kann doch nicht ergründen. Und auch wenn der Weise behauptet zu erkennen – nicht vermag er zu ergründen.

Kohelet behauptet nicht, dass der Mangel an Erkenntnis in einem Mangel an Bemühen seinen Grund hat, sondern dass die Grenzen unüberwindlich anthropologischer Natur sind. Schon zu Beginn der Königstravestie betont Kohelet, dass sein Herz Weisheit und Erkenntnis in Fülle und in einem größeren Maße als jeder andere vor ihm geschaut habe (1,16). Nun hebt er hervor, dass er Tag und Nacht seinen Augen keine Ruhe gönnt und sich abgemüht habe, nicht nur das tägliche Geschäft der Welt zu erkennen, sondern sich über die Weisheit selbst zu vergewissern. Kohelet gelangt dabei nicht zu einem radikalen Skeptizismus, der den Wert jeglichen Wissens in Frage stellt und behauptet, Erkenntnis sei unmöglich. Doch während der Mensch durchaus Erkenntnisse gewinnen kann, vermag er nicht zu »ergründen« (*māṣā'* »finden«), das heißt vollständig zu erkennen.[23] »Der Weise kann höchstens den Augenblick erkennen (8,5), das Weltganze bleibt ihm verschlossen, weil ihm der *'ôlam* verschlossen bleibt (8,6–8). Das Weltgeschehen ist unverständlich, alles Wissen darüber ist Einbildung (8,16f).«[24] Schuld ist Gott, dessen gewirkte Schöpfungswelt in allen ihren Aspekten und Facetten für den Menschen nun einmal undurchschaubar bleibt (so neben 8,16f auch 3,11).[25] Das Denken in seinen höchsten Formen, das Denken über das Denken, die Weisheit als Leben und Sinn ganzheitlich umfassende Orientierungsfähigkeit bewirkt, dass der Mensch einsehen muss, dass ihm ein vollständiges Erfassen allen Geschehens verwehrt ist: Vor dem Eingang zum Paradies allumfassender Weisheit steht ein Kerub mit flammendem Schwert. Es ist eine schmerzliche Erkenntnis, dass es nicht dem Toren (vgl. Spr 14,6; 26,12; 28,11), sondern gerade dem Weisen aufgeht, wie schlecht es um die eigene Weisheit bestellt ist:

Koh 7,23
Das alles habe ich in Weisheit geprüft. Ich sprach: Ich will weise sein! Aber sie ist fern von mir.

---

23 Vgl. Schwienhorst-Schönberger, Kohelet, 435.
24 Gese, Krisis, 178.
25 Vgl. Krüger, Kohelet, 293.

VIII. Macht Denken traurig?

Gerade in Weisheit die Dinge zu prüfen führt zu der Erkenntnis, dass die Weisheit ferne ist. Wenn das Denken, in höchster Weisheit an sein Ende gelangt, stets seine Grenzen einsehen muss, vermehrt dies nicht gerade die Freude am Denken, sondern eher Kummer (*ka'as*) und Schmerz (*mak'ôb;* Koh 1,18) – ein erster Grund für »die schmerzvolle Unruhe der Weisheit Kohelets.«[26]

b) Der zweite Grund für Betrübnis im Denken:
Das Gedenken des Todes

Ein zweiter Grund für die Traurigkeit des reflektierenden Denkens ist das stete Bewusstsein der Vergänglichkeit allen Lebens. Das Todesbewusstsein, der Gedanke an die vergänglichen Lebenstage, gehört unwiederbringlich zur Reflexionsfähigkeit des *homo sapiens* und lässt sich niemals vollständig aus dem Bewusstsein entfernen, und seien wir noch so große Meister der Verdrängung: Das Todesbewusstsein ist der Erkenntnisfähigkeit Sold. Kohelet gehört als »*der* ›Philosoph der Endlichkeit‹«[27] zu denjenigen Denkern, welche die Weisheit mit dem Schmerz über die Reflexion des Todes verbinden. Schon in der sogenannten Königstravestie bedenkt der weise König die Nichtigkeit der eigenen Weisheit angesichts des Todes:

Koh 2,12–17

12 Und ich wandte mich, um Weisheit und Torheit und Dummheit zu betrachten, denn was ist der Mensch, der nach dem König kommt, den sie einst (zum König) gemacht haben?

13 Da betrachtete ich, ob es einen Gewinn gibt für die Weisheit vor der Dummheit wie einen Gewinn des Lichtes vor der Finsternis.

14 »Der Weise hat seine Augen in seinem Kopf, aber der Dumme wandelt in der Finsternis.« Aber ich erkannte auch, dass *ein* Geschick sie alle trifft.

15 Da sagte ich in meinem Herzen: Wie das Geschick des Dummen – auch mich trifft es. Aber warum bin ich dann überaus weise geworden? Und ich sprach in meinem Herzen, dass auch dies Windhauch ist.

---

26 Lux, Weisen, 119.
27 Lux, Tod, 43. Hervorhebung im Original.

16 Denn es gibt keine Erinnerung an den Weisen wie den Dummen in Ewigkeit, weil schon hinsichtlich der kommenden Tage das alles vergessen sein wird. Und wie stirbt der Weise mit dem Dummen!
17 Da hasste ich das Leben, denn böse auf mir (liegt) das Tun, das unter der Sonne getan wird. Ja, das alles ist Windhauch und Haschen nach Wind.

Dieser Text enthält keine Widersprüche, wie die Forschung in manchen Fällen annimmt, sondern ist im Rahmen der Zitatentheorie als eine konsistente voranschreitende Reflexion über die Bedeutung der Weisheit angesichts des Todes einsichtig.[28] Wenn es ans Eingemachte geht und wir die harten Fakten des Todes gegen alle traditionellen und die Weisheit schönredenden Sprüche (Vers 14a) auf den Tisch legen, dann hat der Weise gegenüber dem Dummen keinen Vorteil, denn beide trifft (*qārāh*) dasselbe Geschick (*miqræh*).[29] Mehr noch: Nicht der Dumme, sondern der Weise muss einsehen, dass sein Bemühen um Weisheit angesichts des Todes nichtig ist. Kohelet verfällt zwar nicht in ein Lob der Torheit, doch die kritische Selbstreflexion »Aber warum bin ich dann so überaus weise geworden?« sieht weisheitliches Denken und Bemühen unausweichlich im Abgrund von Vergänglichkeit und Vergeblichkeit. Auch die Weisheit ist Windhauch und der Nachruhm des Weisen angesichts der Ewigkeit des Vergessens hinfällig. Der in der Bibel einzigartige Satz »Da hasste ich das Leben.« (*wᵉśāne'tî 'æt haḥayyîm*)[30] wird ausgerechnet von demjenigen geschrieben, der mehr Weisheit als alle anderen angehäuft hat. »V 17a beschreibt eine Situation der Niedergeschlagenheit, der Depression, des Ekels, des Überdrusses.«[31] – wohlgemerkt eine Situation des Überdrusses, die nicht der *Tatsache* des Todes, sondern der *Erkenntnis* des Todes geschuldet ist, denn erst die *Einsicht* »Heute König und morgen tot!« (Sir 10,10b) vermiest

---

28 Vgl. schon Levy, Qoheleth, 57.75f; Gordis, Quotations, 136; ders., Koheleth, 221f.
29 Zu *miqræh* (»Schicksal, Geschick«; vgl. in Kohelet noch Koh 3,19; 9,2f) vgl. Machinist, Fate; Backhaus, Zeit, 390–394.
30 Vgl. noch den anschließenden Vers 18 in Bezug auf die Mühsal. Der Lebensekel Hiobs (formuliert in Hi 10,1 mit *qûṭ* Nifal) liegt »in ganz anderen Erfahrungen begründet […] als der Lebenshass des Königs« (Krüger, Kohelet, 145).
31 Schwienhorst-Schönberger, Kohelet, 227.

VIII. Macht Denken traurig? 195

dem weisen König das Leben: »Der Tod, an den man nicht denkt, ist leichter zu ertragen als der Gedanke an den Tod überhaupt.«[32] Wenn ausgerechnet der weise König aufgrund seines Todesgedenkens zu dem Urteil »Da hasste ich das Leben.« kommen muss, dann begegnet uns hier ein zweiter Grund für »die schmerzvolle Unruhe der Weisheit Kohelets.«[33] Wie wir im Folgenden sehen werden, liegt die Rettung aus dieser verlorenen Situation des Denkens für Kohelet nicht in einem besseren Denken – besser kann für Kohelet nicht gedacht werden –, sondern in der Hinwendung zur Freude durch das göttliche Geschenk der Zerstreuung.

3. Das Glück der Freude: Zerstreuung macht heiter

Aus dem Paradies wird der Mensch durch das Denken vertrieben. Mühsal, Schmerzen und Tod sind die Folge der Distanz, die durch das gottgleiche Denken die paradiesische »Gottesunmittelbarkeit«[34] aufhebt. »Allein vom Baum der Erkenntnis des Guten und Bösen durfte der Mensch nicht essen, auf daß die Erkenntnis nicht in die Welt hineinkomme und das Grämen mit sich bringe: des Wissens Schmerz und des Besitzens zweifelhaftes Glück, des Scheidens Schrecken und des Scheidens Schwierigkeit, des Überlegens Unruhe und des Überlegens Kümmernis, der Wahl Not und der Wahl Entscheidung, des Gesetzes Spruch und des Gesetzes Verdammung, der Verdammnis Möglichkeit und der Verdammnis Angst, des Todes Leiden und des Todes Erwartung.«[35]

Wenn das weisheitliche, reflektierende Denken auf seinen höchsten Stufen notwendigerweise traurig macht, lässt man es am besten sein. Der Mensch kann zwar nicht zurück in das Paradies der nichtreflektierenden Unmittelbarkeit, aber statt sich auf die Gaben zu konzentrieren, die man gebotsübertretend erworben hat, sollte man sich besser auf die Geschenke des Lebens konzentrieren, die tatsächliche Gaben Gottes sind. Es gehört zur Weisheit des Buches Kohelet, dass der Aufruf zur Freude inmitten des traurigen Denkens erfolgt, so dass der Autor weder ein schlichter pessimistischer noch ein seich-

---

32 Pascal, Pensées, Frg. 166 (Übersetzung Wasmuth).
33 Lux, Weisen, 119.
34 Vgl. Blum, Gottesunmittelbarkeit.
35 Kierkegaard, Reden, 22 (in Anspielung unter anderem auf Koh 1,18).

ter optimistischer, sondern ein lebensnaher Denker von Freude und Traurigkeit zugleich ist. Betrachtet man das Motiv des *carpe diem* bei Kohelet aus der Perspektive von 1,18 und von Seiten der »unzerstörlichen« Betrübnis im Denken, dann fällt auf, dass die Freude in 5,17–19 vom Denken gelöst und einer heiteren Zerstreuung zugewiesen wird:

Koh 5,17–19

17 Siehe, was ich gesehen habe: Wahres Glück (*ṭôb ᵃšær yāpæh*) ist zu essen und zu trinken und Gutes zu sehen bei all seiner Mühe, mit der man sich abmüht unter der Sonne die Zahl der Tage seines Lebens, die Gott ihm gegeben hat. Denn das ist sein Anteil (*ḥelæq*).

18 Auch jeder Mensch, dem Gott Reichtum und Vermögen gegeben hat und den er ermächtigt hat, davon zu essen und seinen Anteil zu heben und sich zu freuen bei seiner Arbeit – das ist ein Geschenk Gottes (*mattat ᵃlohîm*).

19 Denn (dann) denkt er (*yizkor*)[36] nicht übermäßig (*harbeh*) an die (endlichen) Tage seines Lebens, weil Gott (ihn) beschäftigt (*maʿᵃnæh*) mit der Freude seines Herzens.

Das wahre oder vollkommene Glück (*ṭôb ᵃšær yāpæh*)[37] besteht in der Freude und im Genuss des Lebens. Über diesen freudigen Genuss wird dreierlei ausgesagt: anthropologisch etwas über sein Wesen, theologisch über seine Herkunft und lebensphilosophisch – besser: »lebenstheologisch« – über seinen Sinn. Sein Wesen besteht darin, der positive, von der Konnotation her nahezu besitzrechtliche Anteil (*ḥelæq*) des Menschen an seinem mühevollen Leben zu sein (vgl. noch Koh 2,10; 3,22; 9,9), denn *ḥelæq* bezeichnet das, »was einem zukommt«.[38] Kohelet hat mit diesem Begriff jedoch kein Ackerland im Blick, das dem Menschen aus einer Fülle an Ländereien zugeteilt wird, auch kein Beutegut, von dem der Mensch einen Anteil erhält,

---

36 Fischer, Skepsis, 58.84f übersetzt jussivisch.
37 Vgl. zu dieser Formulierung Lohfink, Koh, 151 (»vollkommenes Glück«); Fischer, Skepsis, 58 (»echtes Glück«); Schwienhorst-Schönberger, Kohelet, 337–340 (»wahres Glück«). Die Alternative besteht in der Übersetzung »Gutes, welches schön ist«. »Die beiden Deutungsmöglichkeiten führen nicht zu einem grundsätzlich divergierenden Textverständnis« (ebd. 337).
38 Schmid, חלק, 578. Zu *ḥelæq* vgl. noch Tsevat, חלק; speziell in Bezug auf Kohelet Zimmer, Tod, 58–72.

VIII. Macht Denken traurig?

sondern denjenigen Part des Lebens, den der Mensch genießen und so im freudig-affirmativen Sinne das Seine nennen kann und soll.[39]

Wenn vom »Anteil« die Rede ist, muss auch derjenige genannt werden, der zuteilt. So wie das Leben als solches nicht bedingungslos existiert, sondern von Gott hervorgebracht ist, so ist für Kohelet auch der freudige Teil des Lebens eine Gabe Gottes (*mattat 'ᵉlohîm*, vgl. auch 3,13).[40] Die Herkunft der Freude wird nicht allein anthropologisch aus dem menschlichen Leben bzw. aus der Mühsal erklärt, wenn der Mensch die Früchte seiner Mühe genießen kann. Vielmehr wird die Freude von ihrer Genese her in einem Beziehungsgeschehen zwischen Gott und Mensch verankert: Gott ist es, der die Freude des Genießens schenkt. Damit erhält die Freude eine eminent positive Bedeutung und weist auch dem folgenden Vers über den Sinn der Freude, der in der Zerstreuung liegt, keinen negativen, sondern einen überaus positiven Wert zu.

Der bedeutendste neuzeitliche Denker der Zerstreuung ist Blaise Pascal. Pascal sieht die Zerstreuung als eine Ablenkung von der Traurigkeit des Denkens. Im Unterschied zu Kohelet betrachtet er – obwohl er die biblischen Texte durchaus zur Basis auch seiner Überlegungen macht – die Zerstreuung als eine menschengemachte Erfindung:

> Pascal, Frg. 168
> Da die Menschen nicht Tod, Elend und Unwissenheit heilen konnten, sind sie, um sich glücklich zu machen, auf den Einfall gekommen, nicht daran zu denken.[41]

Anders Kohelet. Auch bei ihm befreit die Freude, durchaus gedacht als eine Art Zerstreuung, von der Traurigkeit des Denkens, doch wird sie sowohl theologisch als auch anthropologisch anders gefasst als bei Pascal.

---

39 Der Aspekt des Sollens spielt schon semantisch hier mit hinein, weil der Anteil, der einem zugeteilt wird (das Ackerland, das Beutegut usw.), die Aufgabe impliziert, diesen Anteil auf diese oder jene Weise zu nutzen. Kohelet geht aufs Ganze und zeigt, wie man seinen Anteil am Leben unter der Sonne nutzen soll.
40 Die durchaus vorhandenen Spannungen zwischen den Versen 17 und 19 auf der einen Seite und Vers 18 auf der anderen Seite reichen m. E. für eine literarkritische Abgrenzung von Vers 18, wie Lauha, Kohelet, 113 vorschlägt, nicht aus.
41 Pascal, Gedanken, Frg. 168 (Übersetzung Kunzmann).

Das Denken wird in Kohelet 5,19 als sich erinnerndes Gedenken (*zākar*) spezifiziert, das glücklicherweise wegen der Zerstreuung durch Freude nicht mehr übermäßig auftritt: Die in der hebräischen Bibel vornehmlich positiv konnotierte Erinnerung wird bei Kohelet negativ bewertet und durch die Freude in den Hintergrund gedrängt. Die Erinnerung wird deswegen negativ beurteilt, weil als Objekt des Erinnerns mit den »Tagen des Lebens« (Vers 19) bzw. der »Zahl der Lebenstage« (Vers 17) nicht die Gottesbeziehung im Blick ist, sondern das durch den Tod begrenzte Leben.[42]

Das Denken wird durch diese Begrenzung keineswegs ausgeschaltet;[43] es tritt nur nicht mehr »übermäßig«[44] auf den Plan: Es geht Kohelet nicht um gedankenlose Zerstreuung,[45] sondern um eine Freude, die das Denken nicht ausschließt, aber das Leiden am Gedenken des Todes reduziert.[46] Denken macht traurig, wenn es – wie das philosophische und weisheitliche Denken – im Übermaß betrieben wird. Die Zerstreuung durch Freude kann und soll dem Denken nicht nur Atempausen verschaffen, sondern sein Übermaß reduzieren und verhindern, dass sich das Denken in Philosophie und Weisheit überhitzt. »Sei nicht übermäßig (*harbeh*) gerecht, und gebärde dich nicht übertrieben (*yôter*) weise – warum willst du (dich selbst) zugrunde richten?« (Koh 7,16).[47]

---

42 Kohelet spezifiziert in Vers 19 die »Tage des Lebens« zwar nicht näher als Lebensfrist (In Vers 17 werden die Lebensjahre durch *mispār* als Lebensfrist gekennzeichnet.), so dass sie theoretisch auch die Lebensmühe von Vers 16(f) im Blick haben könnten (vgl. Fischer, Skepsis, 84), aber vom Kontext des Buches her und durch die Verknüpfung mit dem Verb *zākar* dürfte insbesondere die Lebensfrist durch das Todesgedenken im Blick sein.
43 Auch das Gedenken der »Tage der Finsternis« wird nicht vollkommen ausgeschlossen (vgl. Koh 11,8), und Gott »gibt« (*nātan*) neben der Freude auch Weisheit und Erkenntnis (vgl. Koh 2,26).
44 Zu *harbeh* als Übermaß im Buch Kohelet vgl. Lux, Lebenskompromiß, 274f.
45 Deswegen sind die Beschreibungen der Zerstreuung von Koh 5,19 als anästhesierendes bzw. narkotisierendes Selbstvergessen (so vor allem Müller, Qohälät, 517f; vgl. auch Lauha, Kohelet, 158.169) nicht zutreffend. Zur Kritik an dieser Sicht vgl. Fischer, Skepsis, 79–82; Zimmer, Tod, 61f. »Was hier begegnet, ist alles andere als ein oberflächlicher Hedonismus – nach der Methode ›Lasset uns essen und trinken, denn morgen sind wir tot!‹ –, dem schon Jesaja energisch entgegentrat (Jes 22,13)« (Lux, Mensch, 279f).
46 Zu ägyptischen Parallelen und dem Ausdruck »Ablenkung des Herzens« (*sḥmḫ-jb*) vgl. Galling, Prediger, 113f; Lee, Vitality, 48.
47 Zu Koh 7,15–18 vgl. ausführlich Lux, Lebenskompromiß.

VIII. Macht Denken traurig?

Anthropologisch wird die Freude nicht als gedankenlose Zerstreuung, sondern als übermäßiges Denken reduzierende Zerstreuung gefasst. Theologisch wird sie nicht nur nach Vers 18 (*mattat ʾᵉlohîm*), sondern auch nach Vers 19 als Gabe Gottes legitimiert, unabhängig davon, ob man *maʿᵃnæh* von *ʿānāh* I oder *ʿānāh* III ableitet, sei es, dass Gott sich dem Menschen in der Freude und Zerstreuung seines Herzens offenbart,[48] sei es, dass Gott den Menschen mit der Freude seines Herzens beschäftigt und zerstreut.[49] In beiden Fällen kann die Zerstreuung durch Freude als Gabe Gottes gelten, die es anzunehmen gilt.[50] Anders als bei Pascal ist die Zerstreuung bei Kohelet anthropologisch und theologisch gerechtfertigt. Das Denken macht auf den höchsten Reflexionsstufen der Weisheit traurig, aber das göttliche Geschenk der Zerstreuung erhellt das Leben durch Augenblicke der heiteren Freude und zieht dem Denken seinen schmerzhaften Stachel.

---

48 Zu dieser These vgl. vor allem Lohfink, Koh.
49 So die Mehrzahl der Ausleger. Auch dieses Verständnis der »*Beschäftigung mit der Freude des Herzens* kann uneingeschränkt positiv verstanden werden, so wie es der Kontext des ganzen Kohelet-Buches m. E. erfordert« (Zimmer, Tod, 63. Hervorhebung im Original).
50 Gaben Gottes werden deshalb in jedem Vers des Abschnitts 5,17–19 genannt: Die Gabe des (endlichen) Lebens (Vers 17), die Gabe der Freude (Vers 18) und – damit zusammenhängend – die Gabe der Zerstreuung (Vers 19).

Anhang

Abbildungsverzeichnis

Abb. 1: Keel/Schroer, Schöpfung, 39 Abb. 1.
Abb. 2: Keel/Uehlinger, Göttinnen, Abb. 12b.
Abb. 3: Keel/Uehlinger, Göttinnen, Abb. 219 (Ausschnitt).
Abb. 4: Keel/Uehlinger, Göttinnen, Abb. 233b.
Abb. 5: Keel/Uehlinger, Göttinnen, Abb. 361c.
Abb. 6: Keel/Uehlinger, Göttinnen, Abb. 291c.
Abb. 7: Keel/Uehlinger, Göttinnen, Abb. 337b.
Abb. 8a: Keel, Weltbild, Abb. 14.
Abb. 8b: Cornelius, Representation, Abb. 10 – Die Ziffern im Originalbild wurden entfernt, da die Zeichenerklärung nicht übernommen wurde.
Abb. 9: Keel, Welt, Abb. 60.
Abb. 10: Pongratz-Leisten, Ina Šulmi Īrub, 36 Abb. 5.
Abb. 11: © The Schøyen Collection MS 2063, Oslo and London.
Abb. 12: Nach Milgrom, Leviticus, 616.
Abb. 13: Beaux, Cabinet, pl. XI.
Abb. 14: Beaux, Cabinet, pl. XIII.
Abb. 15: © British Museum, BM 46603. The Trustees of the British Museum. Shared under a Creative Commons Attribution-NonCommercial-ShareAlike 4.0 International (CC BY-NC-SA 4.0) licence.
Abb. 16: Jéquier, Pyramides, pl. XI (Ausschnitt).

Literaturverzeichnis

Abusch, T., Sacrifice in Mesopotamia, in: A. I. Baumgarten (Hg.), Sacrifice in Religious Experience (SHR 93), Leiden 2002, 39–48.
Acham, K., Art. Abstraktion IV, HWP 1, 1971, 59–63.
Achenbach, R., Zur Systematik der Speisegebote in Levitikus 11 und in Deuteronomium 14, ZAR 17 (2011), 161–209.
Albertz, R., Die Theologisierung des Rechts im Alten Israel, in: ders. (Hg.), Religion und Gesellschaft. Studien zu ihrer Wechselbeziehung in den Kulturen des Antiken Vorderen Orients (AOAT 248), Münster 1997, 115–132.
Allen, R. E., Plato's ›Euthyphro‹ and the Earlier Theory of Forms, London 1970.
Alt, A., Die Weisheit Salomos, ThLZ 3 (1951), 139–144.
Altenmüller, H., Art. Opfer, LÄ 4, 1982, 579–584.
Ammann, S., Götter für die Toren. Die Verbindung von Götterpolemik und Weisheit im Alten Testament (BZAW 466), Berlin 2015.
Arneth, M., Sonne der Gerechtigkeit. Studien zur Solarisierung der Jahwe-Religion im Lichte von Psalm 72, Wiesbaden 2000.
Assmann, J., Ma'at. Gerechtigkeit und Unsterblichkeit im Alten Ägypten, München 1990.
— Monotheismus und Kosmotheismus. Ägyptische Formen eines ›Denkens des Einen‹ und ihre europäische Rezeptionsgeschichte, Heidelberg 1993.
— Das kulturelle Gedächtnis. Schrift, Erinnerung und politische Identität in frühen Hochkulturen, München ²1997, 280–292.
— I. Ägypten. Die Idee vom Totengericht und das Problem der Gerechtigkeit, in: ders./B. Janowski/M. Welker (Hg.), Gerechtigkeit. Richten und Retten in der abendländischen Tradition und ihren altorientalischen Ursprüngen, München 1998, 10–19.
— Das Herz auf der Waage. Schuld und Sünde im Alten Ägypten, in: T. Schabert/D. Clemens (Hg.), Schuld, Heidelberg 1999, 99–147.
— Die Mosaische Unterscheidung oder der Preis des Monotheismus, München 2003.
— Ma'at. Gerechtigkeit und Unsterblichkeit im Alten Ägypten, München ²2006.
— Konstellative Anthropologie. Zum Bild des Menschen im alten Ägypten, in: B. Janowski/K. Liess (Hg.), Der Mensch im alten Israel. Neuere Forschungen zur alttestamentlichen Anthropologie (HBS 59), Freiburg 2009, 95–120.

Literaturverzeichnis 205

– Cultural Memory and the Myth of the Axial Age, in: R. N. Bellah/H. Joas (Hg.), The Axial Age and its Consequences, Cambridge 2012, 366–410.
– Monotheismus und Gewalt. Eine Auseinandersetzung mit Rolf Schieders Kritik an ›Moses der Ägypter‹, in: R. Schieder (Hg.), Die Gewalt des einen Gottes. Die Monotheismus-Debatte zwischen Jan Assmann, Micha Brumlik, Rolf Schieder, Peter Sloterdijk und anderen, Berlin 2014, 36–55.
– Exodus. Die Revolution der Alten Welt, München 2015.
Aubenque, P., Art. Abstraktion I, HWP 1, 1971, 42–44.
Avrahami, Y., The Senses of Scripture. Sensory Perception in the Hebrew Bible (LHBOTS 545), London 2012.
– The Study of Sensory Perception in the Hebrew Bible: Notes on Method, HeBAI 5 (2016), 3–22.
Backhaus, J., ›Denn Zeit und Zufall trifft sie alle.‹ Studien zur Komposition und zum Gottesbild im Buch Qohelet (BBB 83), Frankfurt 1993.
Barr, J., Bibelexegese und moderne Semantik. Theologische und linguistische Methode in der Bibelwissenschaft, München 1965.
Barta, W., Art. Opferliste, LÄ 4, 1982, 586–589.
Bartash, V., Establishing Value: Weight Measures in Early Mesopotamia (SANER 23), Berlin 2019.
Barth, C., Die Errettung vom Tode. Leben und Tod in den Klage- und Dankliedern des Alten Testaments, Stuttgart ³1997.
Barton, J., The Prophets and the Cult, in: J. Day (Hg.), Temple and Worship in Biblical Israel: Proceedings of the Oxford Old Testament Seminar (LHBOTS 422), London 2005, 111–122.
– Ethics in Ancient Israel, Oxford 2014.
Batto, B. F., Art. Zedeq, DDD, ²1999, 929–934.
Bauer, J. E., Art. Weltanschauung, HRWG 5, 2001, 351–354.
Bayertz, K., Warum überhaupt moralisch sein?, München ²2014.
Beaux, N., Le Cabinet de Curiosités de Thoutmosis III. Plantes et animaux du ›Jardin botanique‹ de Karnak (OLA 36), Leuven 1990.
Becker, J., Gottesfurcht im Alten Testament (AnBib 25), Rom 1965.
Beckman, G., Art. Opfer. A. II. Nach schriftlichen Quellen, RLA 10, 2003–2005, 106–111.
Bellah, R. N., Religion in Human Evolution. From the Paleolithic to the Axial Age, Cambridge 2011.
Bellah, R. N./Joas, H. (Hg.), The Axial Age and its Consequences, Cambridge 2012.
Ben-Dov, J./Sanders, S. (Hg.), Ancient Jewish Sciences and the History of Knowledge in Second Temple Literature, New York 2014.
Ben Zvi, E., The Dialogue between Abraham and Yhwh in Gen. 18.23–32: A Historical-Critical Analysis, JSOT 53 (1992), 27–46.
Berlejung, A., Die Theologie der Bilder. Herstellung und Einweihung von Kultbildern in Mesopotamien und die alttestamentliche Bilderpolemik (OBO 162), Göttingen 1997.

— Körperkonzepte und Geschlechterdifferenz in der physiognomischen Tradition des Alten Orients und des Alten Testaments, in: B. Janowski/ K. Liess (Hg.), Der Mensch im alten Israel. Neue Forschungen zur alttestamentlichen Anthropologie (HBS 59), Freiburg 2009, 299–337.

Berlin, I., The Hedgehog and the Fox: An Essay on Tolstoy's View of History, London 1967.

Bermes, C., ›Welt‹ als Thema der Philosophie. Vom metaphysischen zum natürlichen Weltbegriff (Phänomenologische Forschungen. Beiheft 1), Hamburg 2004.

Blenkinsopp, J., Abraham and the Righteous of Sodom, JJS 33 (1982), 119–132.

Blum, E., Die Komposition der Vätergeschichte (WMANT 57), Neukirchen-Vluyn 1984.

— Von Gottesunmittelbarkeit zu Gottähnlichkeit. Überlegungen zur theologischen Anthropologie der Paradieserzählung, in: G. Eberhardt/K. Liess (Hg.), Gottes Nähe im Alten Testament (SBS 202), Stuttgart 2004, 9–29.

Blumenberg, H., Die Lesbarkeit der Welt, Frankfurt ³1993.

Bodi, D., The Book of Ezekiel and the Poem of Erra (OBO 104), Göttingen 1991.

Böhl, F. M. Th., Die Tochter des Königs Nabonid, in: J. Friedrich/J. G. Lautner/ J. Miles (Hg.), Symbolae ad iura orientis antiqui pertinentes Paulo Koschaker dedicatae (SDIO 2), Leiden 1939, 151–178.

Böhme, H., Stufen der Reflexion. Die Kulturwissenschaften in der Kultur, in: F. Jaeger/J. Straub (Hg.), Handbuch der Kulturwissenschaften 2. Paradigmen und Disziplinen, Stuttgart 2004, 1–15.

Bojowald, S., Neue Parallelen zwischen der hebräischen und ägyptischen Sprache. Die übertragene Verwendung von Ausdrücken der Kleiderterminologie auf Licht und Pflanzen, ZAH 25–28, 2012–2015, 33–41.

Boman, T., Das hebräische Denken im Vergleich mit dem Griechischen, Göttingen ⁵1968.

Bonnet, H., Reallexikon der ägyptischen Religionsgeschichte, Berlin 1952.

Bons, E., Zur Gliederung und Kohärenz von Koh 1,12–2,11, BN 24 (1984), 73–93.

Borger, R., Die Inschriften Asarhaddons Königs von Assyrien (AfO.B 9), Graz 1956.

Borowski, O., Daily Life in Biblical Times (SBL Archaeology and Biblical Studies 5), Atlanta 2003.

Botterweck, G. J., Art. ידע II.2a–III., ThWAT 3, 1982, 486–512.

Boy, J. D./Torpey, J., Inventing the Axial Age: The Origins and Uses of a Historical Concept, Theory and Society 42 (2013), 241–259.

Brague, R., Die Weisheit der Welt. Kosmos und Welterfahrung im westlichen Denken, München 2006.

Brandl, F., Von der Entstehung des Geldes zur Sicherung der Währung. Die Theorien von Bernhard Laum und Wilhelm Gerloff zur Genese des Geldes, Wiesbaden 2015.

Brunner, H., Gerechtigkeit als Fundament des Thrones, VT 8 (1958), 426–428.
— Das hörende Herz, in: ders., Das hörende Herz. Kleine Schriften zur Religions- und Geistesgeschichte Ägyptens (OBO 80), Göttingen 1988, 3–5.
— Die Weisheitsbücher der Ägypter, Zürich 1991.
Brunner-Traut, E. Frühformen des Erkennens am Beispiel Altägyptens, Darmstadt ²1992.
Bunimovitz, S./Faust, A., Building Identity: Das Vierraumhaus und der ›Israelite Mind‹, in: B. Janowski/K. Liess (Hg.), Der Mensch im alten Israel. Neuere Forschungen zur alttestamentlichen Anthropologie (HBS 59), Freiburg 2009, 401–418.
Burkard, G./Thissen, H. J., Einführung in die altägyptische Literaturgeschichte 1. Altes und Mittleres Reich, Berlin ³2008.
Burkert, W., Babylon, Memphis, Persepolis: Eastern Contexts of Greek Culture, Cambridge 2004.
Cancik-Kirschbaum, E., Gegenstand und Methode. Sprachliche Erkenntnistechniken in der keilschriftlichen Überlieferung Mesopotamiens, in: A. Imhausen/T. Pommerening (Hg.), Writings of Early Scholars in the Ancient Near East, Egypt, Rome, and Greece (BzA 286), Berlin 2010, 13–45.
— Stabilität, Change Management und Iteration. Listenwissenschaft in Mesopotamien, in: dies./A. Traninger (Hg.), Wissen in Bewegung, Institution – Iteration – Transfer, Wiesbaden 2015, 289–305.
Cancik-Kirschbaum, E./Kahl, J., Erste Philologien. Archäologie einer Disziplin vom Tigris bis zum Nil, Tübingen 2018.
Carasik, M., The Limits of Omniscience, JBL 119 (2000), 221–232.
— Theologies of the Mind in Biblical Israel (StBiblit 85), Frankfurt 2006.
Carr, D. M., Reading the Fractures of Genesis: Historical and Literary Approaches, Louisville 1996.
Cataldo, J. W., Breaking Monotheism, London 2013.
Collier, M./Manley, M., How to Read Egyptian Hieroglyphs: A Step-By-Step Guide to Teach Yourself, Berkeley ²1998.
Cornelius, I., The Visual Representation of the World in the Ancient Near East and the Hebrew Bible, JNWSL 20 (1994), 193–218.
Cowley, A., Aramaic Papyri of the Fifth Century B. C., Oxford 1923.
de Hulster, I. J., Picturing Ancient Israel's Cosmic Geography: An Iconographic Perspective on Genesis 1:1–2:4a, in: I. J. de Hulster/B. A. Strawn/R. P. Bonfiglio (Hg.), Iconographic Exegesis of the Hebrew Bible/Old Testament: An Introduction to Its Method and Practice, Göttingen 2015, 45–61.
Deicher, S./Maroko, E. (Hg.), Die Liste. Ordnungen von Dingen und Menschen in Ägypten, Berlin 2015.
Descola, P., Jenseits von Natur und Kultur, Berlin 2013.
Detel, W., Art. aphairesis/Abstraktion, in: O. Höffe (Hg.), Aristoteles-Lexikon, Stuttgart 2005, 58–60.

Dietrich, J., Art. Prophetenrede, HWR 7, 2005, 290–307.
— Über Ehre und Ehrgefühl im Alten Testament, in: B. Janowski/K. Liess (Hg.), Der Mensch im alten Israel. Neuere Forschungen zur alttestamentlichen Anthropologie (HBS 59), Freiburg 2009, 419–452.
— Kollektive Schuld und Haftung. Religions- und rechtsgeschichtliche Studien zum Sündenkuhritus des Deuteronomiums und zu verwandten Texten (ORA 4), Tübingen 2010.
— Individualität im Alten Testament, Alten Ägypten und Alten Orient, in: A. Berlejung u. a. (Hg.), Menschenbilder und Körperkonzepte im Alten Israel, in Ägypten und im Alten Orient (ORA 9), Tübingen 2012, 77–96.
— Katastrophen im Altertum aus kulturanthropologischer und kulturphilosophischer Perspektive, in: A. Berlejung (Hg.), Disaster and Relief Management. Katastrophen und ihre Bewältigung (FAT 81), Tübingen 2012, 85–116.
— Psalm 72 in its Ancient Syrian Context, in: A. Zernecke/J. Stökl/ C. L. Crouch (Hg.), Mediating Between Heaven and Earth: Communication with the Divine in the Ancient Near East (LHBOTS 566), London 2012, 144–160.
— Sozialanthropologie des Alten Testaments. Grundfragen zur Relationalität und Sozialität des Menschen im alten Israel, ZAW 127 (2015), 224–243.
— Responsive Anthropologie. Zum Bild des Menschen im Alten Testament am Beispiel der Tugend-Epistemologie, in: W. Bührer/R. J. Meyer zu Hörste-Bührer (Hg.), Relationale Erkenntnishorizonte in Exegese und systematischer Theologie (MThSt 129), Leipzig 2018, 145–159.
— Liberty, Freedom, and Autonomy in the Ancient World: A General Introduction and Comparison, in: A. Berlejung/A. Maeir (Hg.), Research on Israel and Aram: Autonomy, Independence and Related Issues (ORA 34), Tübingen 2019, 3–22.
— Wisdom in the Cultures of the Ancient World: A General Introduction and Comparison, in: T. Oshima (Hg.), Teaching Morality in Antiquity: Wisdom Texts, Oral Traditions, and Images (ORA 29), Tübingen 2019, 3–18.
— Præsteskriftets åbenbarings- og offerteologi ifølge Tredje Mosebog, in: J. Dietrich/A. Gudme (Hg.), Gud og Os: Teologiske læsninger i Det Gamle Testamentes bøger, Kopenhagen 2021, 81–89.
— Wahrheit und Trug, in: ders./A. Grund-Wittenberg/B. Janowski/U. Neumann-Gorsolke (Hg.), Handbuch Alttestamentliche Anthropologie, Tübingen (erscheint demnächst).
Donald, M., Origins of the Modern Mind: Three Stages in the Evolution of Culture and Cognition, Cambridge 1991.
Douglas, M., Reinheit und Gefährdung. Eine Studie zu Vorstellungen von Verunreinigung und Tabu, Berlin 1985.
— Leviticus as Literature, Oxford 1999.
— Preface to the Routledge Classics Edition, in: dies., Purity and Danger: An Analysis of Concepts of Pollution and Taboo, New York 2002, x–xxi.

Eberhart, C. A., Studien zur Bedeutung der Opfer im Alten Testament. Die Signifikanz von Blut- und Verbrennungsriten im kultischen Rahmen (WMANT 94), Neukirchen-Vluyn 2002.
— A Neglected Feature of Sacrifice in the Hebrew Bible: Remarks on the Burning Rite on the Altar, HThR 97 (2004), 485–493.
Eden, T., Art. Lebenswelt, in: H. Vetter (Hg.), Wörterbuch der phänomenologischen Begriffe. Unter Mitarbeit von K. Ebner und U. Kadi, Hamburg 2004, 328–330.
Edzard, D. O., Sumerisch-akkadische Listenwissenschaft und andere Aspekte altmesopotamischer Rationalität, in: K. Gloy (Hg.), Rationalitätstypen, München 1999, 246–267.
— Die altmesopotamischen lexikalischen Listen – verkannte Kunstwerke?, in: C. Wilcke (Hg.), Das geistige Erfassen der Welt im Alten Orient. Sprache, Religion, Kultur und Gesellschaft, Wiesbaden 2007, 17–26.
Ego, B., Le ›Temple imaginaire‹. Himmlischer und irdischer Kult im antiken Judentum am Beispiel der Sabbatopferlieder, VF 56 (2011), 58–62.
Eisenstadt, S. (Hg.), The Origins and Diversity of Axial Age Civilizations, New York 1986.
— Axial Civilizations and the Axial Age Reconsidered, in: ders./J. P. Árnason/ B. Wittrock (Hg.), Axial Civilizations and World History, Leiden 2005, 531–564.
Elkana, Y., The Emergence of Second Order Thinking in Classical Greece, in: S. Eisenstadt (Hg.), The Origins and Diversity of Axial Age Civilization, New York 1986, 40–64.
Ernst, A. B., Weisheitliche Kultkritik. Zu Theologie und Ethik des Sprüchebuchs und der Prophetie des 8. Jahrhunderts (BThSt 23), Neukirchen-Vluyn 1994.
Ernst, W., Geld. Ein Überblick aus historischer Sicht, JBTh 21 (2006), 3–21.
Eshel, T. u. a., Four Iron Age Silver Hoards from Southern Phoenicia: From Bundles to Hacksilber, BASOR 379 (2018), 197–228.
Fabry, H.-J., Art. לב, ThWAT 4, 1984, 413–451.
Falkenstein, A/von Soden, W., Sumerische und akkadische Hymnen und Gebete, Zürich 1953.
Figal, G., Sokrates, München ³2006.
Figueira, T., The Power of Money: Coinage and Politics in the Athenian Empire, Philadelphia 1998.
Fink, S., Benjamin Whorf, die Sumerer und der Einfluss der Sprache auf das Denken (Philippika 70), Wiesbaden 2015.
Finkelstein, J. J., Bible and Babel: A Comparative Study of the Hebrew and Babylonian Religious Spirit, Commentary 26 (1958), 431–444.
Finsterbusch, K., Weisung für Israel. Studien zu religiösem Lehren und Lernen im Deuteronomium und in seinem Umfeld (FAT 44), Tübingen 2005.
Fischer, A. A., Skepsis oder Furcht Gottes? Studien zur Komposition und Theologie des Buches Kohelet (BZAW 247), Berlin 1997.

Fischer-Elfert, H.-W., Die satirische Streitschrift des Papyrus Anastasi I. Übersetzung und Kommentar (ÄA 44), Wiesbaden 1986.

Foucault, M., Die Ordnung der Dinge. Eine Archäologie der Humanwissenschaften, in: ders., Hauptwerke. Mit einem Nachwort von Axel Honneth und Martin Saar, Frankfurt 2008, 7–470.

Fox, M., Qohelet's Epistemology, HUCA 58 (1987), 137–55.

— Ecclesiastes (JPS Bible Commentary), Philadelphia 2004.

— The Epistemology of the Book of Proverbs, JBL 126 (2007), 669–684.

Frahm, E., Babylonian and Assyrian Text Commentaries: Origins of Interpretation (GMTR 5), Münster 2011.

Frankfort, H./Frankfort, H. A., The Emancipation of Thought from Myth, in: H. Frankfort u. a. (Hg.), Before Philosophy: The Intellectual Adventure of Ancient Man: An Essay on Speculative Thought in the Ancient Near East, Chicago 1946, 363–390.

— Before Philosophy: The Intellectual Adventure of Ancient Man: An Essay on Speculative Thought in the Ancient Near East, Chicago 1946.

Freuling, G., ›Wer eine Grube gräbt …‹: Der Tun-Ergehen-Zusammenhang und sein Wandel in der alttestamentlichen Weisheitsliteratur (WMANT 102), Neukirchen-Vluyn 2004.

Frevel, C., Person – Identität – Selbst. Eine Problemanzeige aus alttestamentlicher Perspektive, in: J. van Oorschot/A. Wagner (Hg.), Anthropologie(n) des Alten Testaments, VWGTh 42, Leipzig 2015, 65–89.

— Practicing Rituals in a Textual World: Ritual and Innovation in the Book of Numbers, in: N. MacDonald (Hg.), Ritual Innovation in the Hebrew Bible and Early Judaism (BZAW 468), Berlin 2016, 129–150.

— Never Mind: Some Observations on Thinking and its Linguistic Expressions in the Hebrew Bible, in: A. Wagner/J. van Oorschot/L. Allolio-Näcke (Hg.), Archaeology of Mind. Interdisciplinary Explorations in the Field of Old Testament Thinking, Berlin 2022 (im Druck).

Friberg, J., Art. Mathematik, RLA 7, 1987–1990, 531–585.

Fuchs, T., Leib, Raum, Person. Entwurf einer phänomenologischen Anthropologie, Stuttgart 2000.

Galling, K., Der Prediger (HAT 18), Tübingen ²1969.

Gane, R., ›Bread of the Presence‹ and Creator-in-Residence, VT 42 (1992), 179–203.

— Cult and Character: Purification Offerings, Day of Atonement, and Theodicy, Winona Lake 2005.

Gehman, H. S., Natural Law and the Old Testament, in: J. M. Myers/O. Reimherr/H. N. Bream (Hg.), Biblical Studies in Memory of H. C. Alleman, Locust Valley 1960, 109–122.

Geiger, M., Art. Raum, www.wibilex.de, 2012.

Geller, S. A., Fiery Wisdom: Logos and Lexis in Deuteronomy 4, Prooftexts 14 (1994), 103–139.

George, A., The Babylonian Gilgamesh Epic: Introduction, Critical Edition and Cuneiform Texts, Oxford 2003.

Gericke, J., The Hebrew Bible and Philosophy of Religion (SBL.RBS 70), Atlanta 2012.
— ›My Thoughts Are (Not) Your Thoughts‹: Transposed Second-Order Thinking in the Hebrew Bible, JSem 27 (2018), 1–16.
Gernet, L., The Anthropology of Ancient Greece, London 1981.
Gertz, J. C., I. Tora und Vordere Propheten, in: ders. (Hg.), Grundinformation Altes Testament. Mit Angelika Berlejung, Konrad Schmid und Markus Witte, Göttingen ⁵2016.
Gese, H., Die Krisis der Weisheit bei Koheleth, in: ders., Vom Sinai zum Zion. Alttestamentliche Beiträge zur biblischen Theologie (BevTh 64), München 1990, 168–179.
Glassner, J.-J., The Use of Knowledge in Ancient Mesopotamia, CANE 3 (1995), 1815–1823.
Gloy, K. (Hg.), Rationalitätstypen, München 1999.
— Wahrheitstheorien. Eine Einführung, Tübingen 2004.
— Art. Zeit. I. Philosophisch, TRE 36, 2004, 504–516.
— Von der Weisheit zur Wissenschaft. Eine Genealogie und Typologie der Wissensformen, Freiburg 2007.
— Denkformen und ihre kulturkonstitutive Rolle, Paderborn 2016.
Goldwasser, O., Prophets, Lovers and Giraffes: Wor(l)d Classification in Ancient Egypt (Classification and Categorisation in Ancient Egypt 3), Wiesbaden 2002.
Goody, J., The Domestication of the Savage Mind, Cambridge 1977.
Gordis, R., Quotations in Wisdom Literature, JQR 30 (1939), 123–147.
— Koheleth: The Man and His World, New York ³1968.
Graness, A., Writing the History of Philosophy in Africa: Where to Begin?, Journal of African Cultural Studies 28 (2016), 132–146.
Grayson, A. K., Assyrian and Babylonian Chronicles (TCS 5), Locust Valley 1975.
Greenberg, M., Ezechiel 1–20 (HThKAT), Freiburg 2001.
Greenstein, E., Some Developments in the Study of Language and Some Implications for Interpreting Ancient Texts and Cultures, in: S. Izre'el (Hg.), Semitic Linguistics: The State of the Art at the Turn of the Twenty-First-Century (IOS 20), Leiden 2002, 441–479.
Grieshammer, R., Maat und Ṣädäq. Zum Kulturzusammenhang zwischen Ägypten und Kanaan, GM 55 (1982), 35–42.
Grohmann, M., Art. Feuer, www.wibilex.de, 2013.
Grünbein, D., Vergeblichkeit denken, in: G. Steiner, Warum Denken traurig macht. Zehn (mögliche) Gründe. Aus dem Englischen von Nicolaus Bornhorn. Mit einem Nachwort von Durs Grünbein, Frankfurt 2006, 109–125.
Gudme, A. K. de Hemmer, ›If I were hungry, I would not tell you‹ (Ps 50,12): Perspectives on the Care and Feeding of the Gods in the Hebrew Bible, SJOT 28 (2014), 172–184.
Gunkel, H., Genesis, Göttingen ⁶1963.

Hartenstein, F., Die Unzugänglichkeit Gottes im Heiligtum. Jesaja 6 und der Wohnort JHWHs in der Jerusalemer Kulttradition (WMANT 75), Neukirchen-Vluyn 1997.
— ›Spiritualisierung‹ oder ›Metaphorisierung‹? Zur Erforschung der Transformation von Kultbegriffen in den Psalmen, VF 56 (2011), 52–58.
Hasenfratz, H.-P., Die toten Lebenden. Eine religionsphänomenologische Studie zum sozialen Tod in archaischen Gesellschaften. Zugleich ein kritischer Beitrag zur sogenannten Strafopfertheorie (BZRGG 24), Leiden 1982.
Hawley, L., The Agenda of Priestly Taxonomy: The Conceptualization of טמא and שקץ in Leviticus 11, CBQ 77 (2015), 231–249.
Hazony, Y., The Philosophy of Hebrew Scripture, Cambridge 2012.
Heidegger, M., Die Grundbegriffe der Metaphysik. Welt – Endlichkeit – Einsamkeit (Gesamtausgabe 29/30), Frankfurt 1983.
Helck, H., Art. Maße und Gewichte (pharaonische Zt.), LÄ 3, 1980, 1199–1209.
Hendel, R., Away from Ritual: The Prophetic Critique, in: S. M. Olyan (Hg.), Social Theory and the Study of Israelite Religion: Essays in Retrospect and Prospect, Atlanta 2012, 59–79.
Hermisson, H.-J., Sprache und Ritus im altisraelitischen Kult. Zur ›Spiritualisierung‹ der Kultbegriffe im Alten Testament (WMANT 19), Neukirchen-Vluyn 1965.
Herms, E., Art. Erfahrung. II. Philosophisch, TRE 10, 1982, 89–109.
Herrmann, D., Die antike Mathematik. Eine Geschichte der griechischen Mathematik, ihrer Probleme und Lösungen, Berlin 2014.
Herrmann, S., Die Naturlehre des Schöpfungsberichtes. Erwägungen zur Vorgeschichte von Genesis 1, ThLZ 6 (1961), 413–424.
Hieke, T., Die Genealogien der Genesis (HBS 39), Freiburg 2003.
— Levitikus 1–15 (HThKAT), Freiburg 2014.
Hilgert, M., Von Listenwissenschaft und epistemischen Dingen. Konzeptuelle Annäherungen an altorientalische Wissenspraktiken, Journal for General Philosophy of Science 40 (2009), 277–309.
Hitzl, K., Art. Gewichte. III. Griechenland – IV. Rom, DNP 4, 1998, 1050–1056.
Höcker, C./Schulzki, H.-J., Art. Maße II. Klassische Antike, DNP 7, 1999, 988–991.
Hoerster, N., Was ist Recht? Grundfragen der Rechtsphilosophie, München 2006.
Höffe, O., Aristoteles, München ³2006.
— Art. prohairesis/Entscheidung, Absicht, in: ders. (Hg.), Aristoteles-Lexikon, Stuttgart 2005, 493–495.
Hoffmann, F., Measuring Egyptian Statues, in: J. M. Steele/A. Imhausen (Hg.), Under One Sky: Astronomy and Mathematics in the Ancient Near East (AOAT 297), Münster 2002, 109–119.
Hoftijzer, J., Die Verheißungen an die drei Erzväter, Leiden 1956.

— ›Das sogenannte Feueropfer‹ in: B. Hartmann et al. (Hg.), Hebräische Wortforschung. Festschrift zum 80. Geburtstag von Walter Baumgartner (VT.S 16), Leiden 1967, 114–134.
Holzhey, H., Art. Kritik, HWP 4, 1976, 1249–1282.
Horn, H.-J., Studien zum dritten Buch der aristotelischen Schrift De anima (Hypomnemata 104), Göttingen 1994.
Horst, F., Naturrecht und Altes Testament, in: ders., Gottes Recht. Gesammelte Studien zum Recht im Alten Testament, München 1961, 235–259.
Houtman, C., Theodicy in the Pentateuch, in: A. Laato/J. de Moor (Hg.), Theodicy in the World of the Bible, Leiden 2003, 151–182.
Huffmon, H. B., Art. Shalewm, DDD, ²1999, 755–757.
Hulse, E. V., The Nature of Biblical ›Leprosy‹ and the Use of Alternative Medical Terms in Modern Translations of the Bible, PEQ 107 (1975), 87–105.
Hundley, M. B. Keeping Heaven on Earth. Safeguarding the Divine Presence in the Priestly Tabernacle (FAT 2/50), Tübingen 2011.
— Gods in Dwellings: Temples and Divine Presence in the Ancient Near East (WAWSup 3), Atlanta 2013.
Husserl, E., Die Krisis der europäischen Wissenschaften und die transzendentale Phänomenologie. Eine Einleitung in die phänomenologische Philosophie (Husserliana 6), Haag 1954.
Hyman, M. D./Renn, J., Survey: From Technology Transfer to the Origins of Science, in: J. Renn (Hg.), The Globalization of Knowledge in History, Open Access 2012, 75–104.
Imhausen, A., Mathematics in Ancient Egypt: A Contextual History, Princeton 2016.
Irrlitz, G., Kant-Handbuch. Leben und Werk, Stuttgart ³2015.
Jackson, B. S., Wisdom-Laws: A Study of the Mishpatim of Exodus 12:1–22:16, Oxford 2006.
Jacob, B., Das Buch Genesis, Stuttgart 2000.
Jaeger, W. Paideia. Die Formung des griechischen Menschen, Berlin ²1989.
Janowski, B., Rettungsgewißheit und Epiphanie des Heils. Das Motiv der Hilfe Gottes ›am Morgen‹ im Alten Orient und im Alten Testament 1. Alter Orient (WMANT 59), Göttingen 1989.
— Tempel und Schöpfung. Schöpfungstheologische Aspekte der priesterschriftlichen Heiligtumskonzeption, in: ders. (Hg.), Gottes Gegenwart in Israel. Beiträge zur Theologie des Alten Testaments 1, Neukirchen-Vluyn 1993, 214–246.
— II. Israel. Der göttliche Richter und seine Gerechtigkeit, in: ders./J. Assmann/ M. Welker (Hg.), Gerechtigkeit. Richten und Retten in der abendländischen Tradition und ihren altorientalischen Ursprüngen, München 1998, 20–28.
— Das biblische Weltbild. Eine methodologische Skizze, in: ders./B. Ego (Hg.), Das biblische Weltbild und seine altorientalischen Kontexte (FAT 32), Tübingen 2001, 3–26.

- Der Himmel auf Erden. Zur kosmologischen Bedeutung des Tempels in der Umwelt Israels, in: ders./B. Ego (Hg.), Das biblische Weltbild und seine altorientalischen Kontexte (FAT 32), Tübingen 2001, 229–260.
- Die Frucht der Gerechtigkeit. Psalm 72 und die judäische Königsideologie, in: E. Otto/E. Zenger (Hg.), ›Mein Sohn bist du‹ (Ps 2,7). Studien zu den Königspsalmen (SBS 192), Stuttgart 2002, 94–134.
- Die Toten loben JHWH nicht. Psalm 88 und das alttestamentliche Todesverständnis, in: ders. (Hg.), Der Gott des Lebens. Beiträge zur Theologie des Alten Testaments 3, Neukirchen-Vluyn 2003, 201–243.
- Die lebendige Statue Gottes. Zur Anthropologie der priesterlichen Urgeschichte, in: M. Witte (Hg.), Gott und Mensch im Dialog (BZAW 345), Berlin 2004, 183–214.
- ›Du hast meine Füße auf weiten Raum gestellt‹ (Ps 31,9). Gott, Mensch und Raum im Alten Testament, in: ders. (Hg.), Die Welt als Schöpfung. Beiträge zur Theologie des Alten Testaments 4, Neukirchen-Vluyn 2008, 3–38.
- Anerkennung und Gegenseitigkeit. Zum konstellativen Personbegriff des Alten Testaments, in: ders./K. Liess (Hg.), Der Mensch im alten Israel. Neuere Forschungen zur alttestamentlichen Anthropologie, Freiburg 2009, 181–211.
- Der ganze Mensch. Zur Geschichte und Absicht einer integrativen Formel, in: ders. (Hg.), Der ganze Mensch. Zur Anthropologie der Antike und ihrer europäischen Nachgeschichte, Berlin 2012, 9–21.
- Das Herz – ein Beziehungsorgan. Zum Personverständnis des Alten Testaments, in: ders./C. Schwöbel (Hg.), Dimensionen der Leiblichkeit. Theologische Zugänge, Neukirchen-Vluyn 2015, 1–45.
- ›Der thront über dem Kreis der Erde‹ (Jes 40,22). Zur Logik des biblischen Weltbildes, in: ders./C. Schwöbel (Hg.), Der entgrenzte Kosmos und der begrenzte Mensch. Beiträge zum Verhältnis von Kosmologie und Anthropologie, Neukirchen-Vluyn 2015, 1–33.
- Der ganze Mensch. Zu den Koordinaten der alttestamentlichen Anthropologie, ZThK 113 (2016), 1–28.
- Wie spricht das Alte Testament von ›Personaler Identität‹? Ein Antwortversuch, in: E. Bons/K. Finsterbusch (Hg.), Konstruktionen individueller und kollektiver Identität (I): Altes Israel/Frühjudentum, griechische Antike, Neues Testament/Alte Kirche. Studien aus Deutschland und Frankreich (BSt 161), Neukirchen-Vluyn 2016, 31–61.
- Anthropologie des Alten Testaments. Grundfragen – Kontexte – Themenfelder, Tübingen 2019.
- ›Mein Schlachtopfer ist ein zerbrochener Geist‹ (Ps 51,19). Zur Transformation des Opfers in den Psalmen, in: R. Ebach/M. Leuenberger (Hg.), Tradition(en) im alten Israel. Konstruktion, Transmission und Transformation (FAT 127), Tübingen 2019, 207–232.
- Konfliktgespräche mit Gott. Eine Anthropologie der Psalmen, Neukirchen-Vluyn ⁶2021.

— Gibt es ein Hebräisches Denken? Interdisziplinäre Erkundungen zum Thema ›Denkformen im Alten Testament‹, in: A. Wagner/J. van Oorschot/L. Allolio-Näcke (Hg.), Archaeology of Mind. Interdisciplinary Explorations in the Field of Old Testament Thinking, Berlin 2022 (im Druck).

Janowski, B./Neumann-Gorsolke, U./Glessmer, U., Gefährten und Feinde des Menschen. Das Tier in der Lebenswelt des alten Israel, Neukirchen-Vluyn 1993.

Jensen, H. J. L., Ontologisk Urenhed i Gammel Testamente, RvT 30 (1997), 37–57.

— Den Fortærende Ild: Strukturelle Analyser af Narrative og Rituelle Tekster i Det Gamle Testamente, Aarhus ²2004.

— Rezension zu: Bellah, Robert N.: Religion in Human Evolution. From the Paleolithic to the Axial Age, Cambridge u. a. 2011, ThLZ 138 (2013), 538–540.

Jéquier, G., Les pyramides des reines Neit et Apouit, Le Caire 1933.

Johnson, B., Art. mišpāṭ, ThWAT 5, 1986, 93–107.

Johnson, D., Biblical Knowing: A Scriptural Epistemology of Error, Eugene 2013.

Johnson, J. C., The Origins of Scholastic Commentary in Mesopotamia: Second-Order Schemata in the Early Dynastic Exegetical Imagination, in: S. Gordin (Hg.), Visualizing Knowledge and Creating Meaning in Ancient Writing Systems, Gladbeck 2014, 11–55.

Johnston, A. J./Uhlmann, G., Zum Geleit, in: E. Cancik-Kirschbaum/A. Traninger (Hg.), Wissen in Bewegung. Institution – Iteration – Transfer (Episteme in Bewegung 1), Wiesbaden 2015, v–vi.

Jones, A./Taub, L. (Hg.), The Cambridge History of Science 1: Ancient Science, Cambridge 2018.

Jursa, M., Aspects of the Economic History of Babylonia in the First Millennium BC: Economic Geography, Economic Mentalities, Agriculture, the Use of Money and the Problem of Economic Growth. With Contributions by J. Hackl, B. Janković, K. Kleber, E. E. Payne, C. Waerzeggers and M. Weszeli (AOAT 377), Münster 2010.

Kaiser, O., Die Sinnkrise bei Kohelet, in: ders. (Hg.), Der Mensch unter dem Schicksal (BZAW 161), Berlin 1985, 91–109.

— Die Erfahrung der Zeit im Alten Testament, in: M. Lepajõe/A. Gross (Hg.), Mille Anni Sicut Dies Hesterna, Tartu 2003, 11–27.

Kambartel, F., Art. Erfahrung, HWP 2, 1972, 609–617.

Kaplan, D. L., Biblical Leprosy: An Anachronism Whose Time has Come, Journal of the American Academy of Dermatology 28 (1993), 507–510.

Keel, O., Wer zerstörte Sodom?, ThZ 35 (1979), 10–17.

— Das sogenannte altorientalische Weltbild, BiKi 40 (1985), 157–161.

— Die Welt der altorientalischen Bildsymbolik und das Alte Testament. Am Beispiel der Psalmen, Göttingen ⁵1996.

— Die Geschichte Jerusalems und die Entstehung des Monotheismus, 2 Bde. (OLB 4,1), Göttingen 2007.

Keel, O./Knauf, E. A./Staubli, T., Salomons Tempel, Fribourg 2004.

Keel, O./Schroer, S., Schöpfung. Biblische Theologien im Kontext altorientalischer Religionen, Göttingen ²2008.

Keel, O./Uehlinger, Chr., Göttinnen, Götter und Gottessymbole. Neue Erkenntnisse zur Religionsgeschichte Kanaans und Israels aufgrund bislang unerschlossener ikonographischer Quellen (QD 134), Freiburg ⁵2001.

Kessler, K., Gott – König – Tempel. Menschliches Recht und göttliche Gerechtigkeit in neu- und spätbabylonischer Zeit, in: H. Barta/R. Rollinger/M. Lang (Hg.), Recht und Religion, Wiesbaden 2008, 73–92.

Kessler, R, Sozialgeschichte des alten Israel. Eine Einführung, Darmstadt ²2008.

— Wirtschaft und Geld in der Lebenswelt der alttestamentlichen Texte, in: ders./S. Alkier/M. Rydryck, Wirtschaft und Geld (Lebenswelten der Bibel 1), Gütersloh 2016, 12–60.

Keyser, P. T./Scarborough, J. (Hg.), The Oxford Handbook of Science and Medicine in the Classical World, New York 2018.

Kierkegaard, S. A., Vier erbauliche Reden. 6. XII. 1843, in: Erbauliche Reden 1843/44, Gütersloh ²1992, 1–74.

Kippenberg, H. G., Art. Magie, HRWG 4, 1998, 85–98.

Kletter, R., Economic Keystones: The Weight System of the Kingdom of Judah (JSOT.S. 276), Sheffield 1998.

Koch, K., Die hebräische Sprache zwischen Polytheismus und Monotheismus, in: ders. (Hg.), Spuren des hebräischen Denkens. Beiträge zur alttestamentlichen Theologie. Gesammelte Aufsätze 1, Neukirchen-Vluyn 1991, 25–64.

— Einführung zu Teil I. in: ders. (Hg.), Spuren des hebräischen Denkens. Beiträge zur alttestamentlichen Theologie. Gesammelte Aufsätze 1, Neukirchen-Vluyn 1991, 2.

— Gibt es ein hebräisches Denken?, in: ders. (Hg.), Spuren des hebräischen Denkens. Beiträge zur alttestamentlichen Theologie. Gesammelte Aufsätze 1, Neukirchen-Vluyn 1991, 3–24.

— Art. צדק, THAT 2, ⁶2004, 507–530.

Köckert, M., Vätergott und Väterverheißungen. Eine Auseinandersetzung mit Albrecht Alt und seinen Erben (FRLANT 142), Göttingen 1988.

Koh, Y. V., Royal Autobiography in the Book of Qohelet (BZAW 369), Berlin 2006.

Köhler, L., Der hebräische Mensch. Eine Skizze. Mit einem Anhang. ›Die hebräische Rechtsgemeinde‹, Tübingen 1953.

Kosellek, R., Vom Sinn und Unsinn der Geschichte. Aufsätze und Vorträge aus vier Jahrzehnten, Berlin 2013.

Krašovic, J., Reward, Punishment, and Forgiveness: The Thinking and Beliefs of Ancient Israel in the Light of Greek and Modern Views (VT.S 78), Leiden 1999.

Kratz, R. G., Die Komposition der erzählenden Bücher des Alten Testaments. Grundwissen der Bibelkritik, Göttingen 2000.
— Historisches und biblisches Israel. Drei Überblicke zum Alten Testament, Tübingen ²2017.
— Die Verheißungen an die Erzväter. Die Konstruktion ethnischer Identität Israels, in: M. G. Brett/J. Wöhrle (Hg.), The Politics of the Ancestors: Exegetical and Historical Perspectives on Genesis 12–36 (FAT 124), Tübingen 2018, 35–66.
Kraus, H.-J., Hören und Sehen in der althebräischen Tradition, in: ders. (Hg.), Biblisch-theologische Aufsätze, Neukirchen-Vluyn 1972, 84–101.
Krauss, R., Kritische Bemerkungen zur Erklärung von ṣāraʿat als schuppende Hautkrankheit, insbesondere als Psoriasis, BN 177 (2018), 3–24.
— Vitiligo als Grund für Stigmatisierung und Ausstossung im Alten Orient, Or. 87 (2018), 56–92.
Krebernik, M., Art. Richtergott(heiten), RLA 11, 2006–2008, 354–361.
Krüger, A., Himmel – Erde – Unterwelt. Kosmologische Entwürfe in der poetischen Literatur Israels, in: B. Janowski/B. Ego (Hg.), Das biblische Weltbild und seine altorientalischen Kontexte (FAT 32), Tübingen 2001, 65–83.
— Auf dem Weg ›zu den Vätern‹. Zur Tradition der alttestamentlichen Sterbenotizen, in: A. Berlejung/B. Janowski (Hg.), Tod und Jenseits im alten Israel und in seiner Umwelt. Theologische, religionsgeschichtliche, archäologische und ikonographische Aspekte (FAT 64), Tübingen 2009, 137–150.
Krüger, T., Das menschliche Herz und die Weisung Gottes. Elemente einer Diskussion über Möglichkeiten und Grenzen der Tora-Rezeption im Alten Testament, in: ders./R. G. Kratz (Hg.), Rezeption und Auslegung im Alten Testament und in seinem Umfeld, OBO 153, Göttingen 1997, 65–89.
— ›Kosmo-theologie‹ zwischen Mythos und Erfahrung. Psalm 104 im Horizont altorientalischer und alttestamentlicher ›Schöpfungs‹-Konzepte, in: ders. (Hg.), Kritische Weisheit. Studien zur weisheitlichen Traditionskritik im Alten Testament, Zürich 1997, 91–120.
— Kohelet (BK 19. Sonderband), Neukirchen-Vluyn 2000.
Kuhlen, R./Thieme, H., Art. Denkart, HWP 2, 1972, 59–60.
Kühn, D., Totengedenken im Alten Testament, in: A. Berlejung/B. Janowski (Hg.), Tod und Jenseits im alten Israel und in seiner Umwelt. Theologische, religionsgeschichtliche, archäologische und ikonographische Aspekte (FAT 64), Tübingen 2009, 481–499.
Lakoff, G./Johnson M., Philosophy in the Flesh: The Embodied Mind and Its Challenge to Western Thought, New York 1999.
Lambert, W. G., Babylonian Wisdom Literature, Winona Lake ³1975.
— Donations of Food and Drink to the Gods in Ancient Mesopotamia, in: J. Quaegebeur (Hg.), Ritual and Sacrifice in the Ancient Near East: Proceedings of the International Conference organized by the Katholieke

Universiteit Leuven from the 17th to the 20th of April 1991 (OLA 55), Leuven 1993, 191–201.

Lämmerhirt, K./Zgoll, A., Schicksal. A. In Mesopotamien, RLA 12 (2009–2011), 145–155.

Landsberger, B., Die Eigenbegrifflichkeit der babylonischen Welt. Ein Vortrag, Islamica 2 (1926), 355–372.

Langdon, S., Die neubabylonischen Königsinschriften. Aus dem Englischen übersetzt von Rudolf Zehnpfund (VB 4), Leipzig 1912.

Larsen, M. T., The Mesopotamian Lukewarm Mind: Reflections on Science, Divination and Literacy, in: F. Rochberg-Halton (Hg.), Language, Literature, and History, New Haven 1987, 203–225.

Lauha, A., Kohelet (BK 19), Neukirchen-Vluyn 1978.

Laum, B., Heiliges Geld. Eine historische Untersuchung über den sakralen Ursprung des Geldes, Tübingen 1924.

Lawson, J. N., The Concept of Fate in Ancient Mesopotamia of the First Millennium: Toward an Understanding of Šimtu (OBC 7), Wiesbaden 1994.

Lee, E. P., The Vitality of Enjoyment in Qohelet's Theological Rhetoric (BZAW 353), Berlin 2005.

Leggewie, O., Nachwort, in: Platon, Euthyphron. Griechisch/Deutsch. Übersetzt und herausgegeben von Otto Leggewie, Ditzingen 2012, 67–78.

Leisegang, H., Denkformen, Berlin ²1951, 215–221.

Leuenberger, M., Art. Segen/Segnen (AT), www.wibilex.de, 2008.

— Art. Gebet/Beten (AT), www.wibilex.de, 2012.

Levin, C., Das Amosbuch der Anawim, in: ders. (Hg.), Fortschreibungen. Gesammelte Studien zum Alten Testament (BZAW 316), Berlin 2003, 265–290.

Levinson, B. M., The Reconceptualization of Kingship in Deuteronomy and the Deuteronomistic History's Transformation of Torah, VT 51 (2001), 511–534.

Lévi-Strauss, C., Das wilde Denken, Frankfurt 1968.

Levy, L., Das Buch Qoheleth. Ein Beitrag zur Geschichte des Sadduzäismus, Leipzig 1912.

Lévy-Bruhl, L., Das Denken der Naturvölker, Wien ²1926.

— The Notebooks on Primitive Mentality, Oxford 1975.

Lieber, E., Old Testament ›Leprosy‹, Contagion and Sin, in: L. I. Conrad/D. Wujastyk (Hg.), Contagion: Perspectives from Pre-Modern Societies, London 2000, 99–136.

Liedke, G., Art. špṭ, THAT 2, ⁶2004, 999–1009.

Linssen, M. J. H., The Cults of Uruk and Babylon: The Temple Ritual Texts as Evidence for Hellenistic Cult Practices (CM 25), Leiden 2004.

Lipton, D., The Limits of Intercession: Abraham reads Ezekiel at Sodom and Gomorrah', in: dies. (Hg.), Know Your Neighbor: Essays on Genesis 18–19 in Memory of Ron Pirson, Atlanta 2013, 25–41.

Lloyd, G. E. R., Polarity and Analogy: Two Types of Argumentation in Early Greek Thought, Cambridge 1966.

— Magic, Reason and Experience: Studies in the Origins and Development of Greek Science, Cambridge 1979.
Lohfink, N., Die Sicherung der Wirksamkeit des Gotteswortes durch das Prinzip der Schriftlichkeit der Tora und durch das Prinzip der Gewaltenteilung nach den Ämtergesetzen des Buches Deuteronomium (Dtn 16,18–18,22), in: H. Wolter (Hg.), Testimonium Veritati. Philosophische und theologische Studien zu kirchlichen Fragen der Gegenwart (FTS 7), Frankfurt 1971, 143–155.
— Art. בעס, ThWAT 4, 1984, 297–302.
— Koh 5,17–19 – Offenbarung durch Freude, in: ders. (Hg.), Studien zu Kohelet (SBA 26), Stuttgart 1998, 151–165.
Long, A. A./Sedley, D. N., The Hellenistic Philosophers 2: Greek and Latin Texts with Notes and Bibliography, Cambridge 1987.
— Die hellenistischen Philosophen. Texte und Kommentare. Übersetzt von Karlheinz Hülser, Stuttgart 2000.
Luck, U., Welterfahrung und Glaube als Grundproblem biblischer Theologie (Theologische Existenz heute 191), München 1976.
Lux, R., Der ›Lebenskompromiß‹ – ein Wesenszug im Denken Kohelets? Zur Auslegung von Koh 7,15–18, in: J. Hausmann/H.-J. Zobel (Hg.), Alttestamentlicher Glaube und Biblische Theologie, Stuttgart 1992, 267–278.
— Die Weisen Israels. Meister der Sprache, Lehrer des Volkes, Quelle des Lebens, Leipzig 1992.
— ›Denn es ist kein Mensch so gerecht auf Erden, daß er nur Gutes tue …‹: Recht und Gerechtigkeit aus der Sicht des Predigers Salomo, ZThK 94 (1997), 263–287.
— Tod und Gerechtigkeit im Buch Kohelet, in: A. Berlejung/B. Janowski (Hg.), Tod und Jenseits im alten Israel und in seiner Umwelt. Theologische, religionsgeschichtliche, archäologische und ikonographische Aspekte (FAT 64), Tübingen 2009, 43–65.
MacDonald, N., Listening to Abraham – Listening to Yhwh: Divine Justice and Mercy in Genesis 18:16–33, CBQ 66 (2004), 25–43.
Machinist, P., On Self-Consciousness in Mesopotamia, in: S. Eisenstadt (Hg.), The Origins and Diversity of Axial Age Civilizations, New York 1986, 183–202.
— Fate, miqreh, and Reason: Some Reflections on Qohelet and Biblical thought, in: Z. Zevit/S. Gitin/M. Sokoloff (Hg.), Solving Riddles and Untying Knots: Biblical, Epigraphic, and Semitic Studies in Honor of Jonas C. Greenfield, Winona Lake 1995, 159–175.
Maier, C., Daughter Zion as a Gendered Space in the Book of Isaiah, in: J. L. Berquist/C. V. Camp (Hg.), Constructions of Space II: The Biblical City and Other Imagined Spaces (LHBOTS 490), London 2008, 102–118.
Malcolm, L., Divine Commands, in: G. Meilaender/W. Werpehowski (Hg.), The Oxford Handbook of Theological Ethics, Oxford 2005, 112–129.
Marböck, J., Weisheit im Wandel. Untersuchungen zur Weisheitstheologie

bei Ben Sira. Mit Nachwort und Bibliographie zur Neuauflage (BZAW 272), Berlin ²1999.
— Jesus Sirach 1–23 (HThKAT), Freiburg 2010.
Markter, F., Transformationen. Zur Anthropologie des Propheten Ezechiel unter besonderer Berücksichtigung des Motivs ›Herz‹ (FzB 127), Würzburg 2013, 419–523.
Mathys, H.-P., Art. Zeit III. Altes Testament, TRE 36, 2004, 520–523.
Maul, S. M., Der assyrische König – Hüter der Weltordnung, in: J. Assmann/ B. Janowski/M. Welker (Hg.), Gerechtigkeit. Richten und Retten in der abendländischen Tradition und ihren altorientalischen Ursprüngen, München 1998, 65–77.
— ›Das Band zwischen allen Dingen‹. Wissenskultur im Alten Orient, in: H. Neumann/S. Paulus (Hg.), Wissenskultur im Alten Orient. Weltanschauung, Wissenschaften, Techniken, Technologien (CDOG 4), Wiesbaden 2012, 1–14.
— Die Wahrsagekunst im Alten Orient. Zeichen des Himmels und der Erde, München 2013.
Mayer, W. R./Sallaberger, W., Art. Opfer. A. I. Nach schriftlichen Quellen. Mesopotamien, RLA 10, 2003–2005, 93–102.
Meier, H. G., Art. Denkform, HWP 2, 1972, 104–107.
Meinhold, A., Die Sprüche 1. Kap. 1–15 (ZBK.AT 16/1), Zürich 1991.
Meshel, N. S., The ›Grammar‹ of Sacrifice. A Generativist Study of the Israelite Sacrificial System in the Priestly Writings. With A ›Grammar‹ of Σ, Oxford 2014.
Michel, D., 'Ämät. Untersuchung über ›Wahrheit‹ im Hebräischen, ABG 12 (1968), 30–57.
— Untersuchungen zur Eigenart des Buches Qohelet. Mit einem Anhang von Reinhard G. Lehmann. Bibliographie zu Qohelet (BZAW 183), Berlin 1989.
Mildenberg, L., Über das Münzwesen im Reich der Achämeniden, in: ders. (Hg.), Vestigia Leonis. Studien zur antiken Numismatik Israels, Palästinas und der östlichen Mittelmeerwelt (NTOA 36), Göttingen 1998, 3–29.
Milgrom, J., Leviticus 1–16 (Anchor Bible 3), New York 1991.
— Two Biblical Hebrew Priestly Terms: šeqeṣ and ṭāmē', Maarav 8 (1992), 107–116.
— The Antiquity of the Priestly Source: A Reply to Joseph Blenkinsopp, ZAW 111 (1999), 10–22.
Momigliano, A., Zeit in der antiken Geschichtsschreibung, in: ders. (Hg.), Wege in die Alte Welt, Berlin 1991, 38–58.
Mommer, P., Art. tkn, ThWAT 7, 1995, 653–657.
Morley, I./Renfrew, C. (Hg.), The Archaeology of Measurement: Comprehending Heaven, Earth and Time in Ancient Societies, Cambridge 2010.
Müller, H.-P., Wie sprach Qohälät von Gott?, VT 18 (1968), 507–521.
— Das Ganze und seine Teile. Anschlußerörterungen zum Wirklichkeitsverständnis Kohelets, ZThK 97 (2000), 147–163.
Müller, K./Wagner, A., Das Konzept der synthetischen Körperauffassung in

der Diskussion, in: dies. (Hg.), Synthetische Körperauffassung im Hebräischen und den Sprachen der Nachbarkulturen (AOAT 416), Münster 2014, 223–238.

Müller, R., Jahwe als Wettergott. Studien zur althebräischen Kultlyrik anhand ausgewählter Psalmen (BZAW 387), Berlin 2008.

Neumann, H., Göttliche Gerechtigkeit und menschliche Verantwortung im alten Mesopotamien im Spannungsfeld von Norm(durch)setzung und narrativer Formulierung, in: H. Barta/R. Rollinger/M. Lang (Hg.), Recht und Religion. Menschliche und göttliche Gerechtigkeitsvorstellungen in den antiken Welten, Wiesbaden 2008, 37–48.

— (Hg.), Wissenskultur im Alten Orient. Weltanschauung, Wissenschaften, Techniken, Technologien (CDOG 4), Wiesbaden 2012.

Neumann-Gorsolke, U./Riede, P., Das Kleid der Erde. Pflanzen in der Lebenswelt des alten Israel, Stuttgart 2002.

Nielsen, K., Gud, Mennesker og Dyr i Bibelen, Kopenhagen 2013.

Nihan, C., From Priestly Torah to Pentateuch: A Study in the Composition of the Book of Leviticus (FAT 2/25), Tübingen 2007.

— The Laws about Clean and Unclean Animals in Leviticus and Deuteronomy and Their Place in the Formation of the Pentateuch, in: T. B. Dozeman/ K. Schmid/B. J. Schwartz (Hg.), The Pentateuch: International Perspectives on Current Research (FAT 78), Tübingen 2011, 401–432.

Nissen, H.J./Damerow, P./Englund, R. K., Informationsverarbeitung vor 5000 Jahren. Frühe Schrift und Techniken der Wirtschaftsverwaltung im alten Vorderen Orient, Hildesheim 2004.

Nissinen, M., Ancient Prophecy: Near Eastern, Biblical, and Greek Perspectives, Oxford 2017.

O'Dowd, R., The Wisdom of Torah: Epistemology in Deuteronomy and the Wisdom Literature (FRLANT 225), Göttingen 2009.

Oeming, M., Art. Welt/Weltanschauung/Weltbild IV/2, TRE 35, 2003, 569–581.

Oppenheim, A. L., Ancient Mesopotamia: Portrait of a Dead Civilization, Chicago ³1968.

Osing, J., Das Grab des Nefersecheru in Zawyet Sulṭan, Mainz 1992.

Otto, E., Theologische Ethik des Alten Testaments, Stuttgart 1994.

— Kodifizierung und Kanonisierung von Rechtssätzen in keilschriftlichen und biblischen Rechtssammlungen, in: ders., Altorientalische und biblische Rechtsgeschichte. Gesammelte Studien (BZAR 8), Wiesbaden 2008, 83–119.

— Deuteronomium (HThKAT), Freiburg 2012–2016.

Otzen, B., Art. בדל, ThWAT 1, 1973, 518–520.

Pardee, D., Ritual and Cult at Ugarit, Leiden 2002.

Pascal, B., Pensées. Über die Religion und über einige andere Gegenstände. Übertragen und herausgegeben von Ewald Wasmuth, Heidelberg ⁸1978.

— Gedanken. Über die Religion und einige andere Themen. Herausgegeben von Jean-Robert Armogathe. Aus dem Französischen übersetzt von Ulrich Kunzmann, Stuttgart 1997.

Paul, S., Studies in the Book of the Covenant in the Light of Cuneiform and Biblical Law (VT.S 18), Eugene 1979.

Paxson, T. D., Plato's ›Euthyphro‹ 10a to 11b, Phronesis 17 (1972), 171–190.

Pedersen, J., Hebræisk Grammatik, Kopenhagen 1926.

— Scepticisme Israelite, Paris 1931.

— Israel: Its Life and Culture, 4 Bde., London 1926/1940; deutsche Teilübersetzung in: K. Koch (Hg.), Um das Prinzip der Vergeltung in Religion und Recht des Alten Testaments (WdF 125), Darmstadt 1972, 8–86.

Peels, S., Hosios: A Semantic Study of Greek Piety (Mnemosyne Supplements 387), Leiden 2016.

Peleg, Y., Was Lot a Good Host? Was Lot saved from Sodom as a Reward for His Hospitality?, in: D. Lipton (Hg.), Universalism and Particularism at Sodom and Gomorrah: Essays in Memory of Ron Pirson, Leiden 2012, 129–156.

Peuckert, S., Überlegungen zu Heinrich Schäfers Von ägyptischer Kunst und zu Hedwig Fechheimers Plastik der Aegypter, ZÄS 144 (2017), 108–138.

Pina-Cabral, J. De, World: An Anthropological Examination (Part 1 and 2), HAU: Journal of Ethnographic Theory 4 (2014), 49–73.149–184.

Pollmann, K., Art. Prohairesis, in: C. Horn/C. Rapp (Hg.), Wörterbuch der antiken Philosophie, München ²2008, 371–372.

Pommerening, T., Bäume, Sträucher und Früchte in altägyptischen Listen – eine Betrachtung zur Kategorisierung und Ordnung, in: S. Deicher/ E. Maroko (Hg.), Die Liste. Ordnungen von Dingen und Menschen in Ägypten, Berlin 2015, 125–166.

Pongratz-Leisten, B., Ina Šulmi Īrub. Die Kulttopographische und Ideologische Programmatik der der akītu-Prozession in Babylonien und Assyrien im 1. Jahrtausend v. Chr., Mainz 1994.

— Mental Map und Weltbild in Mesopotamien, in: B. Janowski/B. Ego (Hg.), Das biblische Weltbild und seine altorientalischen Kontexte (FAT 32), Tübingen 2001, 261–279.

Powell, M. A., Art. Maße und Gewichte, RLA 7, 1987–1990, 457–517.

Preuß, H. D., Art. עולם ʿôlām, ThWAT 5, 1986, 1144–1159.

Price, M./Waggoner, N., Archaic Greek Coinage: The Asyut Hoard, London 1975.

Quack, J. F., Gliederpuppe oder komplexe Einheit? Zum Menschenbild ägyptischer Körperteillisten, in: M. Hilgert/M. Wink (Hg.), Menschen-Bilder. Darstellungen des Humanen in der Wissenschaft, Berlin 2012, 13–26.

Radebach-Huonker, C., Opferterminologie im Psalter (FAT 2/44), Tübingen 2010.

Reinert, A., Die Salomofiktion. Studien zu Struktur und Komposition des Koheletbuches (WMANT 126), Neukirchen-Vluyn 2010.

Renn, J., Wissen und Explikation – Zum kognitiven Geltungsanspruch der ›Kulturen‹, in: F. Jaeger/B. Liebsch (Hg.), Handbuch der Kulturwissenschaften 1. Grundlagen und Schlüsselbegriffe, Stuttgart 2004, 232–250.

— (Hg.), The Globalization of Knowledge in History, Open Access 2012.
— The Evolution of Knowledge: Rethinking Science for the Anthropocene, Princeton 2020.
Renn, J./Hyman, M. D., The Globalization of Knowledge in History: An Introduction, in: J. Renn (Hg.), The Globalization of Knowledge in History, Open Access 2012, 15–44.
Renn, J./Valleriani, M., Elemente einer Wissensgeschichte der Architektur. Unter Mitwirkung der Autoren, in: J. Renn/W. Osthues/H. Schlimme (Hg.), Wissensgeschichte der Architektur 1. Vom Neolithikum bis zum Alten Orient, Open Access 2014, 7–53.
Rickert, A./Ventker, B. (Hg.), Altägyptische Enzyklopädien. Die Soubassements in den Tempeln der griechisch-römischen Zeit, 2 Bde., Wiesbaden 2014.
Riede, P., Art. Taube, www.wibilex.de, 2010.
— Art. Tier, www.wibilex.de, 2010.
Ringgren, R., Art. ṣādaq, ThWAT 6, 1989, 898–903.
Ro, J. U., Poverty, Law, and Divine Justice in Persian and Hellenistic Judah, Atlanta 2018.
Robson, E., Mathematics in Ancient Iraq: A Social History, Princeton 2008.
Rochberg, F., Beyond Nature: Cuneifrom Knowledge and the History of Science, Chicago 2016.
Rodd, C. S., Glimpses of a Strange Land: Studies in Old Testament Ethics, London 2001.
Rogerson, J., The Old Testament View of Nature: Some Preliminary Questions, in: ders. u. a. (Hg.), Instruction and Interpretation: Studies in Hebrew Language, Palestinian Archaeology and Biblical Exegesis (OTS 20), Leiden 1977, 67–84.
— The World-View of the Old Testament, in: ders. u. a. (Hg.), Beginning Old Testament Study, St. Louis 1998, 58–76.
Rosa, H., Resonanz. Eine Soziologie der Weltbeziehung, Berlin ³2016.
Roshwald, M., A Dialogue between Man and God, SJTh 42 (1989), 145–165.
Safren, J. D., Hospitality Compared: Abraham and Lot as Hosts, in: D. Lipton (Hg.), Universalism and Particularism at Sodom and Gomorrah: Essays in Memory of Ron Pirson, Leiden 2012, 157–178.
Sallaberger, W., Benno Landsbergers ›Eigenbegrifflichkeit‹ in wissenschaftsgeschichtlicher Perspektive, in: C. Wilcke (Hg.), Das geistige Erfassen der Welt im Alten Orient. Beiträge zu Sprache, Religion, Kultur und Gesellschaft, Wiesbaden 2007, 63–82.
— Das Opfer in der altmesopotamischen Religion, in: A. Lang/P. Marinković (Hg.), Bios – Cultus – (Im)mortalitas. Zu Religion und Kultur – Von den biologischen Grundlagen bis zu Jenseitsvorstellungen, Rahden 2012, 135–143.
Salo, R. S., Die judäische Königsideologie im Kontext der Nachbarkulturen. Untersuchungen zu den Königspsalmen 2, 18, 20, 21, 45 und 72 (ORA 25), Tübingen 2017.

Sarna, N. M., Genesis, Philadelphia 1989.
Saur, M., Politische Argumentationen in der alttestamentlichen Prophetie, in: A. Pečar/K. Trampedach (Hg.), Die Bibel als politisches Argument. Voraussetzungen und Folgen biblizistischer Herrschaftslegitimation in der Vormoderne, München 2007, 19–35.
— Sapientia discursiva. Die alttestamentliche Weisheitsliteratur als theologischer Diskurs, ZAW 123 (2011), 236–249.
Savran, G., Seeing is Believing: On the Relative Priority of Visual and Verbal Perception of the Divine, Bibl.Interpr. 17 (2009), 320–361.
Schaper, J., Geld und Kult im Deuteronomium, JBTh 21 (2006), 45–54.
— Media and Monotheism: Presence, Representation, and Abstraction in Ancient Judah (ORA 33), Tübingen 2019.
Scheler, M., Schriften zur Soziologie und Weltanschauungslehre (Gesammelte Werke 6), Bern ²1963.
— Die Stellung des Menschen im Kosmos (Werke in Einzelausgaben), Bonn ¹⁸2010.
Schellenberg, A., Erkenntnis als Problem. Qohelet und die alttestamentliche Diskussion um das menschliche Erkennen (OBO 188), Göttingen 2002.
Schelling, F. W. J., Philosophische Untersuchungen über das Wesen der menschlichen Freiheit und die damit zusammenhängenden Gegenstände. Mit einem Essay von Walter Schulz, Frankfurt 1975.
Schiefsky, M., The Creation of Second-Order Knowledge in Ancient Greek Science as a Process in the Globalization of Knowledge, in: J. Renn (Hg.), The Globalization of Knowledge in History, Open Access 2012, 191–202.
Schmid, H. H., Gerechtigkeit als Weltordnung. Hintergrund und Geschichte des alttestamentlichen Gerechtigkeitsbegriffes, Tübingen 1968.
— Art. חלק, THAT 1, 1971, 576–579.
Schmid, K., Genealogien der Moral. Prozesse fortschreitender ethischer Qualifizierung von Mensch und Welt im Alten Testament, in: H.-G. Nesselrath/F. Wilk (Hg.), Gut und Böse in Mensch und Welt. Philosophische und religiöse Konzeptionen vom Alten Orient bis zum frühen Islam (ORA 10), Tübingen 2013, 83–102.
— Gibt es Theologie im Alten Testament? Zum Theologiebegriff in der alttestamentlichen Wissenschaft (TS 7), Zürich 2013.
— Der vergessene Orient. Forschungsgeschichtliche Bestimmungen der antiken Ursprünge von ›Naturgesetzen‹, in: ders./C. Uehlinger (Hg.), Laws of Heaven – Laws of Nature: Legal Interpretations of Cosmic Phenomena in the Ancient World (OBO 276), Göttingen 2016, 1–20.
— How Law Evolved out of Economics: Sequential Logic and Stereometric Interpretation in Ancient Near Eastern and Biblical Law Collections, ZAR 23 (2017), 115–121.
Schmidt, L., De Deo. Studien zur Literaturkritik und Theologie des Buches Jona, des Gesprächs zwischen Abraham und Jahwe in Gen 18,22ff und Hi 1 (BZAW 143), Berlin 1976.

Schmidt, W. H., Die Schöpfungsgeschichte der Priesterschrift. Zur Überlieferungsgeschichte von Genesis 1,1–2,4a und 2,4b–3,24 (WMANT 17), Neukirchen-Vluyn ²1967.
Schneider, T., Knowledge and Knowledgeable Men in Ancient Egypt: Queries and Arguments About an Unsettled Issue, in: L. G. Perdue (Hg.), Scribes, Sages, and Seers: The Sage in the Eastern Mediterranean World (FRLANT 219), Göttingen 2008, 35–46.
Scholnick, S. H., The Meaning of mišpaṭ in the Book of Job, JBL 101 (1982), 521–529.
Schöpflin, K., Abrahams Unterredung mit Gott und die schriftgelehrte Stilisierung der Abrahamgestalt in Gen 18,16b–33, in: A. C. Hagedorn/H. Pfeiffer (Hg.), Die Erzväter in der biblischen Tradition (BZAW 400), Berlin 2009, 93–113.
Schröder, W., Art. Weltweisheit, HWP 12, 2004, 531–534.
Schroer, S./Staubli, T., Die Körpersymbolik der Bibel, Darmstadt 1998.
Schunck, K.-D., Die Auffassung des Alten Testaments von der Natur, ThLZ 104 (1979), 401–412.
Schwienhorst-Schönberger, L., Kohelet (HThKAT), Freiburg 2004.
Scurlock, J., Animal Sacrifice in Ancient Mesopotamian Religion, in: B. J. Collins (Hg.), A History of the Animal World in the Ancient Near East (HO I/64), Leiden 2002, 389–403.
— The Techniques of the Sacrifice of Animals in Ancient Israel and Ancient Mesopotamia: New Insights through Comparison, Part 1, AUSS 44 (2006), 13–49.
— Sourcebook for Ancient Mesopotamian Medicine, Atlanta 2014.
Seaford, R., Money and the Early Greek Mind: Homer, Philosophy, Tragedy, Cambridge 2004.
Seebass, H., Genesis II. Vätergeschichte I (11,27–22,24), Neukirchen-Vluyn 1997.
Seidl, U., Art. Opfer. B. I. In der Bildkunst. Mesopotamien, RLA 10, 2003–2005, 102–106.
Seiwert, H., Art. Opfer, HRWG 4, 1998, 268–284.
Selin, H. (Hg.), Encyclopaedia of the History of Science, Technology, and Medicine in Non-Western Cultures, Berlin ²2008.
Selz, G. J., A Mesopotamian Path to Abstraction? On Sumerian »Ontologies« – Introduction, in: R. Rollinger (Hg.), Conceptualizing Past, Presence and Future (Melammu Symposia 9), Münster 2018, 409–433.
Seybold, K., Art. חשב, ThWAT 3, 1982, 243–261.
Snell, B., Die Ausdrücke für den Begriff des Wissens in der vorplatonischen Philosophie (sophia, gnōmē, synesis, historia, mathēma, epistēmē) (Philologische Untersuchungen 29), Berlin 1924.
— Die Entdeckung des Geistes. Studien zur Entstehung des europäischen Denkens bei den Griechen, Göttingen ⁵1980.
Soggin, J. A., Das Buch Genesis. Kommentar, Darmstadt 1997.

Sommer, M./Müller-Wille, S./Reinhardt, C. (Hg.), Handbuch Wissenschaftsgeschichte, Stuttgart 2017.

Sperling, S. D., Art. Meni, DDD, ²1999, 566–568.

Spieckermann, H., Heilsgegenwart. Eine Theologie der Psalmen (FRLANT 148), Göttingen 1989.

— Recht und Gerechtigkeit im Alten Testament. Politische Wirklichkeit und metaphorischer Anspruch, in: J. Mehlhausen (Hg.), Recht – Macht – Gerechtigkeit, Gütersloh 1998, 253–273.

Stadler, M. A., Weiser und Wesir. Studien zu Vorkommen, Rolle und Wesen des Gottes Thot im ägyptischen Totenbuch (ORA 1), Tübingen 2009, 19–22.

Stager, L. E., The Archaeology of the Family in Ancient Israel, BASOR 260 (1985), 1–35.

Staubli, T., Die Bücher Levitikus, Numeri (NSK.AT 3), Stuttgart 1996.

Staubli, T./Schroer, S., Menschenbilder der Bibel, Ostfildern 2014.

Steck, O. H., Welt und Umwelt (Biblische Konfrontationen), Stuttgart 1978.

Stederoth, D., Art. Kritik, NHpG 2, 2011, 1346–1357.

Stegmaier, W., Art. Weltorientierung. Orientierung, HWP 12, 2004, 498–507.

Steiner, G., Warum Denken traurig macht. Zehn (mögliche) Gründe. Aus dem Englischen von Nicolaus Bornhorn. Mit einem Nachwort von Durs Grünbein, Frankfurt 2006.

Steinert, U., Aspekte des Menschseins im Alten Mesopotamien. Eine Studie zu Person und Identität im 2. und 1. Jt. v. Chr., CM 44, Leiden 2012.

Steinkeller, P., Luck, Fortune, and Destiny in Ancient Mesopotamia – Or How the Sumerians and Babylonians Thought of Their Place in the Flow of Things, in: O. Drewnowska/M. Sandowicz (Hg.), Fortune and Misfortune in the Ancient Near East: Proceedings of the 60th Rencontre Assyriologique Internationale at Warsaw 21–25 July 2014, Winona Lake 2017, 5–24.

Stock, K., Art. Welt/Weltanschauung/Weltbild. I. Einleitung, TRE 35, 2003, 536–538.

Stolz, F., Weltbilder der Religionen. Kultur und Natur. Diesseits und Jenseits. Kontrollierbares und Unkontrollierbares (Theophil 4), Zürich 2001.

Streck, M. P., Art. Recht. A. In Mesopotamien, RLA 11, 2006–2008, 280–285.

Stroumsa, G. G., Das Ende des Opferkults. Die religiösen Mutationen der Spätantike, Berlin 2011.

Tacke, N., Das Opferritual des ägyptischen Neuen Reiches. Band II. Übersetzung und Kommentar. Mit einem Vorwort von Jan Assmann (OLA 222), Leuven 2013.

Talon, P., Un Nouveau Pantheon de Mari, Akkadica 20 (1980), 12–17.

Teeter, E., Religion and Ritual in Ancient Egypt, Cambridge 2011.

Thomé, H., Art. Weltanschauung, HWP 12, 2004, 453–460.

— Art. Weltbild, HWP 12, 2004, 460–463.

Tsevat, M., חלק, ThWAT 2, 1977, 1015–1020.

— An Aspect of Biblical Thought: Deductive Explanation, Shnaton 3 (1978), 53–58.

Vall, G., An Epistemology of Faith: The Knowledge of God in Israel's Prophetic Literature, in: M. Healy/R. Parry (Hg.), The Bible and Epistemology: Biblical Soundings on the Knowledge of God, Milton Keynes 2007, 24–42.

Van De Mieroop, M., Philosophy before the Greeks: The Pursuit of Truth in Ancient Babylonia, Princeton 2016.

— Theses on Babylonian Philosophy, JANEH 5 (2018), 15–39.

van Oorschot, J., Grenzen der Erkenntnis als Quellen der Erkenntnis. Ein alttestamentlicher Beitrag zu Weisheit und Wissenschaft, ThLZ 132 (2007), 1277–1292.

— König und Mensch. Biografie und Autobiografie bei Kohelet und in der alttestamentlichen Literaturgeschichte, in: A. Berlejung/R. Heckl (Hg.), Mensch und König. Studien zur Anthropologie des Alten Testaments. Rüdiger Lux zum 60. Geburtstag (HBS 53), Freiburg 2008, 109–122.

van Wolde, E., Outcry, Knowledge, and Judgment in Genesis 18–19, in: D. Lipton (Hg.), Universalism and Particularism at Sodom and Gomorrah: Essays in Memory of Ron Pirson, Leiden 2012, 71–100.

Veldhuis, N., History of the Cuneiform Lexical Tradition (GMTR 6), Münster 2014.

Versényi, L., Holiness and Justice: An Interpretation of Plato's Euthyphro, Lanham 1982, 67–88.

Vetter, H., Art. Welt, in: ders., (Hg.), Wörterbuch der phänomenologischen Begriffe. Unter Mitarbeit von K. Ebner und U. Kadi, Hamburg 2004, 611–614.

Vleming, S., Art. Maße und Gewichte in den demotischen Texten (insb. aus der ptol. Zeit), LÄ 3, 1980, 1209–1214.

von Rad, G., Hiob xxxviii und die altägyptische Weisheit, in: M. Noth/D. W. Thomas (Hg.), Wisdom in Israel and in the Ancient Near East (VT.S 3), Leiden 1955, 293–301.

— Theologie des Alten Testaments 1. Die Theologie der geschichtlichen Überlieferungen Israels, München 1957.

— Theologie des Alten Testaments 2. Die Theologie der prophetischen Überlieferungen Israels, München 1960.

— Aspekte des alttestamentlichen Weltverständnisses, EvTh 24 (1964), 57–73.

— Weisheit in Israel, Neukirchen-Vluyn 1970.

— Natur- und Welterkenntnis im Alten Testament, in: ders. (Hg.), Gottes Wirken in Israel. Vorträge zum Alten Testament, Neukirchen-Vluyn 1974, 119–140.

— Weisheit in Israel. Mit einem Anhang neu herausgegeben von Bernd Janowski, Neukirchen-Vluyn ⁴2013.

von Reden, S., Money in Classical Antiquity, Cambridge 2010.

von Soden, W., Leistung und Grenze sumerischer und babylonischer Wissenschaft, Die Welt als Geschichte 2 (1936), 411–464.509–557.

— Sprache, Denken und Begriffsbildung im Alten Orient (AAWLM.G 6), Mainz 1973.

Wagensonner, K., Early Lexical Lists and Their Impact on Economic Records: An Attempt of Correlation between Two Seemingly Different Kinds of Data-Sets, in: G. Wilhelm (Hg.), Organization, Representation, and Symbols of Power in the Ancient Near East: Proceedings of the 54th Rencontre Assyriologique Internationale at Würzburg, 20–25 July 2008, Winona Lake 2012, 805–817.

— 1. Food: Its Gathering, Storage, and Consumption According to the Early Textual Record, in: N. Borrelli/G. Scazzosi (Hg.), After the Harvest: Storage Practices and Food Processing in Bronze Age Mesopotamia (Subartu 43), Turnhout 2020, 7–28.

Wagner, A., Der Parallelismus membrorum zwischen poetischer Form und Denkfigur, in: ders. (Hg.), Parallelismus membrorum (OBO 224), Göttingen 2007, 1–26.

Wagner, A./van Oorschot, J. (Hg.), Individualität und Selbstreflexion in den Literaturen des Alten Testaments (VWGTh 48), Leipzig 2017.

Wainwright, W. J., Religion and Morality, London 2007.

Watson, R./Horrowitz, W., Writing Science before the Greeks: A Naturalistic Analysis of the Babylonian Astronomical Treatise MUL.APIN, Leiden 2011.

Watts, J. W., Ritual and Rhetoric in Leviticus. From Sacrifice to Scripture, Cambridge 2007, 79–96.

— Leviticus 1–10 (HCOT), Leuven 2013.

Weber, M., Wissenschaft als Beruf, in: ders. (Hg.), Wissenschaft als Beruf. 1917/1919. Politik als Beruf. 1919 (Max Weber Gesamtausgabe I/17), Tübingen 1992, 49–112.

— Die protestantische Ethik und der Geist des Kapitalismus. Die protestantischen Sekten und der Geist des Kapitalismus. Schriften 1904–1920 (Max Weber Gesamtausgabe I/18), Tübingen 2016.

Weeks, S., An Introduction to the Study of Wisdom Literature, London 2010.

Weinfeld, M., Social Justice in Ancient Israel and in the Ancient Near East, Philadelphia 1995.

Weippert, H., Altisraelitische Welterfahrung. Die Erfahrung von Raum und Zeit nach dem Alten Testament, in: H.-P. Mathys (Hg.), Ebenbild Gottes – Herrscher über die Welt. Studien zu Würde und Auftrag des Menschen (BThSt 33), Neukirchen-Vluyn 1998, 9–34.

Weißflog, K., Mahl/Mahlzeit (AT), www.wibilex.de, 2010.

Wellhausen, J., Die Composition des Hexateuchs und der historischen Bücher des Alten Testaments, Berlin [4]1963.

Welsch, W., Homo mundanus. Jenseits der anthropischen Denkform der Moderne, Weilerswist 2012.

— Ästhetische Welterfahrung, in: ders. (Hg.), Ästhetische Welterfahrung. Zeitgenössische Kunst zwischen Natur und Kultur, Paderborn 2016, 11–33.

West, M. L. (Hg.), Archilochos–Hipponax–Theognidea. Bd. 1 von Iambi et elegi Graeci ante Alexandrum cantata, Oxford [2]1989.

Westendorf, W., Handbuch der altägyptischen Medizin. 2 Bde. (HO 36), Leiden 1998.
Westermann, C., Genesis. 2. Teilband. Genesis 12–16 (BK I/2), Freiburg 1981.
Whitekettle, R., Levitical Thought and the Female Reproductive Cycle: Wombs, Wellsprings, and the Primeval World, VT 46 (1996), 376–391.
Willaschek, M., Art. Erfahrung. I. Philosophisch, RGG 2, ⁴1999, 1399–1400.
Willi-Plein, I., Opfer und Kult im alttestamentlichen Israel. Textbefragungen und Zwischenergebnisse (SBS 153), Stuttgart 1993.
Winkler, M., Art. Maße/Gewichte, www.wibilex.de, 2016.
Wittenburg, A., Bernhard Laum und der sakrale Ursprung des Geldes, in: H. Flashar (Hg.), Altertumswissenschaft in den 20er Jahren. Neue Fragen und Impulse, Stuttgart 1995, 259–274.
Wolf, W., Die Kunst Ägyptens. Gestalt und Geschichte, Stuttgart 1957.
Wolff, H. W., Die Begründungen der prophetischen Heils- und Unheilssprüche, ZAW 52 (1934), 1–22.
— Anthropologie des Alten Testaments. Mit zwei Anhängen neu herausgegeben von Bernd Janowski, Gütersloh 2010.
Zenger, E., Psalm 148, in: ders./F. L. Hossfeld, Psalmen 101–150 (HThKAT), Freiburg 2008, 838–853.
Zenger, E./Frevel, C., Das priester(schrift)liche Werk (P), in: C. Frevel (Hg.), Einleitung in das Alte Testament, Stuttgart ⁹2016, 183–209.
Zimmerli, W., Die Weltlichkeit des Alten Testaments, Göttingen 1971.
— 1. Mose 12–25: Abraham (ZB.AT 1.2), Zürich 1976.
Zimmer, T., Zwischen Tod und Lebensglück. Eine Untersuchung zur Anthropologie Kohelets (BZAW 286), Berlin 1999.

Stellenregister

Ägypten und Alter Orient

ABC 13B 160
Anastasi I 160
AO 6451 Rs 4–8 127, 128
ARM 24.210 168
Ash. A I 31–36 170
Atramchasis III iii
  30f 129
Atramchasis III v
  41–43 182
Atramchasis III vi
  25f 182
Babylonische Theodizee 159
Beredter Bauer 160
BM EA 585 126, 127
Chacheperreseneb
  r.2f 160
Cowley Papyri 30,11 135
Cowley Papyri 30,25 135
Cowley Papyri 32,9f 135
Cowley Papyri 33,10f 135
EA 170,37 168
Erra IV 104–107 182
Gespräch eines Mannes mit seinem Ba 160
Gilgamesch XI 179–181 182
Harfnerlieder 160
Kodex Hammurapi V 4f 171
KTU 1.123:14 168
ludlul bēl nēmeqi 159
mukallimtu 159
multabiltu 159
Pessimistischer Dialog 159
pK/T 4,22ff 126
PT 152 113
Ptahhotep 160
Ptahhotep 534–536 34
RS 24.271:14 168
SAA 3 No. 37:9–17 128
SAA 12 No. 48:10–12 128
SAHG 20,19f 170

Altes Testament

Genesis
– 1,1–2,4a 93, 106
– 1 38, 40, 41, 92, 106, 108, 114, 115
– 1,1 71
– 1,2.16 86
– 1,3–10 93
– 1,4.6f.14.18 38, 108
– 1,11–13 93
– 1,14–18 93
– 1,20–31 93
– 1,28 108
– 1,31 93, 106
– 2f 92
– 2,1 72
– 2,2a.3a 106
– 2,4b–3,22 94
– 2,7 31
– 2,19f 43, 94
– 3,5.7.22 47
– 3,5.22 26
– 3,15–24 94
– 3,19 73
– 4 73
– 4,11 85
– 4,23f 48
– 6,5 26, 27, 94
– 6,11–13 93
– 6,15 79
– 8,21 27, 94
– 8,22 73
– 11 115
– 11,1 71
– 12,1–8 175
– 13 175
– 13,18 175
– 14,18 168
– 15 184
– 15,6 184
– 15,17 133
– 18f 175
– 18 167, 175, 176, 177, 178, 180, 181, 183, 184
– 18,1–22a 176
– 18,1–16a 175
– 18,1 175
– 18,16a 176
– 18,16b–19,29 176
– 18,16b–22a 176
– 18,17–19 176
– 18,19 176, 178
– 18,20 176
– 18,21 176
– 18,22a 176
– 18,22b–33a 176, 177
– 18,22b 176
– 18,23–32 178
– 18,23–25 178
– 18,25 167, 176, 178, 181
– 18,26 177
– 19 176, 183
– 19,1–28.30–38 175
– 20,4 181
– 20,17 183
– 21 175
– 21,1–7 175
– 22,15–18 176
– 24,11 76
– 25,8 85
– 26,3bβ–5 176
– 27,6–17.42–46 27
– 27,41 27
– 29,2 76
– 29,7 79
– 31,23 79
– 35,29 85
– 50,20 27

Stellenregister

Exodus
- 2,16f 76
- 3,2 133
- 3,7 177, 188
- 12,11 74
- 18,21.25 183
- 19,18 133
- 20 44
- 20,4 71
- 22,21ff 177
- 22,25f 45, 172
- 23,8 43, 174
- 23,12 73
- 23,14–17 73
- 24,17 133
- 25,23–30 131
- 25,25 79
- 26ff 27
- 29,38–42 131
- 31,4 27
- 34,8 74
- 35,32 27
- 39,32a.43b 106
- 39,43 106
- 40 130
- 40,9b.33 106

Levitikus
- 1–7 43
- 1–5 40, 43, 107, 113, 115, 119, 122, 124, 129, 130, 132, 133, 136, 138
- 1,1–5,13 132
- 1–3 40, 132
- 1f 73
- 1 107
- 1,7f.12 44, 137
- 1,9.13.17 40, 114, 132, 135
- 2,2 135
- 2,2.9.12 132
- 2,2.9.16 135
- 3,5.16 132
- 3,11.16 132, 133
- 4f 40, 116, 135, 136
- 4,12.21 136
- 4,31 132
- 5 135
- 5,1–13 135
- 5,1 57
- 5,11 135
- 5,14–26 136, 137
- 5,15.18 44
- 6,19–23 136
- 9,24 133
- 10 107
- 10,1f 133
- 10,10 38, 39, 107, 108, 115
- 10,16–20 136
- 11 40, 41, 43, 107, 114, 115, 116, 119
- 11,3.9–12 115
- 11,46f 116
- 11,47 39, 107, 108
- 13f 42
- 13 20, 38, 42, 43, 115, 117, 118, 119
- 13,3 39, 115, 118
- 13,6.30.39 43
- 14 42, 117
- 14,34 118
- 16 107, 130
- 17,11.14 31
- 18,14,bβ.15bα.16b 43
- 19,2 108
- 19,19 39, 41
- 19,36 179
- 20,25f 115
- 20,25 39, 107, 108
- 21,6.8.17.21f 132
- 21,23 41
- 22,14 137
- 22,25 132
- 24,5–9 131
- 24,7 131
- 25,7 73
- 25,25 82
- 25,29–31 43
- 25,47–49 82
- 26,1f 44
- 27 44, 137
- 27,25 45

Numeri
- 5,5–8 137
- 5,15 135
- 11,1–3 133
- 12,9f 118
- 13,21 133
- 15,39 154
- 16,22 183
- 16,30–33 85
- 28f 132
- 28,2 132
- 28,3–8 131

Deuteronomium
- 1,15 183
- 1,17 43, 173
- 4 19
- 4,2 36
- 4,9f 67
- 4,12 34
- 4,24 133
- 5,21 36
- 6,3bβ 30
- 6,4–9 35
- 6,4f 156
- 6,6 35
- 6,7 35, 89
- 6,8f 36
- 6,12 35
- 6,20–25 35, 73
- 7,25 36
- 9,3 133
- 10,2–4 36
- 11,2a.7 66
- 11,18–20 35f
- 11,19 35
- 13,1 36
- 13,13–15 28
- 13,15 44
- 14 114
- 14,3.11 114
- 14,4f 114
- 14,22–29 122
- 15,9 36
- 15,12–15 174
- 15,15 36
- 15,18 174
- 16 35
- 16,19f 44
- 16,19 43, 63
- 17,4 28, 44
- 17,8–20 44
- 17,14–20 172
- 19,1–13 44
- 19,8bβ 30
- 19,15–20 44
- 20,19 174
- 21,15–17 63
- 21,18–21 36
- 22,9–11 39
- 22,9 41
- 22,20 28, 44
- 22,26f 44
- 24,6 174
- 25,15 179
- 26,1–11 35

- 27,2-8 36
- 30,15-20 37
- 31,9-13 36
- 31,19-21 35
- 31,24-26 36
- 32,38 132

Josua
- 1,8 35
- 2,5 74
- 7 83
- 8,34f 36
- 10,1.3 168
- 10,12-14 170

Richter
- 6,21f 133
- 6,21 133
- 7,19 74
- 13,19-23 133
- 13,20.23 133
- 19,11-14 74

1 Samuel
- 3,7.20 49
- 11,11 74
- 25,23 74
- 25,25 25

2 Samuel
- 6,5.14-15 89
- 7,2 58
- 7,3 26
- 8,15 178
- 8,17 168
- 14 45
- 14,13f 27
- 14,14 28
- 16,7 26, 31
- 21 83

1 Könige
- 3 45
- 3,9.12 31, 33
- 3,28 178
- 4,20 74
- 5,13 103
- 8,5 129
- 8,22 74
- 10,6f 73
- 17,24 49
- 18,27 63
- 18,36-39 49
- 18,36-38 133
- 20,42 48
- 21,19 48

2 Könige
- 4,9 49
- 5,15 49
- 22,8 36
- 23,1f 36
- 23,35 44

Jesaja
- 1,2f 48
- 1,2aα 30
- 1,10-17 138
- 1,10 176
- 1,17.21.27 50
- 2,22 28
- 3,9 176
- 3,16-24 48
- 5,21 162
- 6,3b 91
- 9,6 169
- 10,7 27
- 11,4 169
- 11,6-8 75
- 22,13 198
- 28,17a 179
- 32,1 178
- 33,8 27
- 42,10-12 90
- 43,1-7 48
- 43,24 132
- 44,7 45
- 44,9.18-20.25 50
- 45,7 96
- 45,8 170
- 53,3 188
- 55,7-9 26, 31
- 55,8f 47
- 65,11 64

Jeremia
- 5,1 49
- 5,21-25 48
- 6,16 49
- 6,19 26, 49
- 7,4.24 49
- 7,24 26
- 8,8 49
- 8,21 26
- 9,23f 178
- 10,2 46
- 10,24 179
- 17,9f 26, 31
- 18,1-17 157
- 18,12 49
- 23,14 176
- 23,16f.25f 47

- 23,17 49
- 23,20 49
- 24,7 49
- 29,11 28
- 30,11 179
- 30,15 188
- 31,19a 157
- 31,20a 63, 64
- 31,33 35, 49
- 31,35f 170
- 32,39f 49
- 33,25 170
- 44,19 134
- 46,28 179
- 50,16 79
- 51,33 79
- 52,21 79

Ezechiel
- 11,19 49
- 14 183
- 14,12-23 63
- 14,12-20 183
- 16,46-50 177
- 16,49 176
- 18 183, 184
- 18,25.29 180
- 20 181
- 20,24f 180
- 33,14.16.19 184
- 33,17.20 180
- 34,16 179
- 36,26f 49
- 44,7 132
- 44,23 39
- 45,10 179

Hosea
- 2,10 49
- 2,22 49
- 4,1-3 84
- 5,4 49
- 6,3 49
- 6,6 43, 138
- 7,9 49
- 8,2 49
- 8,7 31
- 8,7a 48
- 9,7 49
- 11,3 49
- 11,7-9 48
- 11,8 175
- 13,8 75
- 14,3 43, 138
- 14,10 49

Stellenregister

Amos
- 1,3–2,16 48
- 3,3–8 48
- 5,3 183
- 5,14f 50
- 5,19 75
- 5,21–24 138
- 6,1–7 48
- 6,5 27
- 6,12 48
- 8,1f 183
- 9,5f 96
- 9,7–10 48

Jona
- 4,11 73

Micha
- 6,8 50, 167

Sacharja
- 7,10 27
- 8,17 27

Maleachi
- 1,7 132

Psalmen
- 1 37
- 2 96
- 8 26, 89, 94
- 9,5 182
- 13,4 83
- 15 44
- 17,1 170
- 18,9 133
- 19 74, 96
- 25,9 179
- 26,24f 26
- 36 163
- 36,2 26
- 36,5 20, 27, 28, 31
- 40,18 27
- 45,7f 169
- 46 96
- 48,9 59
- 50,7–15 138
- 50,12f 132
- 51,17–19 32, 43, 138
- 58 174
- 64,7 26
- 65,8 96
- 65,13f 77
- 72 84, 171, 172, 184
- 72,1f 172
- 73,16 28
- 74,13f 96
- 77,6 28
- 82 168, 174
- 85,11–14 169
- 88 83
- 89,10f 96
- 89,15 169
- 94,11 31
- 97,2 169
- 98,9 169
- 104 74, 76, 89, 92, 94, 95, 96, 103
- 104,2 77
- 104,7 96
- 104,20f 75
- 104,23 75
- 104,32 96
- 110,4 168
- 119,59 28
- 140,3 27, 28, 31
- 141,2 138
- 144,3 27
- 148 90, 103

Hiob
- 1f 44
- 1,9 44
- 1,21 86
- 9,5–7 96
- 9,22 182
- 10,1 194
- 11,7 182
- 11,8f 71
- 12,2 182
- 13,18 45, 181
- 23,4 45, 181
- 26 96
- 26,12f 96
- 27,2 181
- 28 32, 161
- 28,12f.20f 161
- 29–31 103
- 31 44
- 31,6 179
- 32,14 45
- 33,19 188
- 34,5f 181
- 35,2f 44
- 38,1–42,6 32
- 38f 96
- 38 103
- 38,33 170
- 40,8 181
- 40,15–32 96
- 42,5f 59
- 42,5 73
- 42,17 85

Sprüche
- 1–9 19, 44, 102
- 1 19
- 1,1–19 73
- 2 37
- 2,10f 30
- 3,13–18 27
- 3,13 84, 187
- 3,14 187
- 3,18 84
- 3,19 80
- 4 27
- 8,13 44
- 10,14f 31
- 11,1 32
- 12,5 27
- 14,6 192
- 14,33 31
- 15,14 31
- 15,22 27
- 15,28 148
- 15,33 27
- 16,1 64
- 16,9 27
- 16,11 32, 179
- 16,12 169
- 16,23f 31
- 19,17 62
- 19,21 26, 27, 31
- 20,18 27
- 20,20 62
- 20,22 31
- 20,23 32
- 20,28 169
- 21,3 32, 43, 138
- 21,5 27
- 21,13 31
- 23,26 34
- 24,23 43
- 24,32–34 27
- 25,23 29, 106
- 26,4f 33
- 26,12 192
- 26,20 29, 106
- 26,24f 31, 154
- 28,11 192
- 50,7–15 32

Rut
- 4,2 183

Hoheslied
- 4,1–7 45
- 5,10–16 45

Kohelet
- 1,2 71
- 1,3 33
- 1,4f 73
- 1,12–2,26 186
- 1,12–15 187
- 1,13 26, 33
- 1,13.17 25, 33
- 1,16–18 162, 187, 191
- 1,16f 187, 188
- 1,16 20, 25, 192
- 1,18 33, 186, 188, 190, 193, 195, 196
- 2 20
- 2,1 20, 25
- 2,3 33
- 2,10 196
- 2,12–17 162, 188, 191, 193
- 2,21 33
- 2,23 188
- 2,26 198
- 3,1ff 186
- 3,11 26, 31, 33, 162, 191, 192
- 3,13 197
- 3,18–21 33
- 3,19 73, 194
- 3,22 196
- 5,17–19 196, 199
- 5,19 198, 199
- 6,12 162, 191
- 7,2–4 33
- 7,3.9 188
- 7,14 162, 191
- 7,15–18 198
- 7,16 198
- 7,23f 33, 162, 191
- 7,23 162, 192
- 7,29 27, 31
- 8,5 192
- 8,6–8 192
- 8,7 191
- 8,7.16f 162
- 8,9.16 33
- 8,16f 33, 191
- 9,1–7 85
- 9,1 33
- 9,2f 194
- 9,5f.10 33
- 9,7 74
- 9,9 196
- 11,3–6 65
- 11,5 31, 33
- 11,10 188
- 12 44

Ester
- 6,6 27

Daniel
- 3,57–90 103
- 14 45

Esra
- 6,17 129

Nehemia
- 5,7 25
- 6,2 27, 28
- 8 36
- 8,13–17 35
- 13,19 74

2 Chronik
- 26,15 27
- 26,20 118

Apokryphen

Sirach
- 1,17 190
- 4,17 189
- 6,19 189, 190
- 6,23–31 189
- 6,24f 190
- 6,28 190
- 6,29–31 190
- 10,10b 194
- 15,6 190
- 24,19 190
- 42,15–43,33 103
- 51,22–30 189
- 51,27 189, 190

Neues Testament

1 Korinther
- 1,20 72
- 3,19 72

Hebräer
- 13,15f 138

Griechische Texte

Aristoteles
- De anima 427a 21f 20, 102
- Metaphysik 980b28–982a3 70
- Metaphysik 1072b18ff 150
- Metaphysik 1074b28ff 151
- Nikomachische Ethik 1135b 181

Epikur
- Sententiae Vaticanae 27 189

Platon
- Euthyphron 10a 166
- Theaitetos 18,7–10 138
- Theaitetos 151d–187b 20, 102

Wortregister

Ägyptisch

jp
– *jp dt* 33
mdwt 160
ḥtp
– *ḥtp-dj-nswt* 126
ḥm 33
ḫn 160
sbȝyt 111
sḫmḫ-jb 198
sḏm 34
ṯs 160
ḏȝb 116
ḏȝp 116

Sumerisch

DU₆.KÙ 105
E.TEMEN.AN.KI 105

Akkadisch

dīnu
– *dēn kītte u mīšarí* 170
– *dīnam aḫâm* 181
kittu 167, 168, 169, 170
libbu 147
mīšaru 167, 168, 169, 170
muḫḫu 147
namburbû 88
rigmu 176
šitūlu 163
ṭēmu 147

Ugaritisch

'*iṯt* 132
mšr 168
ṣdq 168, 169

Hebräisch

'*ādām* 94
ᵘ*dāmāh* 94
'*azkārāh* 131, 134, 135
ᵘ*lohîm* 49, 63
'*ālap* 154
'*im* 45
ᵘ*mûnāh* 84
'*āmar* 25, 102
ᵘ*mæt* 84
'*eš* 132
'*āšam* 41, 116
'*iššæh* 132
bādal Hifil 38, 107, 108
bîn 72, 145
biqqeš 25
bāqar 25
bāśār 132
dābar 25, 102
dābār 144
dāmāh 20, 25, 102
da'at 49, 187, 188
– *da'at* ᵘ*lohîm* 49
dāraš 25
hæbæl 33, 187
hāgāh 20, 25, 102, 148
harbeh 196, 198
zākar 25, 135, 154, 198
zikārôn 25
zāman 20, 25, 102
ḥāṭā' 41, 116
ḥay
– *wᵉśāne'tî 'æt haḥayyîm* 194
ḥåkmāh 72, 187, 188
ḥol 109
ḥelæb 132
ḥelæq 196
ḥāmās 93
ḥinnām 44
ḥæsæd 84
ḥuqqôt 170

ḥāšab 20, 25, 27, 28, 64, 102
ḥæšbôn 25
ṭāhôr 109
ṭôb 187
– *ṭôb* ᵇ*šær yāpǣh* 196
– *ṭôb mᵉ'od* 93
ṭāme' 39, 108, 109
yāda' 20, 25, 28, 72, 102
yôter 198
yizkor 196
yanšûp 117
yāsar 154
yitrôn 187
kodæš 109
kî 45
kål 33, 71
kil'ayîm 41
kæsæp šekālîm 137
ka'as 187, 188, 193
leb 65, 102, 143, 149
– *leb šome*ᵃ' 33
lebônāh 135
læḥæm 132
lāmad 25, 154
*ma*ᵘ*rāk* 65
mᵉzimāh 25
maḥᵃšæbæt 25
mîn 40, 115
mîšôr 169
mak'ôb 187, 188, 193
mālak 25
mānāh 64
minḥah 135
*ma*ᵃ*næh* 196, 199
māṣā' 192
miqræh 194
mar'æh 118
māšāl 25
mišpāṭ 169, 172, 178, 179, 181, 184
– *la*ᵃ*sôt ṣᵉdāqāh û mišpāṭ* 184
– *'āsah mišpāṭ* 178

mattat ⁿᵉ*lohîm* 196, 197, 199
nesæk 135
næpæš 142, 143
nātan 25, 198
sāfar 64
'*ôlām* 71, 192
'*ayin*
– *bᵉ*'*ênê* 153
'*ānāh* 199
'*ārak* 44, 64, 137
'*eræk* 137
pālal 64
pāqad 25
ṣædæq 84, 168, 169, 170, 172, 178, 179
ṣᵉdāqāh 84, 172
– *la*'*ᵃsôt ṣᵉdāqāh û mišpāṭ* 184
ṣᵉ'*āqāh* 176, 177

qûṭ 194
qårbān 132, 136
qārāh 194
rā'*āh* 20, 25, 42, 59, 72, 117, 118, 145, 153
rûᵃḥ 143
śîm 25
šā'*al* 25
šāḥat 93
šākaḥ 25
šækæl
– *šækæl haqodæš* 137
šālāk 117
šāma' 20, 25, 59, 117
šānan 25
šāfaṭ 178
šofeṭ 178
šæqæṣ 39, 108
tûr 25
tākan 64, 180

Griechisch

ἀλήθεια 145
ἀνάπαυσις 190
ἀπόλαυσις 189
γνῶσις 189
εἰδός 166
εὐφροσύνη 190
ἰδέα 166
κρίνειν 191
λέγειν 145
λόγος 144, 145
ὀβελός 123
πνευματικός 130
σαρκικός 130
τερπνός 189

Nachweis der Erstveröffentlichungen

I. Denk- und Wissenschaftsgeschichte des Alten Testaments. Grundfragen und Konturen eines Forschungsfeldes (Erstveröffentlichung).
II. Empirismus oder Rationalismus im Alten Testament? Gedanken über Füchse und Igel im Alten Israel. Erstveröffentlichung unter dem Titel: Empiricism or Rationalism in the Hebrew Bible? Some thoughts about ancient foxes and hedgehogs, in: A. Schellenberg/T. Krüger (Hg.), Sounding Sensory Profiles in the Ancient Near East (ANEM 25), Atlanta 2019, 57–68.
III. Welterfahrung. Zum erfahrungsgesättigten und denkerischen Erfassen der Welt im Alten Testament. Erstveröffentlichung unter dem Titel: Welterfahrung, www.wibilex.de, 2017.
IV. Listenweisheit im Buch Levitikus. Überlegungen zu den Taxonomien der Priesterschrift. Erstveröffentlichung in: C. Körting/R. G. Kratz (Hg.), Fromme und Frevler. Studien zu Psalmen und Weisheit. Festschrift für Hermann Spieckermann zum 70. Geburtstag, Tübingen 2020, 371–387.
V. Materialität und Spiritualität im altisraelitischen Opferkult. Religionsgeschichtliche Abstraktionsprozesse. Erstveröffentlichung in: VT 71 (2021) 27–47.
VI. Hebräisches Denken und die Frage nach den Ursprüngen des Denkens zweiter Ordnung im Alten Testament, Alten Ägypten und Alten Orient. Erstveröffentlichung in: A. Wagner/J. van Oorschot (Hg.), Individualität und Selbstreflexion in den Literaturen des Alten Testaments (VWGTh 48), Leipzig 2017, 45–65.
VII. Über die Denkbarkeit des moralischen Realismus im Alten Testament. Entstehungsbedingungen und Kennzeichen einer kritischen Idee. Erstveröffentlichung unter dem Titel: »Sollte der Richter der ganzen Erde nicht Recht üben?« (Gen 18,25). Über moralischen Realismus im Alten Testament, ZThK 116 (2019) 251–270.
VIII. Macht Denken traurig? Eine Auslegung von Kohelet 1,18 und 5,19. Erstveröffentlichung in: A. Berlejung/R. Heckl (Hg.), Ex oriente Lux. Studien zur Theologie des Alten Testaments (Arbeiten zur Bibel und ihrer Geschichte 39), Leipzig 2012, 307–321.